江苏联合职业技术学院院本教材
经学院教材审定委员会审定通过

立德崇能

Web QIANDUAN KAIFA JICHU

Web

前端开发基础

◎ 赵志建　蒋继冬　主编

U0395975

苏州大学出版社
Soochow University Press

图书在版编目(CIP)数据

Web 前端开发基础/赵志建,蒋继冬主编. —苏州:
苏州大学出版社,2022.3(2022.7重印)
ISBN 978-7-5672-3786-5

Ⅰ.①W… Ⅱ.①赵… ②蒋… Ⅲ.①网页制作工具
Ⅳ.①TP393.092.2

中国版本图书馆 CIP 数据核字(2021)第 251478 号

书　　名：Web 前端开发基础
主　　编：赵志建　蒋继冬
责任编辑：马德芳
装帧设计：刘　俊

出版发行：苏州大学出版社(Soochow University Press)
社　　址：苏州市十梓街 1 号　邮编：215006
网　　址：www.sudapress.com
邮　　箱：sdcbs@ suda.edu.cn
印　　装：苏州市深广印刷有限公司
邮购热线：0512 - 67480030　销售热线：0512 - 67481020
网店地址：https://szdxcbs.tmall.com/(天猫旗舰店)

开　　本：787 mm×1 092 mm　1/16　印张：30.25　字数：699 千
版　　次：2022 年 3 月第 1 版
印　　次：2022 年 7 月第 2 次印刷
书　　号：ISBN 978-7-5672-3786-5
定　　价：79.00 元

凡购本社图书发现印装错误,请与本社联系调换。服务热线:0512-67481020

《Web 前端开发基础》编写组

主　编：赵志建　蒋继冬

副主编：周　虎　严春风

参　编：周　蔚　陈文兰　岳国宾

　　　　许　峰　任　远　赵　鹏

前言

　　近年来,随着互联网产业的高速发展,Web 前端开发技术也得以迅速崛起。Web 前端开发人员已经成为网站开发、手机 APP 开发、大数据可视化及人工智能终端设备界面开发的主要力量。从 PC 端到移动端,再到智能机器人、自动驾驶、智能穿戴设备、自动导航、语言翻译等涉及人工智能及大数据技术的各个领域,全部需要运用 Web 前端技术。

　　Web 前端开发最大的特点就是采用 HTML+CSS+JavaScript 技术,将网页内容、外观样式及动态效果彻底分离,从而减少页面代码,便于分工设计和代码重用。

　　本书根据工业和信息化部教育与考试中心颁布的《Web 前端开发职业技能等级标准(初级)》基本要求,以职业素养和岗位技术技能为重点培养目标,以专业活动为导向,以专业技能为核心,以工作任务为驱动进行编写,全面系统地介绍了 Web 前端开发所涉及的 HTML5、CSS3、JavaScript、jQuery 等方面的知识和技巧。

　　本书的主要内容如下:

　　(1) HTML5 开发基础。主要介绍了 Web 基础知识、HTML5 常用元素和属性、HTML5 表单元素和属性等。

　　(2) CSS3 开发基础。主要介绍了 CSS 的使用方式、CSS3 的基本属性、CSS3 选择器、CSS3 盒子模型和网页布局、CSS3 变形和动画等。

　　(3) JavaScript 程序设计。主要介绍了 JavaScript 语法基础、JavaScript 中的对象模型 BOM 和 DOM、JavaScript 中的常见事件处理方法等。

　　(4) jQuery 轻量级框架。主要介绍了 jQuery 的使用方式、jQuery 选择器、jQuery 中的 DOM 操作、jQuery 事件、jQuery 网页元素基本操作、jQuery 动画及 AJAX 等。

　　本书主要有如下特色:

　　(1) 对接职业技能等级考试,以就业为导向。本书根据《Web 前端开发职业技能等级标准(初级)》要求和 Web 前端初级工程师岗位需求确定编写内容,在内容的选取和组织上结合学生的学习特点,做到内容全面、由浅入深,帮助学生更好地掌握专业知识,提升技能水平。

　　(2) 结合思维导图,做到图文并茂。每章的开头都根据每章的主要学习内容绘制了思维导图,帮助学生理清学习知识体系,做到心中有数、循序渐进,符合学生的认知规律。

（3）教学案例丰富，通俗易懂。通过案例，学生能够更加深入地理解所学知识，不会感到枯燥，从而提升学生的学习兴趣和积极性。本书所有案例的运行效果都是基于 Google 浏览器的，特此说明。

本书所涉及的案例代码可以到苏大教育平台(http://www.sudajy.com)下载。

由于编者水平有限，书中难免有疏漏和不足之处，恳请各界专家和读者批评指正。

编　者

2021 年 12 月

目录

第1章

Web 基础知识

随着互联网技术的蓬勃发展,Web 应用与服务得到了迅速普及,并成为互联网的代名词。Web 是由很多网页和网站构成的庞大信息资源网络。

HTML 通过标记描述网页内容,通过超链接将网站与网页及各种网页元素链接起来,构成丰富多彩的 Web 页面。

 学习内容

- ➤ Web 的基本概念。
- ➤ HTML 概述。
- ➤ HTML 的基本结构。
- ➤ 常用文本标签和文档结构标签。

 思维导图

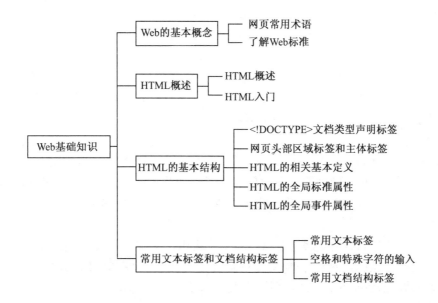

1.1　　Web 的基本概念

Web,中文译为"网页"。说到网页,其实大家并不陌生,上网时浏览新闻、查询信息、查看图片等都是在浏览网页。但是对于网页制作的初学者来说,与互联网相关的基本概念还是有必要了解的,如常用的 Internet、WWW、URL 等。下面将进行简单介绍。

1.1.1　网页常用术语

1. Internet

Internet 就是通常所说的互联网或因特网,是由一些使用公用语言互相通信的计算机连接而成的网络。简单地说,因特网就是将世界范围内不同国家、不同地区的众多计算机连接起来形成的结果。

2. WWW

WWW(英文 World Wide Web 的缩写),中文译为"万维网",但它不是网络,也不代表 Internet,它只是 Internet 提供的一种网页浏览服务,人们上网时通过浏览器阅读网页信息就是在使用 WWW 服务。WWW 是 Internet 上最主要的服务,其他许多网络功能,如网上聊天、网上购物等,都是基于 WWW 服务的。

3. URL

URL(英文 Uniform Resource Locator 的缩写),中文译为"统一资源定位符",其实就是 Web 地址,俗称"网址"。在万维网上的所有文件都有唯一的 URL,只要知道资源的 URL,就能够对其进行访问。URL 可以是"本地磁盘",也可以是局域网上的某一台计算机,更多的是 Internet 上的站点,比如"https://www.baidu.com"就是百度的 URL 地址。

4. DNS

DNS(英文 Domain Name System 的缩写),中文译为"域名解析系统"。在 Internet 上域名与 IP 地址之间是一一对应的。域名虽然便于人们记忆,但计算机只认识 IP 地址,将域名转换成 IP 地址的过程被称为域名解析。

5. HTTP

HTTP(英文 Hypertext Transfer Protocol 的缩写),中文译为"超文本传输协议",是一种详细规定了浏览器和万维网服务器之间互相通信的规则。HTTP 是非常可靠的协议,它具有强大的自检能力,所有用户请求的文件到达客户端时,一定是准确无误的。

6. Web

Web 的本意是蜘蛛网和网的意思。对于普通用户来说,Web 仅仅是一种环境——互联网的使用环境、氛围、内容等;而对于网站设计、制作者来说,它是一系列技术的复合总称(包括网站的前台布局、后台程序设计、美化、数据库开发等)。

7. W3C

W3C(英文 World Wide Web Consortium 的缩写),中文译为"万维网联盟"。万维网联盟是国际上最著名的标准化组织。W3C 最重要的工作就是发展 Web 规范,自 1994 年成立以来,已经发布了 200 多项深远的 Web 技术标准及实施指南,如超文本标记语言(HT-

ML),这些规范有效地促进了 Web 技术的兼容发展,对互联网的发展和应用起到了基础性和根本性的支撑作用。

1.1.2　了解 Web 标准

不同的浏览器对同一个网页文件解析出来的效果可能不一致,为了让用户能够看到正常显示的网页,Web 开发者常常为多版本的开发而苦恼。为了 Web 更好地发展,在开发新的应用程序时,浏览器开发商和站点开发商共同遵守标准,就显得很重要,为此 W3C 与其他标准化组织共同制定了一系列的 Web 标准。

Web 标准并不是某一个标准,而是一系列标准的集合,主要包括结构(Structure)、表现(Representation)和行为(Behaviour)三方面。

1. 结构标准

结构用于对网页元素进行整理和分类,主要包括 XML 和 XHTML 两部分,具体区别如下:

● XML(英文 Extensible Markup Language 的缩写)是可扩展标记语言,其最初的目的是弥补 HTML 的不足。它具有强大的扩展性,可用于数据的转换和描述。

● XHTML(英文 Extensible Hypertext Markup Language 的缩写)是可扩展超文本标记语言。它是基于 XML 的标记语言,是在 HTML 4.0 的基础上,用 XML 的规则对其进行扩展建立起来的,它实现了 HTML 向 XML 的过渡。

2. 表现标准

表现用于设置网页元素的版式、颜色、大小等外观样式,主要指的是 CSS,具体介绍如下:

CSS(英文 Cascading Style Sheet 的缩写)是层叠样式表。CSS 标准建立的目的是以 CSS 为基础进行网页布局,控制网页的表现。CSS 布局与 XHTML 相结合,可以实现表现与结构的分离,使网站的访问及维护更加容易。

3. 行为标准

行为是指网页模型的定义与交互的编写,主要包括 DOM 和 ECMAScript 两部分。具体区别如下:

DOM(英文 Document Object Model 的缩写)是文档对象模型,它是 W3C 组织推荐的一套操作网页元素的应用程序接口,允许程序和脚本动态地访问,以及更新文档的内容、结构和样式。

ECMAScript 是 ECMA(英文 European Computer Manufacturers Association 的缩写)以 JavaScript 为基础制定的标准脚本语言。JavaScript 是一种基于对象和事件驱动,并具有相对安全性的客户端脚本语言,广泛用于 Web 开发,常用来给 HTML 网页添加动态功能,如响应用户的各种操作等。

1.2　HTML 概述

超文本标记语言(Hypertext Markup Language, HTML)是一种建立网页文件的语言,这种标记语言是 Internet 上创建网页的主要语言,用其语法规则建立的文档可以运行在不同的操作系统平台上。

HTML 不是一种程序设计语言,而是一种描述文档结构的标记语言,不需要翻译而直接由浏览器去解释执行。它包括一系列标签,利用这些标签可以将网络上的文档格式统一,使分散的 Internet 资源连接为一个逻辑整体。HTML 文本是由 HTML 命令组成的描述性文本,HTML 命令可以说明文字、图形、动画、声音、表格、链接等。它的作用是通过一些标签来告诉浏览器怎样显示标签中的内容。HTML 网页文件可以使用记事本、写字板或 Dreamweaver 等编辑工具来编写,以.htm 或.html 为文件名后缀保存。

虽然现在 HTML 已经发展到 HTML5 版本了,但本章还是主要围绕 HTML 4.01 和部分 XHTML 1.0 展开。因为现在网页的开发,大部分用户使用的还是 HTML 4.01 版本,所以掌握 HTML 4.01 是网页前端开发所必备的技能。

HTML 是由 Web 的发明者 Tim Berners-Lee 和同事 Daniel W.Connolly 于 1990 年创立的一种标记语言,它是标准通用化标记语言 SGML 的应用。用 HTML 编写的超文本文档称为 HTML 文档,它能独立于各种操作系统平台(如 UNIX、Windows 等)。使用 HTML 语言,将所需要表达的信息按某种规则写成 HTML 文件,通过专用的浏览器来识别,并将这些 HTML 文件"翻译"成可以识别的信息,即通常我们所见到的网页。

1.2.1　HTML 概述

HTML 是标准通用标记语言下的一个应用,也是一种规范、一种标准,它通过标记符号来标记要显示在网页中的各个部分。网页文件本身是一种文本文件,通过在其中添加标记符,可告诉浏览器如何显示其中的内容,如文字如何处理、画面如何安排、图片如何显示、影像如何播放等。

HTML 语言文档制作不复杂,但功能很强大,它支持各种不同数据格式的文件嵌入,包括图形、动画、声音、表格、表单、链接等,这也是它在互联网中被广泛应用的原因之一。其主要特点如下:

- 简易性:HTML 语言版本升级采用超集方式,从而更加灵活方便。
- 可扩展性:HTML 语言的广泛应用带来了加强功能、增强标识符等要求,它采取子类元素的方式,为系统扩展带来保证。
- 跨平台性:HTML 语言是一种标准,对于使用同一标准的浏览器,在查看一份 HTML 文档时显示是一样的。但是网页浏览器的种类众多,为让不同标准的浏览器用户能查看到同样显示效果的 HTML 文档,HTML 语言使用了统一的标准,从而能跨越各个浏览器平台进行显示。任何一台主机,只要有浏览器就可以执行 HTML 文件。

1.2.2　HTML 入门

HTML 其实就是文本,它需要浏览器的解释,它的编辑软件大体可以分为以下 3 种:

- 基本文本、文档编辑软件:使用 Windows 自带的记事本或写字板程序就可以编写,不过保存时需要使用.htm 或.html 作为扩展名,这样方便浏览器直接运行。
- 半所见即所得软件:这种软件能大大提高开发效率,让制作者在很短的时间内制作出主页,且可以学习 HTML,这种类型的软件主要有网页作坊、Amaya 和 HOTDOG 等。

- 所见即所得软件:使用最广泛的编辑软件,即使用户完全不懂 HTML 的知识,也可以制作出网页,这类软件有 Dreamweaver 等。与半所见即所得软件相比,这类软件开发速度更快,效率更高,且直观表现力更强,对任何地方进行修改只需要刷新即可。

HTML 语言非常简单,且容易上手。在 IE 浏览器中打开一个 index.html 文档,如图 1-1 所示,在网页空白处单击鼠标右键,在弹出的快捷菜单中选择"查看源文件"命令,可查看网页源文件,如图 1-2 所示。

图 1-1　浏览网页

图 1-2　查看源文件

1.3　HTML 的基本结构

HTML 的基本结构从总体上可分为文档类型声明和 HTML 页面实际部分。整个 HTML 文件按照功能,分为外层和内层两层。外层由<html>和</html>标识。内层用于实现 HTML 文件的各项功能,又分为头部和主体两个区域。头部区域用于设置一些与网页相关的信息,由<head>和</head>标识。主体区域用于在浏览器窗口中显示内容,由<body>和</body>标识。

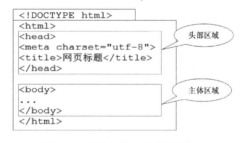

图 1-3　HTML 的基本结构代码示例

如图 1-3 所示为 HTML 的基本结构代码示例。

1.3.1　<!DOCTYPE>文档类型声明标签

文档类型用于说明所使用的 HTML 是什么版本,以及声明用于浏览器进行页面解析用的 DTD(文档类型定义)文件。在 HTML 文件中使用<!DOCTYPE>标签来声明文档类型。HTML5 以前的文档类型声明格式如下:

　　<!DOCTYPE html PUBLIC "-//W3C//DTD HTML 4.01 Transitional//EN" "http://www.w3.org/TR/html4/loose.dtd">

HTML5 的文档类型声明格式如下:

　　<!DOCTYPE html>

文档类型声明语句放在 HTML 页面代码的第一行。如果没有声明文档类型,浏览器

将会使用怪异模式,该模式对 IE 低版本浏览器下页面的渲染影响很大。

1.3.2 网页头部区域标签和主体标签

标准的 HTML 文件中标签一般都成对出现(部分标签除外,如
、<hr/>),如<head></head>、<body></body>等。

1. 头部

<head>和</head>这两个标签分别表示头部信息的开始和结尾。头部中包含的标记是页面的标题、序言、说明等内容,它本身不作为内容来显示,但影响网页显示的效果。常用的头部标签如表 1-1 所示。

<p align="center">表 1-1 常用的头部标签</p>

标签	描述
<head>	设置网页文档的头部信息
<title>	设置网页的标题,该标题同时可作为搜索关键字及搜索结果的标题
<meta>	定义网页的字符集、关键字、描述信息等内容
<style>	设置 CSS 层叠样式表的内容
<link>	设置对外部 CSS 文件的链接
<script>	设置页面脚本或链接外部脚本文件
<base>	设置页面的链接或源文件 URL 的基准 URL 和链接的目标

2. 主体

页面的主体区域是放置页面内容的地方,由<body></body>标识。所有需要在浏览器窗口中显示的内容都需要放置在 <body></body>标签对之间。用户可以通过浏览器看到写在<body></body> 标签对之间的内容。

<body>标签使用示例如图 1-4、图 1-5 所示。

```
<!DOCTYPE html>
<html>
    <head>
        <meta charset="utf-8">
        <title>主体标签的使用</title>
    </head>
    <body>
        需要在浏览器窗口显示的内容放在这里
    </body>
</html>
```

图 1-4 代码示例　　　　　　　　　　　　图 1-5 效果示例

1.3.3 HTML 的相关基本定义

1. 标签

用"<"">"括起来的叫作标签,如<p></p>
等,目前 HTML 标签不区分大小写,但根据 W3C 的建议,最好用小写。

2. 元素

HTML 元素用来标记文本,表示文本的内容。一对标签包含的所有代码、元素的内容是开始标签与结束标签之间的内容,如 body、h1、p、title 等都是 HTML 元素。HTML 元素的大体结构如表 1-2 所示。

表 1-2　HTML 元素的大体结构

开始标签	元素内容	结束标签
<div class="main">	这里是元素的内容	</div>

3. 元素的属性

HTML 元素可以拥有属性。属性可以扩展 HTML 元素的功能,比如可以使用一个 font 属性,使文字变为蓝色,即<font color="#0000FF">。

属性名和属性值通常成对出现,如 color="#0000FF"。上面例子中的 font 和 color 就是属性名,#0000FF 就是属性值,属性值一般用双引号标记。

1.3.4　HTML 的全局标准属性

全局标准属性适用于大多数元素。在 HTML 规范中,规定了以下 8 个全局标准属性。
- class:用于定义元素的类名。通常用于指向 CSS 样式表中的类,偶尔会通过 JavaScript 改变所有具有指定 class 的元素。需要注意的是,class 属性通常用在 body 元素内部,换句话说,class 属性不能在以下元素中使用:base、head、html、meta、param、script、style、title。
- id:用于指定元素的唯一 id。需要注意的是,该属性的值在整个 HTML 文档中要具有唯一性,该属性的主要作用是可以通过 JavaScript 和 CSS 为指定的 id 改变或添加样式、动作等。
- style:用于指定元素的行内样式。使用该属性后将会覆盖任何全局的样式设定,如 style 元素定义的样式,或者父元素定义的样式。
- title:用于指定元素的额外信息。通常在鼠标移到元素上时会显示定义的提示文本。
- accesskey:用于指定激活某个元素的快捷键。支持 accesskey 属性的元素有 a、area、button、input、label、legend、textarea。
- tabindex:用于指定元素在 Tab 键下的次序。支持 tabindex 属性的元素有 a、area、button、input、object、select、textarea。
- dir:用于指定元素中内容的文本方向。dir 的属性值只有 ltr 和 rtl 两种,含义分别是 left to right 和 right to left。该属性对大部分有文本内容的元素生效,不生效的元素有 base、br、frame、frameset、hr、iframe、param、script。
- lang:用于指定元素内容的语言。涉及元素内容的语言,与 dir 属性一样,对大部分有文本内容的元素生效,不生效的元素有 base、br、frame、frameset、hr、iframe、param、script。

1.3.5　HTML 的全局事件属性

事件是针对某个控件或元素而言的,且可以识别的操作。例如,针对按钮,有单击或按下事件;针对勾选框,有选中事件和取消选中事件,或者称为选中状态改变事件;针对文本框,有获取输入焦点事件、文本变化事件等。

HTML4 的新特性之一是可以使 HTML 事件触发浏览器中的行为,如当用户单击某个 HTML 元素时启动一段 JavaScript 程序。在 HTML 中,事件既可以通过 JavaScript 直接触发,也可以通过全局事件属性触发。全局事件大致可以分成以下几类:

1. Window 窗口事件

- onload:在页面加载结束之后触发。
- onunload:在用户从页面离开时触发,如单击跳转、页面重载、关闭浏览器窗口等。

2. Form 表单事件

- onblur:当元素失去焦点时触发。
- onchange:在元素的元素值被改变时触发。
- onfocus:当元素获得焦点时触发。
- onreset:当表单中的重置按钮被单击时触发。
- onselect:在元素中的文本被选中后触发。
- onsubmit:在提交表单时触发。

3. Keyboard 键盘事件

- onkeydown:在用户按下按键时触发。
- onkeypress:在用户按住按键时触发。该属性不会对所有按键生效,不生效的有 Alt 键、Ctrl 键、Shift 键、Esc 键。
- onkeyup:当用户释放按键时触发。

4. Mouse 鼠标事件

- onclick:在元素上单击鼠标时触发。
- ondblclick:在元素上双击鼠标时触发。
- onmousedown:在元素上按下鼠标按钮时触发。
- onmousemove:当鼠标指针移动到元素上时触发。
- onmouseout:当鼠标指针移出元素时触发。
- onmouseover:当鼠标指针移动到元素上时触发。
- onmouseup:在元素上释放鼠标按钮时触发。

5. Media 媒体事件

- onabort:当退出媒体播放器时触发。
- onwaiting:当媒体已停止播放但打算继续播放时触发。

1.4　常用文本标签和文档结构标签

1.4.1　常用文本标签

在网页中与文本相关的常用标签如下:

1. <p>标签

<p>标签用于设置段落。所谓段落,是指一段格式上统一的文本,是文章中最基本的单位,内容具有相对完整的意思。

基本语法:

  <p>…</p>

  <p align="left|center|right">…</p>

语法解释:

段落从<p>开始创建,到</p>结束。默认情况下,将光标置于需要分段处,按回车键形成一个新的段落,同时在两个段落之间添加了一个空行。用 align 属性设置段落相对于父窗口的水平对齐方式,可取 left(默认值)、center 和 right 三个值。

**2.
标签**

用于在页面中产生一个换行效果。

基本语法:

或

语法解释:

或
是一个单标签,其中不需要设置任何属性。

段落及换行标签应用示例:

```
<!DOCTYPE html>
<html>
    <head>
        <meta charset="utf-8">
        <title>段落及换行标签的使用示例</title>
        <style>
            .txt{
                text-align：center;              //使用 CSS 设置段落水平居中
            }
        </style>
    </head>
    <body>
        <p>一本好书并非一定要帮助你出人头地,而是应能教会你了解这个
            世界以及你自己。</p>
        <p>一本好书并非一定要帮助你出人头地,<br/>而是应能教会你了解
            这个世界以及你自己。</p>
        <p align="center">使用标签 align 属性设置段落水平居中</p>
        <p class="txt">使用 CSS 设置段落水平居中</p>
    </body>
</html>
```

段落及换行标签应用示例效果如图 1-6 所示。

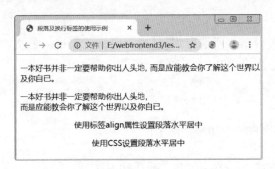

图 1-6　段落及换行标签应用示例效果

3. 标题字标签

所谓标题字,就是以某种固定的字号去显示文字,一般用于强调段落要表现的内容或作为文章的标题,具有加粗显示并与下一行产生一空行的特性。根据字号的大小,可分为六级,分别用标签<h1>~<h6>表示,字号的大小随数字的增大而递减。

各级标题字标签及常用属性如表 1-3 所示。

表 1-3　各级标题字标签及常用属性

标签	描述	属性	属性取值
<h1>标题字</h1>	一级标题		left(默认值)
<h2>标题字</h2>	二级标题		
<h3>标题字</h3>	三级标题	align	center
<h4>标题字</h4>	四级标题		
<h5>标题字</h5>	五级标题		right
<h6>标题字</h6>	六级标题		

标题字标签综合示例:

```
<!DOCTYPE html>
<html>
    <head>
        <meta charset="utf-8">
        <title>标题字标签的使用</title>
        <style>
            .txt{
                text-align: center;          //使用 CSS 设置标题字水平居中
            }
        </style>
    </head>
    <body>
        <h1>一级标题字</h1>
        <h2>二级标题字</h2>
```

```
            <h3>三级标题字</h3>
            <h4>四级标题字</h4>
            <h5 class="txt">五级标题字(使用 CSS 设置标题字水平居中)</h5>
            <h6 align="center">六级标题字(使用标签属性 align 设置标题字水平
                居中)</h6>
        </body>
    </html>
```
示例效果如图 1-7 所示。

图 1-7　标题字标签综合示例效果

4. <strong>标签

<strong>可以使修饰的文本语气得到加强,文字加粗显示,有利于搜索引擎搜索和视力障碍者阅读。

基本语法:

```
    <strong>文本</strong>
```
<strong>标签应用示例:

```
    <!DOCTYPE html>
    <html>
        <head>
            <meta charset="utf-8">
            <title>strong 标签的使用</title>
        </head>
        <body>
            <p>你中了 500 万(没有使用任何格式化标签)</p>
            <p>
                <strong>你中了 500 万(使用 strong 标签强调中奖这件事)</strong>
            </p>
```

```
        </body>
    </html>
```
示例效果如图 1-8 所示。

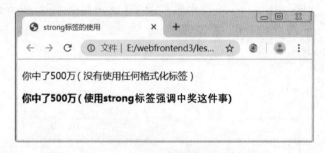

图 1-8 <strong>标签应用示例效果

5. <em>标签

<em>具有强调语义的作用,但要比<strong>程度轻,同时具有倾斜样式,同样有利于搜索引擎搜索。

基本语法:

    <em>文本</em>

<em>标签应用示例:

```
<!DOCTYPE html>
<html>
    <head>
        <meta charset="utf-8">
        <title>em 标签的使用</title>
    </head>
    <body>
        <p>你中了 500 万(没有使用任何格式化标签)</p>
        <p>你中了<em>500</em>万(使用 em 标签强调 500)</p>
    </body>
</html>
```
示例效果如图 1-9 所示。

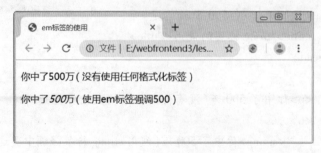

图 1-9 <em>标签示例效果

6. <span>标签

<span>是一个装饰性标签,通常结合 CSS 来设置文本的视觉差异。

基本语法:

```
<span>文本</span>
```

<span>标签应用示例:

```
<!DOCTYPE html>
<html>
    <head>
        <meta charset="utf-8">
        <title>使用 span 标签设置关键字颜色</title>
        <style>
            span{
                color：red；
            }
        </style>
    </head>
    <body>
        <p>欢迎大家来学习 Web 前端技术：<span>HTML、CSS</span>和
        <span>JS</span></p>
    </body>
</html>
```

示例效果如图 1-10 所示。

图 1-10 <span>标签示例效果

1.4.2 空格和特殊字符的输入

要在网页中添加空格,可在 HTML 文件中输入一个" ",即生成一个半角空格,需要多个空格时,则连续输入多个" "。

注意:" "在不同的浏览器中显示的宽度是不一样的。在 IE 浏览器中,4 个 " "等于 1 个汉字;在 Chrome 浏览器中,有些是 2 个" "等于 1 个汉字,在较新的一些版本中则是 1 个" "等于 1 个汉字。因此,为了兼容性,最好使用 CSS 样

式来生成空格。

　　输入特殊字符的格式：

　　& 实体名称；

　　网页中的特殊字符需要在源代码中通过其对应的字符实体来设置。特殊字符对应的字符实体如表 1-4 所示。

表 1-4　特殊字符对应的字符实体

特殊字符	字符实体	特殊字符	字符实体
"	&quot;	¢	&cent;
&	&amp;	¥	&yen;
<	&lt;	£	&pound;
>	&gt;	©	&copy;
•	&middot;	®	&reg;
×	&times;	™	&trade;
§	&sect;		

　　空格和特殊字符应用示例：

```
<!DOCTYPE html>
<html>
    <head>
        <meta charset="utf-8">
        <title>空格、特殊字符的输入及注释的使用</title>
        <style>
            .txt{
                text-indent: 2em;
            }
        </style>
    </head>
    <body>
        <!--使用一个  设置段首缩进-->
        <p>       此句首缩进了 4 个半角空格。</p>
        <!--使用类选择器样式设置段首缩进-->
        <p class="txt">此句首缩进了 2 个汉字字符。</p>
        <!--特殊字符使用对应的字符实体输入-->
        <p>这是一本专业 &amp;详尽的有关 &quot;HTML&quot;标签的书籍,
            其中介绍了常用标签如 &lt;div&gt;、&lt;form&gt;等标签。</p>
        <p>&copy;某软件学院版权所有 2018</p>
    </body>
</html>
```

示例效果如图 1-11 所示。

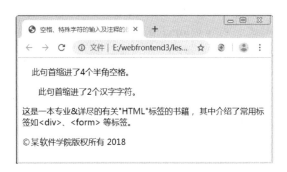

图 1-11 空格和特殊字符示例效果

1.4.3 常用文档结构标签

1. <header>标签

<header>定义了页面或内容区域的头部信息,诸如放置在页面头部的站点名称、Logo、导航栏、搜索框,以及放置在内容区域的标题、作者、发布日期等信息。

基本语法:

> <header>头部相关信息</header>

语法解释:

<header></header>标签对之间可以包含一个<h1>～<h6>标题标签,以及搜索表单、<nav>等标签。一个 HTML 页面内,可以包含多个<header>,但<header>标签内不能嵌套<header>和<footer>。

<header>标签应用示例:

```
<!DOCTYPE html>
<html>
    <head>
        <meta charset="utf-8">
        <title>header 标签的使用</title>
    </head>
    <body>
        <header>
            <h1>网站名称</h1>
            <nav>…</nav>
        </header>
    </body>
</html>
```

2. <article>标签

<article>用于表示页面中一块独立的、完整的相关内容块,可独立于页面其他内容使

用。例如，一篇完整的论坛帖子、一篇博客文章、一个用户评论、一则新闻等。

基本语法：

    <article>独立的文档内容</article>

语法解释：

<article>通常会包含一个<header>（包含标题部分）或标题字，以及一个或多个<section>或<p>标签。

<article>标签应用示例：

```
<!DOCTYPE html>
<html>
    <head>
        <meta charset="utf-8">
        <title>article 标签的使用 </title>
    </head>
    <body>
        <article>
            <h2>写给 IT 职场新人的六个"关于"</h2>
            <p>
                <h3>关于工作地点</h3>
                …
            </p>
            <p>
                <h3>关于企业</h3>
                …
            </p>
            …
        </article>
    </body>
</html>
```

3. <section>标签

<section>用于对页面的内容进行分块，如将文章划分为不同的章节。

基本语法：

    <section>块内容</section>

语法解释：

<section></section>标签对之间通常由标题及内容组成，所以其中一般会包含<h1>~<h6>及<p>等标签。

<section>标签应用示例：

```
<!DOCTYPE html>
<html>
```

```
    <head>
        <meta charset="utf-8">
        <title>section 标签的使用</title>
    </head>
    <body>
        <article>
            <h2>写给 IT 职场新人的六个"关于"</h2>
            <section id="workplace">
                <h3>关于工作地点</h3>
                <p>...</p>
            </section>
            <section id="company">
                <h3>关于企业</h3>
                <p>...</p>
            </section>
            ...
        </article>
    </body>
</html>
```

4. <nav>标签

<nav>用于定义页面上的各种导航条。一个页面中可以拥有多个 nav 元素,作为整个页面或不同部分内容的导航。

基本语法:

```
<nav>导航条</nav>
```

<nav>标签应用示例:

```
<!DOCTYPE html>
<html>
    <head>
        <meta charset="utf-8">
        <title>nav 标签的使用</title>
    </head>
    <body>
        <header>
            <hl>美食 DIY</hl>
        </header>
        <div>推荐博文
            <nav>
                <ul>
```

```
                        <li><a href="...">夏季最爱——零添加爽口西瓜冰沙</a>
                            </li>
                        <li><a href="...">香滑细腻——奶油浓香玉米饮</a></li>
                        <li><a href="...">more...</a></li>
                    </ul>
                </nav>
            </div>
            <div>相关博文
                <nav>
                    <ul>
                        <li><a href="...">红豆拌花椰菜的做法</a></li>
                        <li><a href="...">超级简单好吃的冰棍做法【杧果冰棍】
                            </a></li>
                        <li><a href="...">more...</a></li>
                    </ul>
                </nav>
            </div>
        </body>
    </html>
```

5. <aside>标签

<aside>用于定义当前页面或当前文章的附属信息部分,可以包含与当前页面或主要内容相关的引用、侧边栏、广告、导航条等内容,通常作为侧边栏内容。

基本语法:

```
    <aside>侧边栏内容</aside>
```

<aside>标签应用示例:

```
    <!DOCTYPE html>
    <html>
        <head>
            <meta charset="utf-8" />
            <title>aside 标签的使用</title>
        </head>
        <body>
            ...
            <aside>
                <h2>热点新闻</h2>
                <ul>
                    <li><a href="#">"女神"翻译张璐:如果多给我一秒,都能翻
                        译得更好</a></li>
```

```
            <li><a href="#"> 武汉大学樱花绚烂绽放,铺排绵延宛若云带
                </a></li>
                …
            </ul>
        </aside>
        …
    </body>
</html>
```

6. <footer>标签

<footer>主要用于为页面或某篇文章定义脚注内容,包括文章的版权信息、作者的联系方式、链接等内容。一个页面可以包含多个 footer 元素。

基本语法:

```
        <footer>脚注内容</footer>
```

语法解释:

<footer>标签可以用于创建网页或任何一块元素的尾部,在一个 HTML 页面中,<footer>标签的出现没有限制,但<footer>标签不能嵌套<header>或<footer>。

<footer>标签应用示例:

```
    <!DOCTYPE html>
    <html>
        <head>
            <meta charset="utf-8">
            <title>footer 标签的使用</title>
        </head>
        <body>
            …
            <footer>
                <p>
                    <span>联系方式</span>
                </p>
                <p>
                    <span>备案信息</span>
                </p>
            </footer>
        </body>
    </html>
```

1.5　本章小结

本章主要介绍了与 Web 相关的基本概念、HTML 概述及其基本结构、常用文本标签和文档结构标签，为后面的学习奠定了基础。

1.6　本章练习

1. 请列出 3 个编辑 HTML 文件的软件。'
2. 请列出 HTML 的基本结构。

第 2 章
HTML5 常用元素和属性

随着计算机硬件及网络环境的不断发展,基于网页形式的各种 Web 应用技术层出不穷。在众多前端技术中,HTML5 作为新一代 Web 开发技术得到越来越多开发者的关注和应用。它不仅使 Web 开发标准发生了质的飞跃,而且使原本死板保守的 Web 应用变得更加绚丽生动、功能强大。更重要的是,在移动互联网技术越来越发达的今天,HTML5 占据了一席之地。虽然还未最终确定 HTML5 的开发标准,但 HTML5 已经发展成为一种复杂的网页设计及 Web 开发的重要平台,其跨平台性已经在移动端的应用开发中占据了主流地位。

HTML5 是 HTML 诞生至今最具有划时代意义的一个版本,它在之前的 HTML 版本的基础上进行了大量更新。HTML5 保留了 HTML4 中一些基本元素及属性的用法,删除了部分利用率低和不合理的元素,同时增加了大量新的、功能强大的元素。

 学习内容

> HTML 的发展史。
> 为什么要学习 HTML5。
> HTML5 的开发环境。
> 浏览器对 HTML5 支持性的检测。
> HTML5 的语法结构。
> HTML5 的页面架构。
> HTML5 保留的常用元素。
> HTML5 元素的改变。
> HTML5 属性的改变。

思维导图

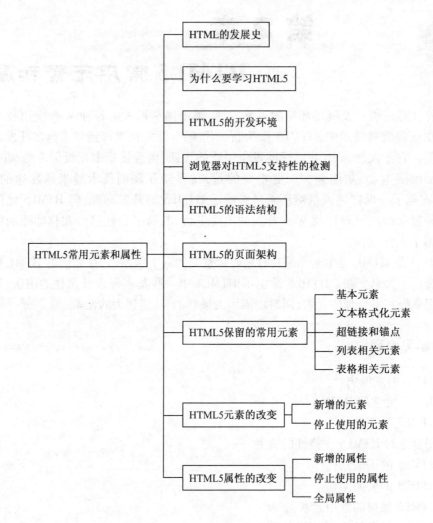

HTML 从诞生至今,主要经历了几个比较关键的版本。

1. HTML 雏形诞生

1991 年,Tim Berners-Lee 编写了一份叫作"HTML 标签"的文档,该文档包括了大约 20 个用来标记网页的 HTML 标签。这是一个非官方的版本,是 HTML 的雏形。这个版本没有标准版本,主要因为当时有很多版本的 HTML,没有形成一个统一的标准。

2. 第一个官方版本

HTML 的第一个官方版本是由 IETF(因特网工程任务组)推出的 HTML 2.0,在该版本问世之前,一些标签的功能已经被实现。

3. HTML 发展拐点

当 W3C(万维网联盟)取代 LEFT 成为 HTML 的标准组织后,HTML 的版本被频繁修改。随着标签数量的增加,HTML 能够提供的功能也越来越完善。直到 1999 年的 HTML 4.01 版本,HTML 到达了它的第一个拐点,并被普遍应用。这是第一个被广泛使用的标准。

4. XHTML 的没落

HTML 4.01 之后的版本变为 XHTML 1.0,其中 X 代表 Extensible(扩展)。XHTML 1.0 与 HTML 4.01 相比,并未引入任何新的标签或属性,只是在语法上进行了严格的要求。HTML 4.01 允许使用大写或小写字母标记元素和属性,而 XHTML 1.0 则只允许使用小写字母标记,这样严格的语法规范能够使代码风格统一,在一定程度上为 Web 开发者提供了便利。

XHTML 1.0 的后续版本 XHTML 2.0 则发生了很大的变化,该版本不再兼容之前的版本(甚至之前的 HTML 规范)。

5. HTML5 的萌芽

W3C 于 2009 年宣布终止 XHTML 2.0 的开发进程,而转向一种新的规范——HTML5。

6. HTML5 为移动而生

HTML5 能够迅速受到广大开发者的青睐应当归功于乔布斯发表的公开信《关于 Flash 的几点思考》,其提出的 HTML5 更适合移动开发的六点主要原因更是为 HTML5 在跨平台的移动设备上赢得最终胜利奠定了基础。

HTML5 改变了 Web 开发的局限性:基于 HTML5 开发更方便构建类似客户端软件的网页版 App,可以访问磁盘系统和摄像头等敏感设备,将原本桌面应用软件开发所擅长的领域带到 Web 开发领域,摒弃了 Web 开发的种种痛点,将 Web 开发带入了新的纪元。

2.2　为什么要学习 HTML5

虽然目前 HTML5 还没形成一个统一的规范,但这并不妨碍我们学习 HTML5,HTML5 在不久的将来将逐步取代以往的规范,成为开发的主流。

HTML5 本身是由 W3C 推荐的,它是 Google、Apple、诺基亚、中国移动等几百家公司共同开发的技术,是一项公开的技术。

HTML5 提供的功能丰富的标签,可以充分满足 Web 应用多元化的需求;通过使用 HTML5 标签,开发人员可以轻松地在网页中实现视频和音频的嵌入、动画效果、视觉效果、渐变效果、表单自动验证等。这些在现有技术层面,都需要第三方插件及大量编码才能实现。此外,HTML5 可以很友好地支持移动互联网的 Web 应用需求。随着智能手机和平板电脑的硬件配置、智能化操作系统的不断升级,移动互联网已经逐步渗透到我们生活的每一个角落。HTML5 自身对音频、视频、定位等功能的良好支持,直接决定了它在移动设备的 Web 应用、游戏方面将大有作为。目前市面上 95% 的浏览器都支持 HTML5,这里面同时包含移动终端设备上使用的浏览器。对开发者来说,各浏览器可以更好地支持

HTML5,前端程序员开发 HTML+CSS+JavaScript 页面会更加轻松。

目前流行的云技术,使 HTML5 更加大放异彩。试想我们在任何一台可以使用浏览器的计算机或移动终端设备上,通过云技术就能够便捷地获取我们需要的资料、信息,而无须预先安装任何应用,这可以让用户彻底摆脱操作环境的束缚,能更加方便、快捷地实现信息传递。

HTML5 的优势还体现在跨平台上,用 HTML5 开发的页面或者游戏,可以轻松移植到其他平台,如常见的使用 HTML5 开发的手机 APP。

2.3 HTML5 的开发环境

HTML5 对开发环境依赖较小,各种文本编辑器及集成开发工具都可用于 HTML5 应用开发。常用的开发工具包括以下几种:

- 文本编辑器:UltraEdit、NotePad++、EditPlus 等。
- 集成开发工具:Dreamweaver、Visual Studio、FrontPage、Eclipse、HBuilder 等。

集成工具与普通文本编辑器比较起来各有利弊:集成工具一般体积庞大,但是功能强大,多数集成工具都提供了代码提示、代码校验及集成的调试环境;普通文本编辑器体积轻巧,但是往往只具有一般的编辑功能。开发者可根据实际需求,选择适合自己的开发工具。

2.4 浏览器对 HTML5 支持性的检测

要想让 HTML5 开发的应用能正常运行,需要浏览器提供相应支持。虽然目前主流浏览器已经提供了对 HTML5 元素的支持,但是还并未提供对 HTML5 所有功能的完善支持。因此在应用 HTML5 之前,应该先进行当前浏览器对 HTML5 支持性的检测。

检测浏览器是否支持 HTML5 特性有很多种方法,常用的有以下几种:

1. 判断元素的 DOM 对象是否可被浏览器正确识别

例如,以检测 canvas 元素为例,创建一个 HTML 页面 testHTML5.html,并输入以下代码:

```
<!DOCTYPE html PUBLIC"-//W3C//DTD XHTML 1.0 Transitional//EN" "http://
www.w3.org/TR/xhtml1/DTD/xhtml1-transitional.dtd">
<html xmlns ="http://www.w3.org/1999/xhtml">
    <head>
        <meta http-equiv ="Content-Type" content ="text/html; charset =gb2312">
        <title></title>
    </head>
    <body>
        <canvas id="canvas1" style ="background-color: #0000FF">
```

如果浏览器不支持 HTML5 的<canvas>元素，则会显示此句话。

    </canvas>

   </body>

  </html>

  在此页面中，我们使用了 canvas 元素创建一个画布，如果浏览器支持该元素，则会显示一块背景颜色为蓝色的画布；如果浏览器不支持该元素，则会直接显示中间的语句。保存后，使用 IE 6.0 浏览器打开此页面，得到的结果如图 2-1 所示。使用 Chrome 浏览器打开此页面，得到的结果如图 2-2 所示。

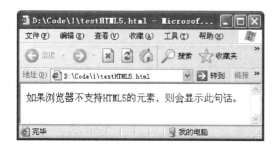
   图 2-1　IE 6.0 不支持 HTML5 的 canvas 元素

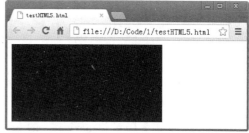
   图 2-2　Chrome 支持 HTML5 的 canvas 元素

2. 若指定元素拥有特定方法，调用该方法并检查返回值

  仍以 canvas 元素为例，该元素使用方法 getContext( ) 获取该元素上下文。创建一个 HTML 页面 testHTML5_2.html，并输入如下代码：

```
<!DOCTYPE html PUBLIC "-//W3C//DTD XHTML 1.0 Transitional//EN" "http://
www.w3.org/TR/xhtml1/DTD/xhtml1-transitional.dtd">
<html xmlns="http://www.w3.org/1999/xhtml">
    <head>
        <meta http-equiv="Content-Type" content="text/html; charset=gb2312">
        <title></title>
        <script>
            function checkCanvasSupport( )
            {
                var canvas = document.getElementById('canvas1');
                alert( canvas.getContext );
            }
        </script>
    </head>
    <body onload="checkCanvasSupport( )">
        <canvas id="canvas1" style="background-color：#0000FF">
            如果浏览器不支持 HTML5 的<canvas>元素，则会显示此句话。
        </canvas>
```

```
    </body>
    </html>
```

在此页面中,我们通过编写 JavaScript 代码获取 canvas 元素的 DOM 对象,并调用 alert( )方法显示 canvas 元素的 getContext( )方法。保存后,使用 IE 6.0 浏览器打开此页面,弹出如图 2-3 所示的对话框。使用 Chrome 浏览器打开此页面,弹出如图 2-4 所示的对话框。

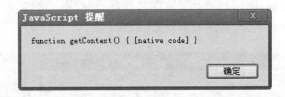

图 2-3　IE 6.0 **不支持** canvas **元素的**
　　　　getContext( )**方法**

图 2-4　Chrome **支持** canvas **元素的**
　　　　getContext( )**方法**

3. 检测全局对象是否拥有特定属性

例如,以检测全局对象 navigator 的 geolocation 属性为例,创建一个 HTML 页面 test-HTML5_3.html,输入如下代码:

```
<!DOCTYPE html PUBLIC "-//W3C//DTD XHTML 1.0 Transitional//EN" "http://
www.w3.org/TR/xhtml1/DTD/xhtml1-transitional.dtd">
<html xmlns="http://www.w3.org/1999/xhtml">
    <head>
        <meta http-equiv="Content-Type" content="text/html; charset=gb2312">
        <title></title>
        <script>
            function checkNavigatorSupport( )
            {
                alert( navigator.geolocation) ;
            }
        </script>
    </head>
    <body onload="checkNavigatorSupport( )">
    </body>
</html>
```

在此页面中,我们通过编写 JavaScript 代码,使用 alert( )方法显示 navigator 元素的 geolocation 属性。保存后,使用 IE 6.0 浏览器打开此页面,弹出如图 2-5 所示的对话框。使用 Chrome 浏览器打开此页面,弹出如图 2-6 所示的对话框。

图 2-5　IE 6.0 不支持 navigator 的
geolocation 属性

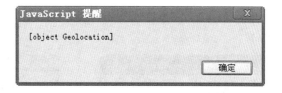

图 2-6　Chrome 支持 navigator 的
geolocation 属性

4. 使用 HTML5 检测工具

Modernizr 是一个开源的 JavaScript 类库,主要用于检测浏览器是否支持 HTML5 的新特性。我们可以在 Modernizr 的官方网站(http://modernizr.com)下载 Modernizr 的最新版本。下载后得到一个 JavaScript 文件,在页面中引用该文件,即可进行相关检测。例如,创建一个 HTML 页面 testHTML5_4.html,并输入以下代码:

```
<!DOCTYPE html PUBLIC "-//W3C//DTD XHTML 1.0 Transitional//EN" "http://
www.w3.org/TR/xhtml1/DTD/xhtml1-transitional.dtd">
<html xmlns="http://www.w3.org/1999/xhtml">
    <head>
        <meta http-equiv="Content-Type" content="text/html; charset=gb2312">
        <title></title>
        <script src="modernizr.custom.02219.js"></script>
        <script>
            function testHTML5()
            {
                if(Modernizr.video)
                {
                    alert('支持 video 元素');
                }
                else
                {
                    alert('不支持 video 元素');
                }
            }
        </script>
    </head>
    <body onload="testHTML5()">
    </body>
</html>
```

在此页面中,我们调用 Modernizr 对 HTML5 的 video 元素进行检测,若浏览器支持该元素,则 Modernizr.video 返回 true,否则返回 false。保存后,使用 IE 6.0 浏览器打开此页面,弹出如图 2-7 所示的对话框。使用 Chrome 浏览器打开此页面,弹出如图 2-8 所示的对话框。

图 2-7　Modernizr 检测出 IE 6.0　　　　　图 2-8　Modernizr 检测出 Chrome
不支持 video 元素　　　　　　　　　　　支持 video 元素

对于上面介绍的几种检测方法,开发者应熟练掌握。因为 HTML5 还处于发展阶段,而各浏览器厂商对 HTML5 的支持性也在不断改善。对于某些新特性,如果在使用中没有达到预期的效果,不一定是因为错误地使用了 HTML5 的新特性,而有可能是因为当前浏览器没有提供对此特性的支持。读者须提高对检测机制重要性的认识,避免发生低级的错误。

2.5　HTML5 的语法结构

在了解 HTML5 的语法结构之前,我们先来看一个例子。
一个网页,在 HTML4 中编写的代码如下:

```
<!DOCTYPE html PUBLIC "-//W3C//DTD XHTML 1.0 Transitional//EN" "http://
www.w3.org/TR/xhtml1/DTD/xhtml1-transitional.dtd">
<html xmlns="http://www.w3.org/1999/xhtml">
    <head>
        <meta http-equiv="Content-Type" content="text/html; charset=utf-8">
        <title>HTML4</title>
    </head>
    <body>
        <p>这是一个 HTML 页面</p>
    </body>
</html>
```

与 HTML4 相比,HTML5 的语法结构省去了一些不必要的配置信息,因此更加简练。
同样一个网页,在 HTML5 中编写的代码如下:

```
<!DOCTYPE html>
<html>
    <head>
        <meta charset="utf-8">
        <title>HTML5</title>
```

```
    </head>
    <body>这是一个 HTML 页面</body>
</html>
```

最初的 HTML 版本借用了标准通用标记语言(Standard Generalized Markup Language, SGML)的标记规范,并且在后续的版本中一直遵循着这一规范。但是 SGML 的语法非常复杂,想要开发出一款完美解析 SGML 的程序,无疑是一件非常困难的事情。目前大多数浏览器都不提供对 SGML 的解析功能,相同的 HTML 代码在不同的浏览器中执行,结果也会有所区别。

针对 HTML4 存在的各浏览器兼容性的问题,开发者也曾经想出过一些解决方案,如针对不同的浏览器编写不同的代码片段,程序会根据不同的浏览器执行环境,选择合适的代码段进行解析。虽然通过某些手段可以在一定程度上解决不同浏览器之间的兼容性问题,但是这对开发者来说,不仅增加了工作量及工作难度,最重要的是始终未能从根本上解决这一问题。HTML5 的一个目标就是消除不同的浏览器的兼容性问题,通过制定统一标准,保证相同的代码在不同的浏览器上执行都能够按照同一标准解析,产生相同的结果。

2.6　HTML5 的页面架构

如果读者有过 HTML 的开发经验,对目前的页面架构应该不会陌生。无论是简单的页面还是复杂的页面,都可以被分割为几个不同的区域,用于放置不同的信息。在 HTML4 中要想实现这一功能,目前多数开发者都是使用 div 元素来实现的。例如,在 HTML4 中,一个常见的分块页面代码如下:

```
<!DOCTYPE html>
<html>
    <meta charset="utf-8">
    <style type="text/css">
        nav{float：left;width：20%}
        article{float：right;width：80%}
        footer{clear：both}
    </style>
    <title></title>
    <header>
        <p>网站标题</p>
    </header>
    <nav>
        <ul>
            <li>菜单 1</li>
            <li>菜单 2</li>
```

```
            <li>菜单 3</li>
        </ul>
    </nav>
    <article>
        <p>主体内容 1</p>
    </article>
    <article>
        <p>主体内容 2</p>
    </article>
    <footer>
        <p>版权信息，联系方式</p>
    </footer>
</html>
```

在浏览器中运行上面的代码，得到的结果如图 2-9 所示。

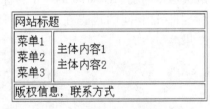

图 2-9　HTML4 页面效果

HTML5 中提供了专门用于实现页面架构功能的元素，具体如下：

- section：用于定义页面中的一个内容区域，如页眉、页脚，可以与 h1、h2、h3 等结合使用形成文档结构。
- header：用于定义页面中的标题区域。
- nav：用于定义页面中的导航菜单区域。
- article：用于定义页面中上下两段相对独立的信息内容。
- aside：article 元素的辅助元素，用于定义页面中与 article 区域内容相关联的信息。
- footer：用于定义页面中的脚注区域。

开发人员利用这些元素可以快速地架构页面。同时，代码的规范化也为页面协同开发、后续维护等工作带来了便利。对于图 2-9 所示的页面架构，在 HTML5 中可以编码如下：

```
<!DOCTYPE html>
<html>
    <meta charset="utf-8">
    <style type="text/css">
        nav{float：left；width：20%}
        article{float：right；width：80%}
        footer{clear：both}
    </style>
    <title></title>
    <header>
```

```
        <p>网站标题</p>
    </header>
    <nav>
        <ul>
            <li>菜单 1</li>
            <li>菜单 2</li>
            <li>菜单 3</li>
        </ul>
    </nav>
    <article>
        <p>主体内容 1</p>
    </article>
    <article>
        <p>主体内容 2</p>
    </article>
    <footer>
        <p>版权信息,联系方式</p>
    </footer>
</html>
```

上面的代码,在 Chrome 浏览器中运行,同样可以得到图 2-9 所示的效果。分析上面两段代码可以发现,在 HTML5 中分别使用 header 元素、nav 元素、article 元素及 footer 元素取代了 HTML4 中的 div 块,实现了页面中的标题部分、导航菜单部分、主体信息部分及脚注部分。

2.7　HTML5 保留的常用元素

HTML5 是在以前 HTML 版本基础上发展产生的,因此 HTML5 保留了以前 HTML 版本的绝大部分元素。本节将对保留的常用元素进行系统地介绍。

2.7.1　基本元素

HTML5 保留的基本元素主要有以下几个:

- <!-- -->:用于定义 HTML 注释,里面的内容会被当成注释处理,注释不会在浏览器中显示。可使用注释对代码进行解释,这样做有助于以后对代码进行编辑,尤其在编写了大量代码时相当有用。
- <html>:是 HTML5 的根元素,此元素可告知浏览器其是一个 HTML 文档。
- <head>:用于定义 HTML5 文档的页面头部分,位于<head>内部的元素可以引用脚本、指引浏览器找到样式表、提供元信息等。可用在<head>内部的标签主要有<base>、<link>、<meta>、<script>、<style>、<title>。

- <title>：用于定义 HTML5 文档的页面标题。
- <style>：用于定义 HTML5 文档引入的样式，该元素的 type 属性是必需的，定义 style 元素的内容，唯一可能的值是"text/css"，具体使用可查阅 CSS。
- <meta>：用于定义 HTML5 文档的元信息（Meta-information）。
- <base>：用于定义 HTML5 文档中所有链接规定的默认地址或默认目标。
- <body>：用于定义 HTML5 文档的页面主题部分，包含文档的所有内容，如文本、超链接、图像、表格、表单等。
- <h1>~<h6>：用于定义标题，<h1>显示的文字最大，<h6>显示的文字最小。
- <p>：用于定义段落，该元素会自动在其前后创建一些空白，浏览器会自动添加这些空白，也可以在样式表中进行规定。
-
：用于插入一个换行符。
- <hr>：用于插入一条水平线。
- <div>：用于定义文档中的分区或节（Division/Section）。该元素是一个块级元素，也就是说，浏览器通常会在该元素前后放置一个换行符。
- <span>：与<div>类似，区别是该元素默认不会换行。

2.7.2　文本格式化元素

文本格式化元素可以使文本内容在浏览器中呈现特定的文字效果。但是，这些元素仅能实现简单的、基本的文本格式化。现在的 HTML5 开发，页面元素较为复杂，一般用 CSS 样式单进行更加丰富的文本格式化。但即便是这样，文本格式化元素也是经常会用到的。

- <b>：用于定义粗体文本，是 bold 的缩写。
- <strong>：用于定义粗体文本。
- <small>：用于定义小号字体文本。对应的<big>元素在 HTML5 中被废弃。
- <em>：用于定义强调文本，是 emphasized 的缩写，显示效果与斜体文本类似。
- <i>：用于定义斜体文本。
- <sub>：用于定义下标文本。
- <sup>：用于定义上标文本。
- <bdo>：用于定义文本方向。

根据 HTML5 的规范，标题文本应使用<h1>~<h6>，强调文本使用<em>，重要文本使用<strong>，其他方面的才使用<b>。

HTML 中还提供了一些特殊的文本格式化元素，这类特殊的文本格式化元素都会呈现特殊的样式，而且这类文本格式化元素都具有明确的语义。

- <abbr>：用于定义一个缩写，是 abbreviation 的缩写。该元素可以使用全局的 title 属性，这样就能够在鼠标指针移动到该元素上时显示出缩写的完整版本。
- <address>：用于定义一个地址，表现形式与斜体相同。
- <blockquote>：用于定义块引用，该元素之间的所有文本都会从常规文本中分离出来，经常会在左、右两边进行缩进，有时会使用斜体。

- <q>：用于定义一个短的引用,该元素之间的内容会被加上引号。
- <code>：用于定义计算机代码文本。该元素显示方式现在还不确定,目前常见的是用等宽字体显示。
- <cite>：用于表示对某个参考文献的引用,通常用于作品的标题或参考文献,会用斜体显示。
- <dfn>：用于定义一个专业术语,会用粗体或斜体显示。
- <del>：用于定义文档中被删除的文本,是 delete 的缩写,会用删除线显示。
- <ins>：用于定义文档中插入的文本,是 insert 的缩写,会用下划线显示。
- <kbd>：用于定义键盘文本,是 keyboard 的缩写,表示文本是从键盘上键入的,经常用在与计算机相关的文档或手册中。
- <pre>：用于定义预格式化的文本。被包围在 pre 元素中的文本通常会保留空格和换行符,文本也会呈现为等宽字体。
- <samp>：用于定义样本文本,是 sample 的缩写。
- <var>：用于定义变量,是 variable 的缩写,会用斜体显示。

2.7.3 超链接和锚点

HTML5 保留了超链接<a>元素,用于从一个页面链接到另一个页面。它最重要的属性是 href 属性,指示链接的目标。

在 HTML 4.01 中,<a>元素可以是超链接或锚。在 HTML5 中,<a>元素始终是超链接,但若未设置 href 属性,则只是超链接的占位符。

HTML5 提供了一些新属性,同时废弃了一些 HTML 4.01 的属性。

HTML5 新增的属性如下:

- download：此属性指示浏览器下载 URL 而不是导航到它,因此提示用户将其保存为本地文件。如果属性有一个值,那么它将在 Save 提示符中作为预填充的文件名使用(如果用户需要,仍然可以更改文件名)。
- media：此属性规定目标 URL 是为什么类型的媒介/设备进行优化的。

HTML5 废弃的属性如下:

- charset：规定被链接文档的字符集。
- cords：规定链接的坐标。
- name：规定锚的名称。
- rev：规定被链接文档与当前文档之间的关系。
- shape：规定链接的形状。

2.7.4 列表相关元素

- <ul>：用于定义无序列表。
- <ol>：用于定义有序列表。
- <li>：用于定义列表项目。
- <dl>：用于定义列表,子元素仅有<dt>和<dd>两种。

- <dt>：用于定义标题列表项。
- <dd>：用于定义列表项目。

2.7.5　表格相关元素

- <table>：用于定义表格。
- <caption>：用于定义表格标题。
- <tr>：用于定义表格行，子元素仅有<td>和<th>两种。
- <td>：用于定义单元格。
- <th>：用于定义单元格，与<td>相同，但显示效果不一样，通常用于定义表格表头。

制作表格时，经常会用到合并单元格的功能，HTML 也提供了此类功能。<td>可以指定 colspan 和 rowspan 两个属性，分别表示该单元格横跨多少列和纵跨多少行。

- <tbody>：用于定义表格主体，子元素仅有<td>和<th>两种。
- <thead>：用于定义表格表头，子元素仅有<td>和<th>两种。
- <tfoot>：用于定义表格页脚(脚注或表注)，子元素仅有<td>和<th>两种。

<tbody>、<thead>、<tfoot>通常用于对表格内容进行分组，当创建表格时，也许希望拥有一个标题行、一些带数据的行，以及位于底部的一个总计行。这种划分使浏览器有能力支持独立于表格标题和页脚的表格正文滚动。当长的表格被打印时，表格的表头和页脚可被打印在包含表格数据的每个页面上。

- <col>：用于为表格中一个或多个列定义属性值，通常位于<colgroup>元素内。
- <colgroup>：用于对表格中的列进行组合，以便对其进行格式化。

2.8　HTML5 元素的改变

在 HTML5 中增加了一些新的页面元素，这些元素不仅给开发者带来了便利，并且提供了强大的功能。

2.8.1　新增的元素

在上一节中，我们已经接触了一些 HTML5 的页面架构元素，这些元素是在 HTML5 中首次出现的新元素。除了页面架构元素外，HTML5 中还增加了以下一些元素。

1. video 元素

video 元素主要用于在页面中添加视频信息。该元素的主要属性及说明如表 2-1所示。

表 2-1　video 元素的主要属性及说明

属性	说明
autoplay	设定此属性时，视频加载完毕后自动播放
controls	设定此属性时，播放器上会显示控制按钮
height	用于设置播放器在页面中显示的高度

属性	说明
width	用于设置播放器在页面中显示的宽度
preload	设定此属性时,视频文件在页面请求时便预先加载,如果设置了 autoplay 属性,则该属性无效
src	用于设置视频地址
loop	设定该属性时,视频播放完毕后,会自动循环播放

一段使用 video 元素的示例代码如下:

<video src="http:∥www.test.com/html5.ogg" controls="controls">

　　浏览器不支持 video 元素

</video>

该元素在页面中的显示效果如图 2-10 所示。

需要注意的是,video 元素所引用的视频文件是否能够正常播放,取决于浏览器所支持的视频解码方式。

图 2-10　video 元素显示效果

2. audio 元素

audio 元素主要用于在页面中添加音频信息。该元素的主要属性及说明如表 2-2 所示。

表 2-2　audio 元素的主要属性及说明

属性	说明
autoplay	设定此属性时,音频加载完毕后自动播放
controls	设定此属性时,播放器上会显示控制按钮
preload	设定此属性时,音频文件在页面请求时便预先加载,若设置了 autoplay 属性,则该属性无效
src	用于设置音频地址
loop	设定该属性时,音频播放完毕后,会自动循环播放

一段使用 audio 元素的示例代码如下:

<audio src="http:∥www.test.com/html5.wav" controls="controls">

　　浏览器不支持 audio 元素

</audio>

该元素在页面中的显示效果如图 2-11 所示。

与 video 元素相似,audio 也支持多种音频格式,它所引用的音频文件是否能够正常播放,取决于浏览器是否支持。

图 2-11　audio 元素显示效果

3. embed 元素

embed 元素主要用于向页面中添加多媒体插件。该元素的主要属性及说明如表 2-3

所示。

表 2-3 embed 元素的主要属性及说明

属性	说明
height	用于设置嵌入页面插件的高度
width	用于设置嵌入页面插件的宽度
type	用于设置嵌入页面插件的类型
src	用于设置嵌入页面插件的地址

图 2-12 embed 元素显示效果

一段使用 embed 元素的示例代码如下：

```
<embed src="http://www.test.com/html5.swf">
    浏览器不支持 embed 元素
</embed>
```

该元素在页面中的显示效果如图 2-12 所示。

4. mark 元素

mark 元素用于在页面中高亮显示信息内容。一段使用 mark 元素的示例代码如下：

```
<p>这是 HTML5 的<mark>mark</mark>元素示例代码</p>
```

该元素在页面中的显示效果如图 2-13 所示。

这是HTML5的mark元素示例代码

图 2-13 mark 元素显示效果

5. command 元素

command 元素用于在页面中添加命令按钮，如单选按钮、复选框或按钮。该元素的主要属性及说明如表 2-4 所示。

表 2-4 command 元素的主要属性及说明

属性	说明
type	用于设置按钮类型，可设置类型包括 checkbox、radio、command
checked	用于设置按钮是否被选中，当 type 为 checkbox 或 radio 时可用
disabled	用于设置元素控件是否可用
label	用于设置元素控件的标签信息
icon	用于设置元素控件在页面中显示图像的地址

一段使用 command 元素的示例代码如下：

```
<menu>
    <command type="checkbox">Click Me!</command>
</menu>
```

由于目前 Chrome 不支持 command，此处就不给出具体演示效果了。

6. progress 元素

progress 元素用于在页面中显示一个进度条,表明事件或进程的运行状况。该元素的主要属性及说明如表 2-5 所示。

表 2-5　progress 元素的主要属性及说明

属性	说明
value	当前执行进度
max	总进度最大值

一段使用 progress 元素的示例代码如下:

```
<progress value="58" max="100">
    浏览器不支持 progress 元素
</progress>
```

该元素在页面中的显示效果如图 2-14 所示。

图 2-14　progress 元素显示效果

7. details 元素

details 元素用于描述页面中的文档或文档某部分的细节。该元素的主要属性及说明如表 2-6 所示。

表 2-6　details 元素的主要属性及说明

属性	说明
open	用于定义页面加载时 details 元素包含的信息状态是否可见

一段使用 details 元素的示例代码如下:

```
<details open="open">
    <summary>HTML5</summary>
    <p>全新的 HTML 规范</p>
</details>
```

该元素在页面中的显示效果如图 2-15 和图 2-16 所示。

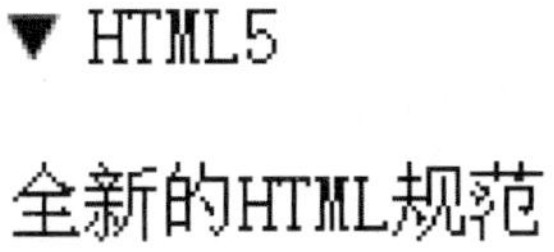

▼ HTML5

全新的HTML规范　　　　　　　▶ HTML5

图 2-15　显示 details 元素内容 　　　图 2-16　隐藏 details 元素内容

8. datalist 元素

datalist 元素用于定义一个数据集,通常与 input 元素结合使用,为 input 元素提供数据源。一段使用 datalist 元素的示例代码如下:

喜欢的编程语言:

```
<input id="favLang" list="language" />
<datalist id="language">
    <option value=".NET">
    <option value="Java">
    <option value="PHP">
</datalist>
```

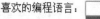

图 2-17　datalist 元素显示效果

该元素在页面中的显示效果如图 2-17 所示。

9. output 元素

output 元素用于在页面中输出指定的信息。一段使用 output 元素的示例代码如下:

```
<form>
    <input type="text" id="num1">
     *
    <input type="text" id="num2">
     =
    <output onFormInput="value=num1.value * num2.value"></output>
</form>
```

当页面加载后,分别在两个输入框中输入数字信息后,output 元素对应控件会自动显示计算结果,如图 2-18 所示。

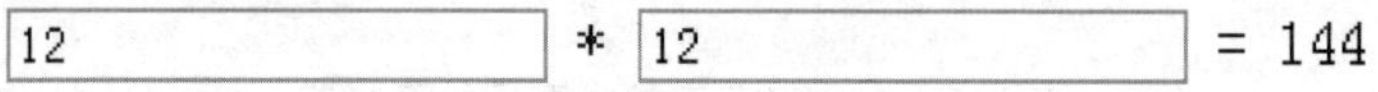

| 12 | * | 12 | = 144 |

图 2-18　output 元素显示效果

10. 其他新增的元素

除了上面介绍的元素外,HTML5 中其他的新增元素及用途如表 2-7 所示。

表 2-7　HTML5 其他新增元素及用途

元素	用途
canvas	用于在页面中添加图形容器,可在 canvas 元素定义的容器内执行绘图操作
datagrid	用于定义一个数据集,并以树形结构显示
keygen	用于生成页面传输信息密钥
menu	用于定义菜单列表,使其内部定义的表单控件以列表形式显示
metter	用于定义度量衡。仅用于已知最大值和最小值的度量
output	用于向页面输出信息,如脚本的输出
ruby/rt/rp	这 3 个元素通常结合使用,用于定义字符的解释或发音
source	与多媒体元素,如<video>或<audio>结合使用,用于定义媒体资源
time	用于定义时间(24 小时制)或日期,可设置时间和时区
wbr	用于定义长字符换行位置,避免浏览器在错误的位置换行

2.8.2 停止使用的元素

在 HTML5 中,HTML4 的一些元素不再被使用,这些元素的功能将由新元素及新实现方法代替。

1. 不再使用 frame 框架结构

frame 元素曾经是网页设计中,尤其是框架结构设计中经常被用到的元素,但 frame 框架不利于页面重用,所以在 HTML5 中不再使用 frame 框架结构。

2. 不再使用支持性不好的元素

HTML4 中的 applet、bgsound、blink 及 marquee 元素只在部分浏览器中被正常解析,在 HTML5 中已停止使用,或使用新的元素取代上述元素。新旧元素对应关系如表 2-8 所示。

表 2-8　新旧元素对应关系

HTML4 元素	HTML5 取代元素
applet	embed 或 object
bgsound	audio
acronym	abbr
dir	ul
isindex	form 与 index
listing	pre
nextid	guids
plaintext	text/plian 的 mime
rb	ruby
xmp	code

2.9　HTML5 属性的改变

HTML5 对旧有元素的属性进行了修改,增加了一些功能丰富的元素,并对一些利用率不高或功能冗余的属性进行了删减或替换。

2.9.1　新增的属性

1. 新增的表单属性

HTML5 中新增的与表单相关的属性如表 2-9 所示。

表 2-9　新增的表单属性

属性	适用元素	说明
autofocus	input、select、textarea、button	用于页面加载时,使设置该属性的元素控件获得焦点
form	input、output、select、textarea、button、fieldset	用于声明设置该属性的元素属于哪个表单

续表

属性	适用元素	说明
placeholder	input（text）、textarea	用于对设置该属性的元素进行输入提示
required	input（text）、textarea	用于对设置该属性的元素进行必填校验
autocomplete	form、input	用于对设置该属性的元素进行自动补全填写
min、max、step	input	用于对设置该属性的包含数字或日期的元素规定限定约束条件
multiple	input（email、file）	用于规定该属性的元素输入域中可选择多个值
pattern	input	用于设置元素输入域校验模式

2. 新增的链接属性

HTML5 中新增的与链接相关的属性如表 2-10 所示。

表 2-10　新增的链接属性

属性	适用元素	说明
media	a、area	用于规定该属性元素的媒体类型
sizes	link	用于设置元素关联图标大小，通常与 icon 结合使用

3. 新增的其他属性

HTML5 中新增的其他属性如表 2-11 所示。

表 2-11　新增的其他属性

属性	适用元素	说明
reversed	ol	用于指定列表显示顺序为倒序
charset	meta	用于设置文档字符编码方式
type	menu	用于设置 menu 元素显示形式
label	menu	用于设置 menu 元素标注信息
scoped	style	用于设置样式作用域
async	script	用于设置脚本执行方式为同步或异步
manifest	html	用于设置离线应用文档缓存信息
sandbox、seamless、srcdoc	iframe	用于提高页面安全

2.9.2　停止使用的属性

HTML4 中的部分属性在 HTML5 中已停止使用，这些属性通过采用新属性或其他解决方案来实现原来的效果。停止使用的 HTML4 属性如表 2-12 所示。

表 2-12　停止使用的 HTML4 属性

HTML4 属性	HTML5 处理方法
align、autosubmit、background、bgcolor、border、clear、compact、char、charoff、cellpadding、cellspacing、frameborder、height、hspace、link、marginheight、marginwidth、noshade、nowrap、rules、size、text、valign、vspace、width	使用 CSS 样式表代替原属性
target、nohref、profile、version	停止使用
charset、scope	使用 HTTP Content-Type 头元素
rev	使用 rel 代替
shape、coords	使用 area 代替

2.9.3　全局属性

全局属性是 HTML5 中的一个新概念,它适用于所有的元素,下面将介绍几个 HTML5 中比较常用的全局属性。

1. contentEditable 属性

该属性可设置的值分别为 true 和 false。当 contentEditable 属性值设置为 true 时,设置该属性的元素处于可编辑状态,用户可任意编辑元素的内部信息;当 contentEditable 属性值设置为 false 时,设置该属性的元素处于不可编辑状态。

一段使用 contentEditable 属性的示例代码如下:

```
<table id="myTable" border="1" contentEditable="true" width="50%">
    <tr>
        <td>姓名：</td>
        <td>张三</td>
    </tr>
    <tr>
        <td>年龄：</td>
        <td>28</td>
    </tr>
    <tr>
        <td>性别：</td>
        <td>男</td>
    </tr>
</table>
```

执行上述代码,在页面中得到的结果如图 2-19 所示。

本示例是在 table 元素上设置了 contentEditable 属性值为 true,从显示效果上看该属性并未对 table 元素起到什么作用。但是当鼠标左键单击 table 元素单元格后,可以直接编辑该单元格中的内容。编辑后的结果如图 2-20 所示。

姓名：	张三
年龄：	28
性别：	男

姓名：	张三和李四
年龄：	28和29
性别：	都是男

图 2-19　contentEditable 属性应用　　　　图 2-20　contentEditable 属性作用效果

2. draggable 属性

该属性可设置的值分别为 true 和 false。当 draggable 属性设置为 true 时,对应元素处于可拖曳状态;当 draggable 属性设置为 false 时,对应元素处于不可拖曳状态。

一段使用 draggable 属性的示例代码如下:

```
<table border="1" draggable="true">
    <tr>
        <td>这是一个可以拖动的表格</td>
    </tr>
</table>
```

执行上述代码,在表格区域内单击鼠标左键并进行拖曳操作,在页面中得到的结果如图 2-21 所示。

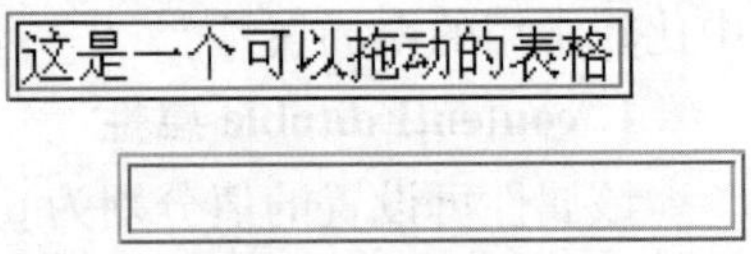

这是一个可以拖动的表格

图 2-21　draggable 属性拖曳效果

3. hidden 属性

该属性可设置的值分别为 true 和 false,在 HTML5 中绝大多数的元素都支持该属性设置。当将 hidden 属性设置为 true 时,该属性的元素在页面中处于不显示状态;当将 hidden 属性设置为 false 时,该属性的元素在页面中处于显示状态。

一段使用 hidden 属性的示例代码如下:

```
<article id="myArticle">
    这是一段用于显示/隐藏的内容
</article>
<input type="button" value="hide" onclick="hide()"/>
<script>
    function hide()
    {
        var article = document.getElementById("myArticle");
        article.setAttribute("hidden",true);
    }
</script>
```

执行上述代码,页面加载时"这是一段用于显示/隐藏的内容"这句话会显示在页面中,如图 2-22 所示。单击"hide"按钮后,"这是一段用于显示/隐藏的内容"这句话被隐藏,如图 2-23 所示。

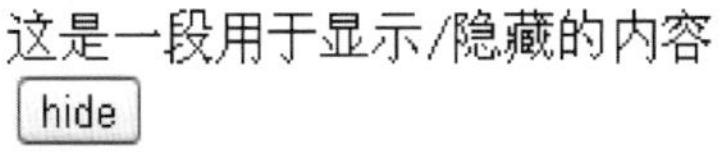

这是一段用于显示/隐藏的内容

hide　　　　　　　　　　　　　　　　　　　　hide

图 2-22　未单击"hide"按钮的效果 　　　　　图 2-23　单击"hide"按钮后的效果

4. spellcheck 属性

该属性可设置的值分别为 true 和 false。当将 spellcheck 属性设置为 true 时,对应输入框处于语法检测状态;当将 spellcheck 属性设置为 false 时,对应输入框不处于语法检测状态。

一段使用 spellcheck 属性的示例代码如下:

```
设置检测语法
<br/>
    <textarea spellcheck ="true" id ="textarea1"></textarea>
<br/>
    设置不检测语法
<br/>
    <textarea spellcheck ="false" id ="textarea2">
    </textarea>
```

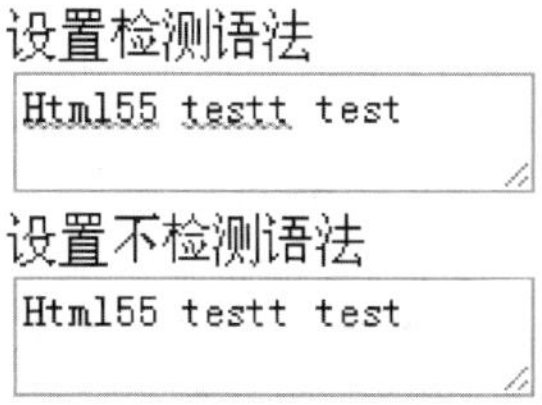

执行上述代码并在两个输入框内分别输入"Html55 testt test"后,第一个输入框由于设置检测语法,对单词的拼写错误以红色波浪线给出提示,如图 2-24 所示。

设置检测语法

Html55 testt test

设置不检测语法

Html55 testt test

图 2-24　spellcheck 属性效果

2.10　本章小结

本章主要介绍了 HTML5 中基本元素和属性的相关知识,重点介绍了 HTML5 新增的文档结构元素、文本格式化元素、页面增强元素及新增的全局属性。

2.11　本章练习

1. HTML 发展过程中经历了哪几个重要版本?
2. 请给出 3 个以上 HTML5 的开发工具。
3. HTML5 通过哪个元素在页面中添加视频?

第3章
HTML5 表单元素和属性

表单在页面中发挥着实现功能、展示页面元素的重要作用,因此无论是哪个版本的HTML 都离不开表单。在 HTML4 中,表单包含的元素有限,导致其能够提供的功能十分有限。要想在 HTML4 中实现一些复杂的功能,往往需要 JavaScript 甚至其他更复杂的插件与表单配合工作。然而在 HTML5 中,这一现状将得到很大改善,因为 HTML5 在HTML4 的基础上丰富了表单元素,使得表单可以实现更强大的功能。

 学习内容

➤ 新的 input 输入类型及属性。

➤ 表单的验证方式。

➤ 上机实践——设计注册页面。

 思维导图

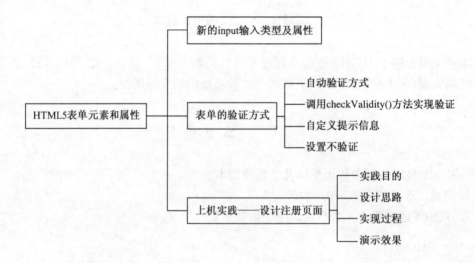

3.1　新的 input 输入类型及属性

HTML5 不仅为原有表单元素、表单控件元素新增了一些属性,还增加了一些新的元素。这些改动极大地增强了 HTML 表单的功能。下面介绍 HTML5 对表单所做的改动。

input 元素在原有基础上增加了许多新的输入类型和属性。下面将分别介绍 input 元素的详细变化。

1. email 类型

　　在 HTML5 中将一个 input 元素的类型设置为 email，表明该输入框用于输入电子邮件地址。当页面加载时，该 input 元素对应的文本框与其他类型的文本框显示效果相同，但是仅限于输入电子邮件格式的字符串。当表单提交时，将会自动检测输入内容，如果用户输入非电子邮件格式字符串，将给出错误提示。

　　一段使用 email 类型的 input 元素的示例代码如下：

```
<!DOCTYPE html>
<html>
    <meta charset="gb2312">
    <form>
        <fieldset>
            <legend>
                请输入有效电子邮箱
            </legend>
            <input type="email" id="inputEmail"/>
            <input type="submit" value="提交"/>
        </fieldset>
    </form>
</html>
```

　　创建一个页面 email.html 并输入上述代码，保存并运行，得到的效果如图 3-1 所示。

　　在图 3-1 所示的输入框中输入错误格式的电子邮箱地址并单击"提交"按钮时，用户将得到错误提示信息，如图 3-2 所示。

图 3-1　email 类型的 input 元素显示效果

图 3-2　email 类型的 input 元素输入错误提示

　　对于 email 类型的 input 元素，如果添加了"multiple='true'"的属性，该输入框将允许用户输入一个或多个电子邮箱地址。多个电子邮箱地址之间使用逗号（英文半角格式）分隔，且多个电子邮箱地址在表单提交时都会进行格式验证。如果任一电子邮箱地址格式不正确，用户将得到错误提

图 3-3　多个电子邮箱地址输入错误提示

示信息,如图 3-3 所示。

需要注意的是,email 类型的 input 元素默认并未对输入信息为空的情况进行处理。

2. 日期时间类型

HTML4 中通常通过第三方 JavaScript 插件来提供日期输入界面,而在 HTML5 中只需将一个 input 元素的类型设置为日期时间类型,即可在页面中生成一个日期时间类型的输入框。当用户单击对应日期输入框后,会弹出日期选择界面,选择日期后该界面自动关闭,并将用户选择的具体日期填充在输入框中。

用户可设置的日期时间类型包括 date、week、month、time、datetime、datetime-local,各种类型对应的输入框界面及功能有所区别。

注意: 目前 Opera 浏览器对于各种日期时间类型的 input 元素都提供了较好的支持,而 Chrome 只提供了 date 类型的 input 元素的支持。为了演示日期时间类型 input 元素的执行效果,下面的示例将使用 Opera 浏览器运行。

一段使用日期时间类型的 input 元素的示例代码如下:

```
<!DOCTYPE html>
<html>
    <meta charset="gb2312">
    <form>
        <fieldset>
            <legend>
                请输入有效时间
            </legend>
            <input type="time"/>
            <input type="datetime"/>
            <input type="datetime-local"/>
        </fieldset>
        <fieldset>
            <legend>
                请输入有效日期
            </legend>
            <input type="date"/>
        </fieldset>
        <fieldset>
            <legend>
                请输入有效星期
            </legend>
            <input type="week"/>
        </fieldset>
        <fieldset>
```

```
        <legend>
            请输入有效月份
        </legend>
        <input type="month"/>
    </fieldset>
</form>
</html>
```

创建一个页面 date.html 并输入上述代码,保存并运行,效果如图 3-4 所示。

通过图 3-4 所示的效果我们可以看出,不同的日期时间类型 input 元素,在页面中将会以不同的形式显示。对于有下拉框格式的输入框,用户单击后将会弹出日历界面;对于有上下选择按钮的输入框,用户单击后对应文本框中将显示数字加减效果,如图 3-5 所示。

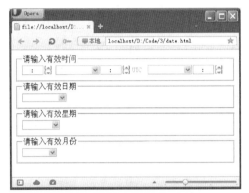

图 3-4 日期时间类型的 input 元素显示效果

图 3-5 用户选择时间效果

HTML5 中的日期时间类型表单元素带来的好处是非常明显的,开发人员不需要编写大量的代码即可轻松提升用户体验,与此同时,日期时间类型的 input 元素默认是不允许用户直接输入信息的,这在一定程度上也提高了程序的安全性。

3. range 类型

在 HTML5 中,当一个 input 元素的类型被设置为 range 时,将在页面中生成一个区域选择控件,用于设置选择区域信息。

一段使用 range 类型的 input 元素的示例代码如下:

```
<!DOCTYPE html>
<html>
    <meta charset="gb2312">
    <script>
        function getValue()
        {
            var value=document.getElementById("rangeInput").value;
            var result=document.getElementById("result");
```

```
                    result.innerText = value;
                }
        </script>
        <form>
            <fieldset>
                <legend>
                    请选择您的年龄
                </legend>
                <input id="rangeInput" type="range" min="0" max="100" onChange=
                    "getValue( )"/>
                <span id="result"></span>
            </fieldset>
        </form>
    </html>
```

创建一个页面 range.html 并输入上述代码,保存并运行,效果如图 3-6 所示。

当单击滑块并滑动时,显示效果如图 3-7 所示。

图 3-6　range 类型的 input 元素显示效果　　　　图 3-7　滑动滑块效果

4. search 类型

在 HTML5 中,一个 input 元素的类型被设置为 search,表明该输入框用于输入查询关键字。search 类型的 input 元素在页面中的显示效果与普通 input 元素相似,都用于接收输入字符串信息,但是显示效果与普通 input 元素有所区别。

一段使用 search 类型的 input 元素的示例代码如下:

```
    <!DOCTYPE html>
    <html>
        <meta charset="gb2312">
        <form>
            <fieldset>
                <legend>
                    请输入您要搜索的信息内容
                </legend>
                <input type="search"/>
                <input type="submit" value="提交"/>
            </fieldset>
        </form>
    </html>
```

创建一个页面 search.html 并输入上述代码,保存并运行,效果如图 3-8 所示。

在图 3-8 所示的文本框中输入搜索关键字时,输入文本框后面将显示"×",单击"×",会自动清空输入框中的文本信息,如图 3-9 所示。

图 3-8　search 类型的 input 元素显示效果

图 3-9　输入搜索信息显示效果

5. number 类型

在 HTML5 中,number 类型的 input 元素用于提供一个数字类型的文本输入控件。该元素在页面中生成的输入框只允许用户输入数字类型信息,并可通过该输入框后面的上、下调节按钮来微调输入数字的大小。

一段使用 number 类型的 input 元素的示例代码如下:

```
<!DOCTYPE html>
<html>
    <meta charset="gb2312">
    <form>
        <fieldset>
            <legend>
                请输入数字信息
            </legend>
            <input type="number"/>
            <input type="submit" value="提交"/>
        </fieldset>
    </form>
</html>
```

创建一个页面 number.html 并输入上述代码,保存并运行,效果如图 3-10 所示。

由于 number 类型的 input 元素只允许输入数字类型文本信息,所以如果用户输入其他类型信息,如字母、符号、汉字等,文本框将会自动清空。

图 3-10　number 类型的 input 元素显示效果

6. url 类型

HTML5 中 input 元素的类型被设置为 url,表示该 input 元素将生成一个只允许输入网址格式字符串的输入框。当页面加载时,该 input 元素对应的文本框与其他类型的文本框显示效果相同,但是仅限于输入网址格式的字符串。当提交表单时,将会自动检测输入内容,如果用户输入非网址格式的字符串,将给出错误提示。

一段使用 url 类型的 input 元素的示例代码如下：

```
<!DOCTYPE html>
<html>
    <meta charset="gb2312">
    <form>
        <fieldset>
            <legend>
                请输入有效网址信息
            </legend>
            <input type="url"/>
            <input type="submit" value="提交"/>
        </fieldset>
    </form>
</html>
```

创建一个页面 url.html 并输入上述代码，保存并运行，效果如图 3-11 所示。

7. color 类型

<input type="color">是 input 元素中的一个特定种类，用于创建一个允许用户使用的颜色选择器或者输入兼容 CSS 语法的颜色代码的区域。当用户在颜色选择器中指定颜色后，该 input 元素的值为该指定颜色的值。

图 3-11　url **类型的** input **元素显示效果**

示例代码如下：

```
<!DOCTYPE html>
<html>
    <head>
        <meta charset="utf-8">
        <title>HTML5 的 input 元素的 color 类型</title>
    </head>
    <body>
        <form action="" method="get">
            <input type="color" name="color" id="" value="#ff0000" /><br/>
            <input type="submit" id="" name="" />
        </form>
    </body>
</html>
```

8. tel 类型

tel 类型会生成一个只能输入电话号码的文本框。因为世界各地的电话号码格式差别很大，所以浏览器一般不会对该字段进行过多的检查。它的使用方法和简单的<input

type＝"text">控件没有太大的差别。在移动终端上,某些浏览器厂商可能会提供为输入电话号码而优化的自定义键盘。

示例代码如下：

```
<!DOCTYPE html>
<html>
    <head>
        <meta charset="utf-8">
        <title>HTML5 的 tel 类型的 input 元素</title>
    </head>
    <body>
        <form action=" " method="get">
            <input type= "tel" name="tel"/>
        </form>
    </body>
</html>
```

3.2　表单的验证方式

HTML5 除了通过正则表达式(无论是内置的,如 email、url 类型,还是用户自定义的,如 pattern 属性)实现输入校验外,还提供了表单验证的方法和属性。下面将详细介绍 HTML5 中表单的验证方式。

3.2.1　自动验证方式

HTML5 表单自动验证主要是通过表单元素的属性设置来实现的。在 2.9.1 小节中介绍的 input 元素公用属性 required 及 pattern,就是分别用来验证输入框是否为空,以及输入信息是否符合设定正则表达式规则的。一旦 input 元素设置了自动验证相关的属性,在提交表单时就会自动对输入内容进行校验,并对校验不通过的信息给出相应的错误提示信息。

除了上面提到的 required 和 pattern 属性外,HTML5 中还有以下两个属性可用于自动验证。

1. min 属性和 max 属性

min 属性和 max 属性主要应用于数值类型或日期类型的 input 元素,用于限制输入框所能输入的数值范围。例如,对 numer 类型的 input 元素设置 min 属性和 max 属性。

示例代码如下：

```
<!DOCTYPE html>
<html>
    <meta charset="gb2312">
    <form>
```

```
        <fieldset>
            <legend>
                请输入数字信息
            </legend>
            <input type="number" min="0" max="100"/>
            <input type="submit" value="提交"/>
        </fieldset>
    </form>
</html>
```

在这段代码中,设置了 number 类型的 input 元素允许输入的数值范围为 0~100,保存上述代码并在浏览器中运行,在输入框中分别输入"−123"和"123"并单击"提交"按钮后,得到错误提示信息,分别如图 3-12 和图 3-13 所示。

图 3-12 输入值小于规定值

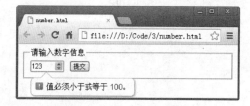
图 3-13 输入值大于规定值

2. step 属性

step 属性主要应用于数值型或日期型 input 元素,用于设置每次输入框内数值增加或减少的变化量。例如,对 number 类型的 input 元素设置 step 属性。

示例代码如下:

```
<!DOCTYPE html>
<html>
    <meta charset="gb2312">
    <form>
        <fieldset>
            <legend>
                请输入数字信息
            </legend>
            <input type="number" step="3"/>
            <input type="submit" value="提交"/>
        </fieldset>
    </form>
</html>
```

在这段代码中,设置了 number 类型的 input 元素增加或减少的变化量为 3,保存上述代码并在浏览器中运行,在输入框中输入"112"并单击"提交"按钮后,得到错误提示信息,如图 3-14 所示。

由于设置了 step 属性的变化量为 3,所以输入框中输入的数字必须为 3 的倍数才会被认为是正确的输入格式。本例中输入的"112"不是 3 的倍数,所以在提交后系统给出了错误提示。

图 3-14　step 属性错误提示

3.2.2　调用 checkValidity( )方法实现验证

除了使用 HTML5 自带属性实现 input 元素输入信息校验外,还可以通过在 JavaScript 中调用 checkValidity( )方法获取输入框信息来判断是否通过校验。checkValidity( )方法用于检验输入信息与规则是否匹配,若匹配则返回 true,否则返回 false。使用 checkValidity( )方法的校验通常也被称为显示验证。使用 checkValidity( )方法实现输入信息验证的示例代码如下:

```
<!DOCTYPE html>
<html>
    <meta charset="gb2312">
    <script>
        function checkEmail( )
        {
            var name = document.getElementById("txtUserName");
            var result = document.getElementById("result");
            var flag = name.checkValidity( );
            if(flag)
            {
                result.innerHTML="用户名格式正确";
            }
            else
            {
                result.innerHTML="用户名格式不正确";
            }
        }
    </script>
    <form>
        <fieldset>
            <legend>
                请输入您的用户名和密码信息
            </legend>
            用户名:
```

```
            <input type="text" id="txtUserName" onblur="checkEmail()"pattern=
            "^[a-zA-Z0-9]{5,}$"/>
        <span id="result"></span>
        <br/>
        密码：
        <input type="text" id="txtPassword"/>
    </fieldset>
</form>
</html>
```

上面的代码中设置了用户名输入框,允许输入信息为长度大于等于 5 的字母和数字组合,保存上述代码并在浏览器中运行,在用户名输入框中输入"tom"并单击密码输入框后,得到错误提示信息,如图 3-15 所示。

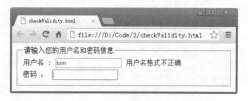

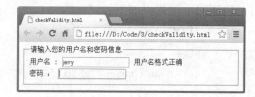

图 3-15　错误提示信息　　　　　　　图 3-16　正确提示信息

在用户名输入框中输入"jerry"并单击密码输入框后,得到正确提示信息,如图 3-16 所示。

3.2.3　自定义提示信息

对于那些设置了校验属性的 input 元素,当用户给出的输入信息不符合校验规则时,系统会给出自带的错误提示信息。但是在很多时候,自带的错误提示信息并不友好,HTML5 允许使用 setCustomValidity() 方法自定义提示信息内容。setCustomValidity() 方法与 checkValidity() 方法的用法相似,都是通过在 JavaScript 中调用实现的,调用格式如下:

```
input 元素的 DOM 对象.setCustomValidity('自定义提示信息内容');
```

3.2.4　设置不验证

通常情况下,HTML5 会在提交表单时对设置了输入校验的表单元素逐一校验输入格式,当所有输入信息都符合预设条件时才允许提交数据。然而在一些特殊情况下,可能不想要校验输入信息而直接提交表单数据,此时就要用到 HTML5 为表单提供的 novalidate 属性。该属性用于取消表单全部元素的验证。一段使用 novalidate 属性的示例代码如下:

```
<!DOCTYPE html>
<html>
    <meta charset="gb2312">
    <form novalidate="true">
        <fieldset>
```

```
        <legend>
            请输入登录信息
        </legend>
        电子邮箱：
        <input type="email" id="txtEmail"/>
        <br/>
        密码：
        <input type="password" id="txtPassword"/>
        <br/>
        <input type="submit" value="提交"/>
    </fieldset>
  </form>
</html>
```

上面的代码中设置了电子邮箱输入框输入类型为"email"，同时设置了不对表单提交的信息内容进行校验，保存上述代码并在浏览器中运行，在电子邮箱输入框中输入"jerry"并提交后，系统不会给出错误提示信息。

3.3　上机实践——设计注册页面

3.3.1　实践目的

使用 HTML5 的新表单元素打造一个注册页面，该页面将应用新的表单元素及表单的输入验证。通过本次实践，读者能够熟练掌握 HTML5 中新增表单元素和表单验证的使用方法。

3.3.2　设计思路

一个相对完善的注册页面应该提供用户登录信息和用户基本信息。用户登录信息包括用户名、密码、邮箱等，用户基本信息包括姓名、性别、出生年月日、住址等。同时，对于用户输入的信息，还应该进行输入合法性的校验。

根据以上分析，我们确定设计步骤如下：
① 使用 HTML5 表单元素设计页面基本结构。
② 添加各表单验证方法。

3.3.3　实现过程

根据上面的分析，我们设计的代码如下：

```
<!DOCTYPE html>
<html>
    <meta charset="gb2312">
```

```
<script>
    //验证密码强度
    function checkStrength( )
    {
        var strength = document.getElementById("strength");
        var psw1 = document.getElementById("psw1").value;
        var length = psw1.length;
        if ( length >= 1&&length<3 )
        {
            strength.innerHTML = "弱";
        }
        else if( length >= 3&&length<6 )
        {
            strength.innerHTML = "中";
        }
        else
        {
            strength.innerHTML = "强";
        }
    }
    //验证两次输入密码是否一致
    function checkPSW( )
    {
        var psw1 = document.getElementById("psw1").value;
        var psw2 = document.getElementById("psw2").value;
        var pswInfo = document.getElementById("pswInfo");
        if( psw1 ! = psw2 )
        {
            pswInfo.innerHTML = "两次输入的密码必须一致";
        }
    }
    //注册方法
    function reg( )
    {
        var username = document.getElementById("username").value;
        var email = document.getElementById("email").value;
        var gender = document.getElementById("gender").value;
        var birth = document.getElementById("birth").value;
```

```
        var address = document.getElementById("address").value;
        if( document.getElementById("username").checkValidity()
                                          //判断用户名是否通过校验
            &&document.getElementById("psw1").checkValidity()
                                          //判断密码是否通过校验
            &&document.getElementById("psw2").checkValidity()
                                          //判断重复密码是否通过校验
            &&document.getElementById("email").checkValidity()
                                          //判断电子邮箱是否通过校验
            &&document.getElementById("birth").checkValidity()
                                          //判断生日是否通过校验
            &&document.getElementById("address").checkValidity())
                                          //判断地址是否通过校验
            {
            alert('确认注册信息\n'+'用户名：'+username+'\n'+'电子邮
                箱：'+email+'\n'+'性别：'+gender+'\n'+'生日：'+birth+
                '\n'+'住址：'+address+'\n');
            }
        }
    }
</script>
<form>
    <fieldset>
        <legend>用户注册页面</legend>
        <center>
            <div style="padding：5px;width：600px;">
                <h4>用户登录信息</h4>
                <table width='100%'>
                    <tr>
                        <td width='20%'>用户名</td>
                        <td width='40%'><input id="username" type=
                        "text" required="true"/></td>
                        <td width='40%'><font color="red"> * </font>
                        </td>
                    </tr>
                    <tr>
                        <td>邮箱</td>
                        <td><input id="email" type="email" required=
                        "true"/></td>
```

```
                    <td><font color="red">∗</font></td>
            </tr>
            <tr>
                <td>密码</td>
                <td><input id="psw1" type="password" required=
                    "true" onkeyup="checkStrength( )"/></td>
                <td><font color="red">∗</font><span id=
                    "strength"></span></td>
            </tr>
            <tr>
                <td>确认密码</td>
                <td><input id="psw2" type="password" required="true"
                    onblur=" checkPSW( )"/></td>
                <td><font color="red">∗</font> <span id=
                    "pswInfo"></span></td>
            </tr>
        </table>
    </div>
        <div style="margin-top：10px; margin-bottom：20px; width：
            600px;">
        <h3>用户基本信息</h3>
        <table width='100%'>
            <tr>
                <td width='20%'>性别</td>
                <td width='40%'>
                    <select id="gender">
                        <option value="男">男</option>
                        <option value="女">女</option>
                        <option value="其他">其他</option>
                    </select>
                </td>
                <td width='20%'> </td>
            </tr>
            <tr>
                <td>出生年月</td>
                <td><input id="birth" type="date"/></td>
                <td> </td>
            </tr>
```

```
                    <tr>
                        <td>住址</td>
                        <td><input id="address" type="text"/></td>
                        <td> </td>
                    </tr>
                </table>
            </div>
            <input type="submit" value="注册新用户" onclick="reg()"/>
            <input type="reset" value="重置"/>
        </center>
    </fieldset>
</form>
</html>
```

3.3.4　演示效果

保存上面的代码并在浏览器中运行,显示用户注册页面,如图 3-17 所示。

此注册页面中,用户名、邮箱、密码、确认密码是必填字段,如果这 4 个输入文本框中输入的信息不能通过校验,注册流程无法继续。如果用户输入的信息正确,单击"注册新用户"按钮后,显示注册信息,如图 3-18 所示。

图 3-17　用户注册界面

图 3-18　确认注册信息

3.4　本章小结

本章主要介绍了 HTML5 中表单及与表单控件相关的元素和属性,主要包括新的 input 输入类型、input 属性及表单的验证方式。表单是网页开发中非常重要的组成部分,掌握 HTML5 表单的基础用法,是后续深入学习的重要基础之一。

3.5 本章练习

1. HTML5 中新增了哪几种 input 输入类型？

2. 要想使 HTML5 中某个输入框在页面加载时获取焦点，该如何实现？

第 4 章

CSS3 基础

　　层叠样式表(Cascading Style Sheet,CSS)是一种用来表现 HTML(标准通用标记语言的一个应用)或 XML(标准通用标记语言的一个子集)等文件样式的计算机语言。CSS3 是 CSS 规范最新的版本,它继承了 CSS 2.1 并进行了增补和修改,逐步完善了选择器、盒子模型、Web 字体和响应式布局,并增强了相关的属性功能,如背景、边框和颜色,增加了动画和交互效果等。

 学习内容

➢ CSS 的使用方式。
➢ CSS3 的基本属性。
➢ CSS3 选择器。

 思维导图

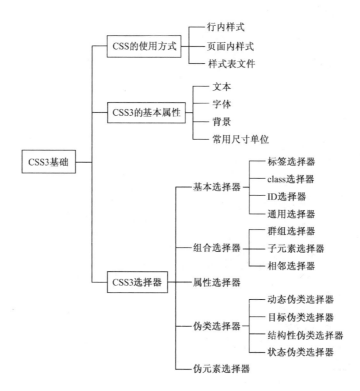

4.1　CSS 的使用方式

CSS 样式可以用来美化网页。通常在网页中使用的 CSS 样式,包括行内样式(也称为内联样式)、页面内样式和样式表文件。

1. 行内样式

行内样式将 CSS 相关属性写在元素的 style 属性中,每个属性用分号隔开,这种方式只对当前元素有效。其使用方式如下:

```
<div style="width：200px；height：200px；border：1px solid aquamarine;">带有行
    内样式 div</div>
<div style="width：100px；height：100px；background-color：aliceblue;">带有行
    内样式 div</div>
```

运行效果如图 4-1 所示。每个 div 的行内样式只修饰当前的 div 元素,并不影响其他的 div 元素,这种方式主要用于对页面特殊元素进行精准修饰,不宜重用。

2. 页面内样式

页面内样式将 CSS 相关属性写在当前页面的<head>标签的<style>元素内,它只对当前页面有效,多个页面都使用相同样式,会导致页面代码冗余,并且增加了页面文档存储空间。如果只是单个页面使用,可以采用这种方式。示例代码如下:

图 4-1　行内样式

```
<!DOCTYPE html>
<html>
    <head>
        <meta charset="utf-8">
        <title>页面内样式</title>
        <style type="text/css">
            div{
                width：100px；
                height：100px；
                border：1px solid cadetblue；
            }
        </style>
    </head>
    <body>
```

```
        <div></div>
        <div></div>
    </body>
</html>
```

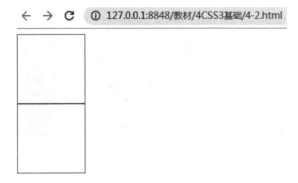

代码运行效果如图 4-2 所示。采用这种方式,可以实现页面内重复使用,但是作用范围仅限于当前页面内。

图 4-2　页面内样式

3. 样式表文件

CSS 引入外部样式表文件,通常有两种方式:一种通过 link 标签链接方式引入,另一种通过 import 方式引入。通过 link 标签链接方式引入 CSS 文件格式如下:

```
<link href="CSS 文件地址" rel="stylesheet" type="text/css" />
```

其中 rel 属性不能少,并且必须指定为 stylesheet,因为 link 是 XHTML 中的标签,它不仅可以加载 CSS 文档,而且通过修改 rel 属性可以实现其他功能,如栏目图标、收藏夹图标等。

通过 import 方式引入 CSS 文件格式如下:

```
<style type="text/css">
    @ import url("CSS 文件地址");
</style>
```

下面的示例通过 import 和 link 两种方式引入 CSS 文件格式,代码如下:

```
<!DOCTYPE html>
<html>
    <head>
        <meta charset="utf-8">
        <title>使用样式表文件</title>
        <link href="style.css" rel="stylesheet" type="text/css" />
        <style type="text/css">
            @ import url("css.css");
        </style>
    </head>
    <body>
        <p>link 方式引入 CSS</p>
        <div>import 方式引入 CSS</div>
    </body>
</html>
```

代码运行效果如图 4-3 所示。这两种方式都可以将外部 CSS 文件引入当前页面,但还是有一些差别:link 是 XHTML 提供的标签,而 import 是 CSS2 版本后提供的一种引入 CSS 文件的方式,相比较来说,import 兼容性较差;并且这两种方式加载的顺序有区别,link 是在页面加载的同时加载 CSS 文件,而 import 是在加载完页面后再加载 CSS 文件。

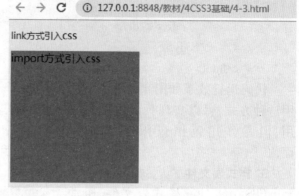

图 4-3　引入外部 CSS

4.2　CSS3 的基本属性

CSS3 的基本属性包括了常用的文本、字体、背景和常用尺寸单位等的属性设置。CSS3 在 CSS2 的基础上,新增了许多基本属性,原来需要使用图片实现的功能现在只要通过设置 CSS3 属性就可以实现。

4.2.1　文本

CSS3 文本属性经过三次修订,最终形成了比较完善的文本模型,不但对 CSS2 中的属性进行了修补,同时新增了许多属性,以便适用于复杂环境中的文本呈现。

1. 常用的 CSS 属性

常用的 CSS 属性包括文本颜色、文本方向、行高、字符间距和对齐方式等,具体属性如表 4-1 所示。

表 4-1　常用的 CSS 属性

属性名称	描述	属性值
color	设置文本颜色	颜色名称、十六进制颜色值或 rgb 颜色值
direction	设置文本方向	ltr:文本方向从左到右 rtl:文本方向从右到左
line-height	设置行高	可以是数字、指定长度或百分比,其中数字和百分比是相对于字体大小尺寸的
letter-spacing	设置字符间距	指定长度
text-align	对齐元素中的文本	left:把文本排列到左边(默认值) right:把文本排列到右边 center:把文本排列到中间 justify:实现两端对齐文本效果

属性名称	描述	属性值
text-decoration	向文本添加装饰	none：默认 underline：定义文本下划线 overline：定义文本上划线 line-through：定义文本删除线 blink：定义闪烁的文本
text-indent	缩进元素中文本的首行	指定长度或父元素的百分比,默认值为 0
text-transform	控制元素中的字母	capitalize：文本中的每个单词以大写字母开头 uppercase：定义仅有大写字母 lowercase：定义无大写字母,仅有小写字母
white-space	设置元素中空白的处理方式	pre：空白会被浏览器保留 nowrap：文本不会换行,文本会在同一行上继续,直到遇到 标签为止 pre-wrap：保留空白符序列,但是正常地进行换行 pre-line：合并空白符序列,但是保留换行符
word-spacing	设置字间距	指定长度

下面通过一个例子来演示 CSS 基本属性的使用方法,具体代码如下:

```
<!DOCTYPE html>
<html>
    <head>
        <meta charset="utf-8">
        <title></title>
        <style type="text/css">
            div{
                border：1px solid #ddd；
            }
            .direction{
                width：600px；
                direction：rtl；
            }
            .lineheight{
                line-height：50px；
                border：1px solid #ddd；
            }
            .letterspace{
                letter-spacing：15px；
                border：1px solid #ddd；
```

```
            }
              .textalign{
                  text-align: center;
                  text-decoration：underline；
                  line-height: 50px;
                  border：1px solid #ddd;
              }
              .textindent{
                  text-indent：10%；
                  width：300px；
                  border：1px solid #ddd;
              }
              .texttransform{
                  text-transform：capitalize；
                  width：500px；
                  border：1px solid #ddd;
              }
              .whitespace{
                  white-space：pre；
                  border：1px solid #ddd;
              }
              .wordspacing{
                  border：1px solid #ddd;
                  word-spacing：20px；
              }
      </style>
  </head>
  <body>
      <p>direction 属性</p>
          <div class="direction">
              CSS3 是 CSS(层叠样式表)技术的升级版本，于 1999 年开始
                  制定,2001 年 5 月 23 日 W3C 完成了 CSS3 的工作草案。
          </div>
      <p>line-height 属性</p>
      <p class="lineheight">
          CSS3 主要包括盒子模型、列表模块、超链接方式、语言模块、背景
              和边框、文字特效、多栏布局等模块。
      </p>
```

```
<p>letter-spacing 属性</p>
<p class="letterspace">
    CSS3 原理同 CSS,是在网页中自定义样式表的选择符,然后在网
    页中大量引用这些选择符。
</p>
<p>text-align,text-decoration</p>
<p class="textalign">
    CSS3 允许使用者在标签中指定特定的 HTML 元素而不必使用多
    余的 class、ID 或 JavaScript。
</p>
<p>text-indent</p>
<p class="textindent">
    CSS3 已完全向后兼容,所以你不必改变现有的设计。浏览器将永
    远支持 CSS2。
</p>
<p>text-transform</p>
<p class="texttransform">
    Parameter is a fast-growing news publication, dedicated to bringing
    you the latest news around technology.
</p>
<p>white-space</p>
<p class="whitespace">
    样式规则是可应用于网页中元素,如文本段落或链接的格式化
    指令。
</p>
<p>wordspacing</p>
<p class="wordspacing">
    Parameter was founded by Oliver Dale, a technology entrepreneur with
    over 15 years experience online building profitable businesses.
</p>
</body>
</html>
```

代码运行效果如图 4-4 所示。

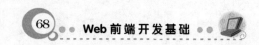

direction属性

> CSS3是CSS（层叠样式表）技术的升级版本，于1999年开始制定，2001年5月23日
> W3C完成了CSS3的工作草案。

line-height属性

> CSS3主要包括盒子模型、列表模块、超链接方式、语言模块、背景和边框、文字特效、多栏布局等模块。

letter-spacing属性

> C S S 3 原 理 同 C S S ，是 在 网 页 中 自 定 义 样 式 表 的 选 择 符 ，然 后 在 网 页 中 大
> 量 引 用 这 些 选 择 符 。

text-align,text-decoration

> CSS3允许使用者在标签中指定特定的HTML元素而不必使用多余的class、ID或JavaScript。

text-indent

> CSS3已完全向后兼容,所以你不必改变
> 现有的设计。浏览器将永远支持CSS2。

text-transform

> Parameter Is A Fast-Growing News Publication, Dedicated To
> Bringing You The Latest News Around Technology.

white-space

> 样式规则是可应用于网页中元素， 如文本段落或链接的格式化指令。

wordspacing

> Parameter was founded by Oliver Dale, a technology entrepreneur with over 15 years experience online building profitable businesses.

图 4-4　CSS 基本属性应用效果

在上面的例子中，主要是针对 CSS 基本属性的应用，对于每个属性的其他属性值还需要单独实践。尤其是 letter-spacing 属性和 word-spacing 属性，它们有很大的区别：letter-spacing 属性主要用于设置字母之间或汉字之间的间距，而 word-spacing 属性主要用于设置英文单词之间的间距。

2. CSS3 新增文本属性

CSS3 在 CSS2 的基础上扩展了许多文本属性，使文本的样式调整更加灵活，具体如表 4-2 所示。

表 4-2　CSS3 新增文本属性

属性	描述	属性值
text-emphasis	向元素的文本应用重点标记及重点标记的前景色	text-emphasis-style：向元素的文本应用重点标记 text-emphasis-color：定义重点标记的前景色 text-emphasis-position：标记的位置
text-overflow	规定当文本溢出包含元素时发生的事情	clip：修剪文本 ellipsis：显示省略号来代表被修剪的文本 string：使用给定的字符串来代表被修剪的文本
text-shadow	向文本添加阴影	h-shadow：水平阴影的位置,允许负值 v-shadow：垂直阴影的位置,允许负值 blur：模糊的距离 color：阴影的颜色

续表

属性	描述	属性值
word-break	规定非中、日、韩文本的换行规则	normal：使用浏览器默认的换行规则 break-all：允许在单词内换行 keep-all：只能在半角空格或连字符处换行
word-wrap	允许对长的不可分割的单词进行分割并换行	normal：只在允许的断字点换行（浏览器保持默认处理） break-word：在长单词或 URL 地址内部进行换行

下面通过一个例子来演示 CSS3 新增文本属性的使用方法，具体代码如下：

```
<!DOCTYPE html>
<html>
    <head>
        <meta charset="utf-8">
        <title></title>
        <style type="text/css">
            p{
                font-weight：bold；
            }
            p::before{
                content："*"；
            }
            .emphasis{
                text-emphasis-style：dot；
                text-emphasis-color：red；
                text-emphasis-position：under；
                width：300px；
                height：30px；
                border：1px solid #ccc；
            }
            .textOverFlow{
                width：200px；
                overflow：hidden；
                white-space：nowrap；
                text-overflow：ellipsis；
                border：1px solid #999；
            }
            .textShadow{
                color：#000；
```

```
                font-size：30px；
                font-weight：bold；
                text-shadow：10px 10px 40px #999,15px 15px 20px #000；
            }
        .keepAll{
                width：300px；
                border：1px solid #999；
                word-break：keep-all；
            }
        .breakAll{
                width：300px；
                border：1px solid #999；
                word-break：break-all；
            }
        .wordWrap{
                width：300px；
                border：1px solid #999；
                word-wrap：break-word；
            }
        </style>
    </head>
    <body>
        <p>text-emphasis 属性的使用</p>
        <div class="emphasis">
            text-emphasis 对文字进行强调装饰
        </div>
        <p>text-overflow 属性的使用</p>
        <div class="textOverFlow">
            text-overflow 对长文本溢出的裁剪，当文本标题过长时，以省略号
            显示
        </div>
        <p>text-shadow 属性的使用</p>
        <div class="textShadow">
            text-shadow 文字阴影的使用
        </div>
        <p>word-break 属性的使用</p>
        <div class="keepAll">keepAll<br/>More than 80 watercolors and ink paintings
            by Song Yuelin are on show, who explores a highly expressionist style with
```

two mediums of the East and West.</div>

<div class="breakAll">breakAll
More than 80 watercolors and ink paintings by Song Yuelin are on show, who explores a highly expressionist style with two mediums of the East and West.</div>

<p>word-wrap 属性的使用</p>

<div class="wordWrap">

　　　hepaticocholecystostcholecystntenterostomy

</div>

　</body>

</html>

这个例子演示了 CSS3 新增文本属性的具体用法,代码运行效果如图 4-5 所示。

在上面的代码中,text-emphasis 用于对文本进行强调装饰,可以设置强调标志的颜色、位置。text-overflow 用于对长文本溢出的处理,可以结合 white-space 和 overflow 属性实现省略提示功能。text-shadow 用于设置文本的阴影效果,并且可以连续设置多个阴影效果。对于 word-break 和 word-wrap,这两个属性都用于换行处理,但是它们之间仍有很小的区别:word-break 用于控制单词如何拆分换行,而 word-wrap 用于控制长度超过一行的单词是否被拆分换行。

4.2.2　字体

CSS3 的字体属性用来定义文本的字体系列、大小、加粗、风格(如斜体)和变形(如小型大写字母)。一般情况下只能使用用户本地字体,但是在 CSS3 中增加了使用服务器字体属性,这有效地保证了页面效果的一致性。CSS3 的常用字体属性如表 4-3 所示。

*text-emphasis属性的使用

text-emphasis对文字进行强调装饰

*text-overflow属性的使用

text-overflow对长文本溢...

*text-shadow属性的使用

text-shadow文字阴影的使用

*word-break属性的使用

keepAll
More than 80 watercolors and ink paintings by Song Yuelin are on show, who explores a highly expressionist style with two mediums of the East and West.

breakAll
More than 80 watercolors and ink pain tings by Song Yuelin are on show, who explores a highly expressionist style wi th two mediums of the East and West.

*word-wrap属性的使用

hepaticocholecystostcholecystntentero stomy

图 4-5　CSS3 新增文本属性应用效果

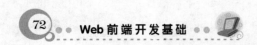

表 4-3 CSS3 的常用字体属性

属性名称	描述	属性值
font-family	设置文本的字体	（1）family-name：指定的系列名称； （2）generic-family：通常字体系列名称
font-size	设置文本的大小	（1）从 xx-small 到 xx-large，默认值为 medium； （2）smaller：把 font-size 设置为比父元素更小的尺寸； （3）larger：把 font-size 设置为比父元素更大的尺寸； （4）length：把 font-size 设置为一个固定的值； （5）%：把 font-size 设置为基于父元素的一个百分比值； （6）em 和 rem：em 相对于父元素，rem 相对于根元素
font-style	设置文本的样式	（1）normal：默认值，浏览器会显示一个标准的字体样式； （2）italic：浏览器会显示一个斜体的字体样式； （3）oblique：浏览器会显示一个倾斜的字体样式
font-variant	小型大写字母字体或正常字体显示文本	（1）normal：默认值，浏览器会显示一个标准的字体； （2）small-caps：浏览器会显示小型大写字母的字体
font-weight	设置文本的粗细	（1）normal：默认值，定义标准的字符； （2）bold：定义粗体字符； （3）bolder：定义更粗的字符； （4）lighter：定义更细的字符； （5）100~900：定义由粗到细的字符，400 等同于 normal，而 700 等同于 bold
font	在一个声明中设置所有的字体属性	可以按顺序设置如下属性： font-style font-variant font-weight font-size/line-height font-family

@ font-face	把自己定义的 Web 字体嵌入网页中	语法规则：
		@ font-face{
		    font-family：<YourWebFontName>；
		    src：<source> [<format>][,<source> [<format>]] * ；
		    [font-weight：<weight>]；
		    [font-style：<style>]；
		}

下面通过一个示例来演示 CSS3 字体的使用方法，具体代码如下：

```
<!DOCTYPE html>
<html>
    <head>
        <meta charset="utf-8">
        <title></title>
        <style type="text/css">
```

```
        .font{
            font：italic 200 20px/30px "微软雅黑"；
        }
        .text{
            font-size：20px；
            font-style：oblique；
            font-weight：800；
            font-variant：small-caps；
        }
        p{
            margin：0px；
        }
        @ font-face {
            font-family："MyFont"；
            src：url("font/KirangHaerang-Regular.ttf") format("truetype")；
            font-style：normal；
        }
        @ font-face {
            font-family："MyFont"；
            src：url("font/Ranga-Regular.ttf") format("truetype")；
            font-style：italic；
        }
        .fontFace{
            font-family："MyFont"；
            font-size：50px；
        }
        .fontFaceItalic{
            font-family："MyFont"；
            font-style：italic；
            font-size：50px；
        }
    </style>
</head>
<body>
    <h3>* font 属性</h3>
    <p class="font">font 简写属性在一个声明中可用来设置所有字体属性，
        设置顺序如下：font-style、font-variant、font-weight、font-size/line-height、
        font-family。font-size 和 font-family 的值是必需的。如果缺少了其他
```

　　　　　　值,默认值将被插入。</p>

　　　　　　<h3>＊font 其他属性</h3>

　　　　　　<p class="text">font-size 属性用于设置文本的大小,在网页设计中是非

　　　　　　　　常重要的,font-style 属性用于指定文本的字体样式。</p>

　　　　　　<h3>＊@ font-face</h3>

　　　　　　<p class="fontFace">Good grain harvest lifts nation's supplies</p>

　　　　　　<h3>＊@ font-face</h3>

　　　　　　<p class="fontFaceItalic">Good grain harvest lifts nation's supplies</p>

　　　　</body>

　　</html>

这个示例演示了 CSS3 文本字体的使用方法,程序运行效果如图 4-6 所示。

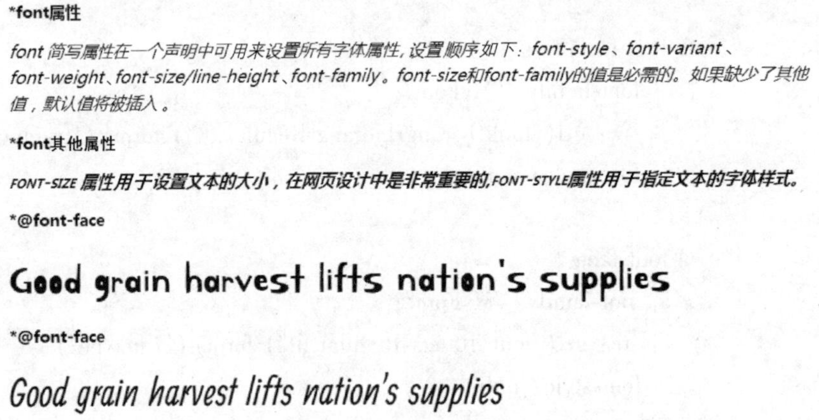

*font属性

font 简写属性在一个声明中可用来设置所有字体属性,设置顺序如下: font-style、font-variant、font-weight、font-size/line-height、font-family。font-size和font-family的值是必需的。如果缺少了其他值,默认值将被插入。

*font其他属性

FONT-SIZE 属性用于设置文本的大小,在网页设计中是非常重要的,FONT-STYLE属性用于指定文本的字体样式。

*@font-face

Good grain harvest lifts nation's supplies

*@font-face

Good grain harvest lifts nation's supplies

图 4-6　CSS3 文本字体的应用效果

　　上面的程序通过 font 属性一次性定义了多个属性,也可以分开定义。在使用自定义字体时要注意,设置的 font-style 或 font-weight 属性,并不是我们最终浏览的效果,只是定义了使用当前自定义字体时需要设置的字体风格或加粗属性,比如定义了"MyFont"字体,当 font-style 属性分别为 normal 和 italic 时,分别使用两种不同风格的字体,在使用时根据 font-style 的属性值来选择不同的字体。

4.2.3　背景

　　CSS 背景属性用于定义 HTML 元素的背景,是网页设计中的一个重要属性。CSS1 中包含了背景颜色、背景图片的基本属性设置,到 CSS3 中又扩充了图片的尺寸、位置等相关属性的设置。CSS3 背景常用的属性如表 4-4 所示。

表 4-4　CSS3 背景常用的属性

属性	CSS 版本	描述	属性值
background-color	1	设置或检索对象的背景颜色	（1）用颜色名称表示的颜色值,如 red、green; （2）用十六进制值表示的颜色值,如 #ff0000; （3）规定颜色值为 rgb 代码,如 rgb(255,0,0),也可以是 rgba 代码,即背景颜色和透明度相结合,如 rgba(255,255,255,0.6); （4）用 transparent 表示透明色
background-image	1	元素的背景图像。默认情况下,背景图像进行平铺重复显示,以覆盖整个元素实体	（1）url( ):图像的 URL; （2）none:默认无图像背景; （3）linear-gradient( ):创建一个线性渐变图像; （4）radial-gradient( ):创建一个径向渐变图像
background-position	1	设置背景图像的起始位置	（1）xpos 和 ypos:表示使用预定义关键字定位,水平方向可选关键字有 left/center/right,垂直方向可选关键字有 top/center/bottom; （2）x% 和 y%:表示使用百分比定位,即将图像本身(x%,y%)的那个点,与背景区域的(x%,y%)的那个点重合; （3）x 和 y:表示使用长度值定位,即将背景图像的左上角,放置在对象的背景区域中(x,y)所指定的位置
background-repeat	1	设置图像平铺的模式	（1）repeat:默认值,背景图像将在垂直方向和水平方向上重复; （2）repeat-x:背景图像将在水平方向上重复; （3）repeat-y:背景图像将在垂直方向上重复; （4）no-repeat:背景图像将仅显示一次
background-attachment	1	设置背景图像是否固定或随着页面的其余部分滚动	（1）scroll:默认值,背景图相对于元素固定,背景随页面滚动而移动,即背景和内容绑定; （2）fixed:背景图相对于视口固定,所以随页面滚动背景不动,相当于背景被设置在了 body 上; （3）local:背景图相对于元素内容固定
background	1	背景的简写属性,在一个声明中设置所有的背景属性	可以设置的属性分别是:background-color、background-position、background-size、background-repeat、background-origin、background-clip、background-attachment 和 background-image
background-origin	3	设置背景图片的起点位置	（1）border-box:把背景图片的坐标原点设置在盒子模型 border-box 区域的左上角; （2）padding-box:把背景图片的坐标原点设置在盒子模型 padding-box 区域的左上角; （3）content-box:把背景图片的坐标原点设置在盒子模型 content-box 区域的左上角

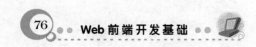

续表

属性	CSS 版本	描述	属性值
background-clip	3	设定元素背景所在的区域	（1）border-box：背景被裁剪到边框盒； （2）padding-box：背景被裁剪到内边距框； （3）content-box：背景被裁剪到内容框
background-size	3	设置背景图像的尺寸大小	（1）length：设置背景图像的宽度和高度，第一个值是宽度，第二个值是高度，如果只设置第一个值，那么第二个值会自动转换为"auto"； （2）percentage：该属性是以父元素的百分比来设置图片的宽度和高度的，第一个值是宽度，第二个值是高度，如果只设置一个值，那么第二个值会被设置为"auto"； （3）cover：把背景图像扩展至足够大，以使背景图像完全覆盖背景区域； （4）contain：把图像扩展至最大尺寸，以使宽度和高度完全适应内容区域

下面通过一个示例来演示背景属性的使用方法，具体代码如下：

```
<!DOCTYPE html>
<html>
    <head>
        <meta charset="utf-8">
        <title></title>
        <style type="text/css">
            h3{
                margin: 10px;
            }
            .boxs div{
                float: left;
                margin-left: 20px;
            }
            .box{
                background: url(./img/box.png) #dedede;
                width: 200px;
                height: 200px;
                background-size: cover;
            }
            .box1{
                width: 200px;
                height: 200px;
                background-image: linear-gradient(to bottom, #ccc, #000);
```

```
        }
.position{
    width: 500px;
    height: 90px;
}
.position span{
    display: inline-block;
    width: 90px;
    height: 90px;
    background-repeat: no-repeat;
    margin-left: 10px;
}
.btn1{
    background-image: url(./img/btn.png);
    background-position: left top;
    background-repeat: no-repeat;
}
.btn2{
    background-image: url(./img/btn.png);
    background-position: -129px top;
    background-repeat: no-repeat;
}
.btn3{
    background-image: url(./img/btn.png);
    background-position: -270px top;
    background-repeat: no-repeat;
}
.btn4{
    background-image: url(./img/btn.png);
    background-position: -129px-125px;
    background-repeat: no-repeat;
}

.wrap div{
    width: 300px;
    height: 200px;
    border: 10px dashed #dedede;
    float: left;
```

```
                margin: 20px;
            }
            .origion{
                background-image: url( ./img/bg1.png);
                background-origin: border-box;
            }
            .clip{
                background-image: url( ./img/bg1.png);
                background-clip: content-box;
                padding: 10px;
            }
            .wrap1 div{
                float: left;
                width: 300px;
                height: 240px;
                margin-left: 20px;
            }
            .cover{
                background-image: url( ./img/bg1.png);
                background-size: cover;
                border: 2px solid #999;
            }
            .contain{
                background-image: url( ./img/bg1.png);
                background-size: contain;
                border: 2px solid #999;
            }
        </style>
    </head>
    <body>
        <h3>背景颜色和背景图片</h3>
        <div class="boxs">
            <div class="box"></div>
            <div class="box1"></div>
        </div>
        <div style="clear: both;"></div>
        <h3>background-position</h3>
        <div class="position">
```

```
            <span class="btn1"></span>
            <span class="btn2"></span>
            <span class="btn3"></span>
            <span class="btn4"></span>
        </div>
        <h3>background-origin,background-clip</h3>
        <div class="wrap">
            <div class="origion"></div>
            <div class="clip"></div>
        </div>
        <div style="clear: both;"></div>
        <h3>background-size</h3>
        <div class="wrap1">
            <div class="cover"></div>
            <div class="contain"></div>
        </div>
    </body>
</html>
```

这个示例演示了 CSS3 背景属性的具体用法，程序运行效果如图 4-7 所示。

背景颜色和背景图片

background-position

background-origin,background-clip

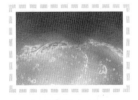

background-size

图 4-7　CSS3 背景属性的运行效果

在实际应用中,网页元素可以同时使用背景图片和背景颜色,当背景图片没有铺满元素背景时,用背景颜色填充,也可以这样理解:背景颜色在底层,背景图片在背景颜色的上一层。当然也可以使用 CSS3 的渐变效果填充背景。background-origin 和 background-clip 这两个属性使用起来有很大的相似性,但还是有细微的差别:background-origin 用于设置背景图的渲染范围,background-clip 用于对背景图片进行裁剪。background-attachment 属性主要用于设置背景图片的固定方式,下面通过一个示例来演示它的使用方法,具体代码如下:

```html
<!DOCTYPE html>
<html>
    <head>
        <meta charset="utf-8">
        <title></title>
        <style type="text/css">
            body{
                background-image: url(./img/big_bg.jpg);
            }
            .wrap div{
                width: 200px;
                height: 300px;
                color: #000;
                overflow: scroll;
                background-image: url(./img/bg1.png);
                background-repeat: no-repeat;
                margin-left: 20px;
                line-height: 50px;
                font-size: 30px;
            }
            .box1{
                background-attachment: fixed;
            }
            .box2{
                background-attachment: scroll;
            }
            .box3{
                background-attachment: local;
            }
        </style>
    </head>
```

```
<body>
    <div class="wrap">
        <div class="box1">
            <p>fixed</p>
            <p>fixed</p>
            <p>fixed</p>
            <p>fixed</p>
            <p>fixed</p>
            <p>fixed</p>
            <p>fixed</p>
            <p>fixed</p>
            <p>fixed</p>
        </div>
        <div class="box2">
            <p>scroll</p>
            <p>scroll</p>
            <p>scroll</p>
            <p>scroll</p>
            <p>scroll</p>
            <p>scroll</p>
            <p>scroll</p>
            <p>scroll</p>
        </div>
        <div class="box3">
            <p>local</p>
            <p>local</p>
            <p>local</p>
            <p>local</p>
            <p>local</p>
            <p>local</p>
            <p>local</p>
            <p>local</p>
            <p>local</p>
        </div>
    </div>
</body>
</html>
```

这个示例演示了 background-attachment 属性的使用方法,程序运行效果如图 4-8 所示。

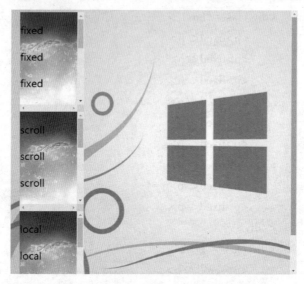

图 4-8　background-attachment 属性应用效果

当 background-attachment 属性值为 fixed 时,背景是相对于当前窗口的,在滚动时背景不跟随滚动条;当 background-attachment 属性值为 local 时,背景是相对于元素内容的,在滚动时背景跟随内容滚动;当 background-attachment 属性值为 scroll 时,默认背景是相对于元素的,当元素滚动时,背景跟随其滚动,但是对于可滚动元素(overflow 属性设置为 scroll 的元素),背景不会跟随元素内容滚动,比如上面的例子中设置 body 背景时,背景跟随滚动条滚动,而在"scroll"那个容器中,虽然设置了 background-attachment 属性值为 scroll,但是背景不跟随内容滚动。

4.2.4　常用尺寸单位

在进行网页设计时,经常需要用到尺寸单位来进行布局。在 CSS3 中,常用的尺寸单位有 px(像素)、%(百分比)、vh/vw(视口宽高)、em/rem(相对尺寸),每个尺寸单位使用的场景各自不同,如表 4-5 所示。

表 4-5　CSS3 常用尺寸单位

尺寸单位	描述	使用场景
px	相对于显示器屏幕分辨率	固定元素尺寸大小
%	相对于父级容器的百分比	元素尺寸自适应父级元素时
em/rem	em:相对于父级元素字体大小尺寸 rem:相对于根元素字体大小尺寸	根据字体大小弹性布局、响应式布局
vw/vh	vw:当前视口的宽度 vh:当前视口的高度	移动端响应式开发

下面通过一个示例来演示常用单位的具体用法,具体代码如下:

```
<!DOCTYPE html>
<html>
    <head>
        <meta charset="utf-8">
        <title></title>
        <style type="text/css">
            body{
                font-size: 12px;
            }
            div{
                margin: 10px;
            }
            .wrap{
                width: 500px;
                border: 1px solid #999999;
                height: 150px;
            }
            .box{
                width: 50%;
                height: 50%;
                border: 1px solid #999;
            }
            .boxRem{
                width: 20em;
                height: 10em;
                border: 1px solid #999;
            }
            .boxEm{
                width: 300px;
                height: 150px;
                font-size: 15px;
                border: 1px solid #999;
            }
            .boxEmChild{
                width: 10em;
                height: 8em;
                border: 1px solid #999;
```

```
        }
        .boxView{
            width：20vw；
            height：20vh；
            border：1px solid #999；
        }
    </style>
</head>
<body>
    <h3>百分比</h3>
    <div class="wrap">
        <div class="box">width 为父元素的 30%，宽度为父元素的 10%</div>
    </div>
    <h3>rem</h3>
    <div class="boxRem">
        当前 div 的内容宽度为 20×12＝240px，内容高度为 10 ＊ 12＝120px
    </div>
    <h3>em</h3>
    <div class="boxEm">
        <div class="boxEmChild">
            当前 div 的内容宽度为 10×15＝150px，内容高度为 8×15＝120px
        </div>
    </div>
    <h3>vw，vh</h3>
    <div class="boxView">
        宽度为当前视口宽度的 20%，高度为当前视口高度的 20%
    </div>
</body>
</html>
```

这个示例演示了 CSS3 常用尺寸单位的具体用法，程序运行效果如图 4-9 所示。

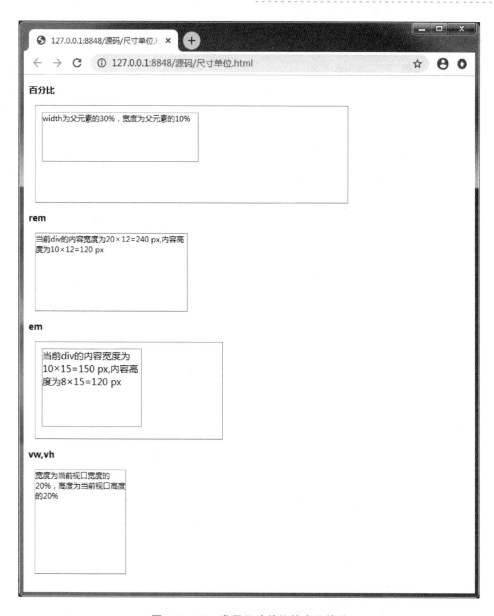

图 4-9　CSS3 常用尺寸单位的应用效果

在这个例子中，要注意 em 和 rem 之间的区别，尤其是 vw、vh 和百分比的区别：vw 和 vh 是相对于当前浏览器视口内容区域的宽度和高度，并包含滚动条的宽度；而百分比是相对于父元素的宽度或高度。

4.3　CSS3 选择器

选择器是一种模式，用于对选中的元素添加样式。在 CSS3 中，扩充了更多的选择器，相对于 CSS2 来说，其使用起来更加灵活方便。

4.3.1　基本选择器

1. 标签选择器

标签选择器就是 html 代码中定义的标签,如 p、div、span、ul、nav、a、img 等。当定义了标签选择器的样式后,页面中所有此标签都会使用相同的样式,也就是说标签选择器是针对页面中一组标签进行样式设置,体现的是共性。下面通过一个例子来进行演示,具体代码如下:

```
<!DOCTYPE html>
<html>
    <head>
        <meta charset="utf-8">
        <title></title>
        <style type="text/css">
            p{
                font-size：14px；/* 字体大小 */
                line-height：20px；/* 行高 */
                color：#5F9EA0；/* 颜色 */
            }
        </style>
    </head>
    <body>
        <p>CSS 教程中,你会学到如何使用 CSS 同时控制多重网页的样式和布
            局。</p>
        <p>层叠样式表(英文全称：Cascading Style Sheet)是一种用来表现
            HTML(标准通用标记语言的一个应用)或 XML(标准通用标记语言
            的一个子集)等文件样式的计算机语言。</p>
        <p>CSS 不仅可以静态地修饰网页,还可以配合各种脚本语言动态地对
            网页各元素进行格式化。</p>
    </body>
</html>
```

当我们在页面中设置了 p 标签样式后,页面中所有的 p 标签都会应用这种样式,运行效果如图 4-10 所示。

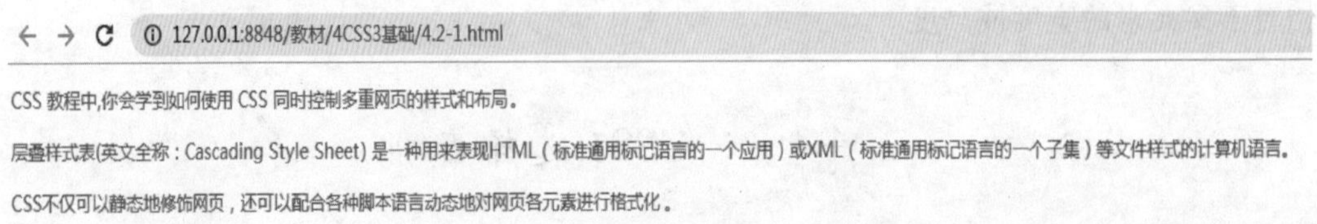

← → C ① 127.0.0.1:8848/教材/4CSS3基础/4.2-1.html

CSS 教程中,你会学到如何使用 CSS 同时控制多重网页的样式和布局。

层叠样式表(英文全称：Cascading Style Sheet)是一种用来表现HTML(标准通用标记语言的一个应用)或XML(标准通用标记语言的一个子集)等文件样式的计算机语言。

CSS不仅可以静态地修饰网页,还可以配合各种脚本语言动态地对网页各元素进行格式化。

图 4-10　标签选择器应用效果

2. class 选择器

class 选择器相对于标签选择器来说,使用起来更灵活,一般用".+class 选择器的名称"来定义。一个元素可以同时使用多个 class 来设置样式效果,中间用空格隔开,并且一个 class 可以被多个元素使用。下面的示例通过定义对应的 class 选择器代码实现页面布局,具体代码如下:

```html
<!DOCTYPE html>
<html>
    <head>
        <meta charset="utf-8">
        <title></title>
        <style type="text/css">
            .common{
                width：1000px；
                margin：0 auto；/*居中*/
            }
            .header{
                height：100px；
                background-color：#F0F8FF；
            }
            .main{
                min-height：400px；
                background-color：#5F9EA0；
            }
        </style>
    </head>
    <body>
        <div class="header common"></div>
        <div class="main common"></div>
    </body>
</html>
```

在布局页面时,尽可能将重用的样式通过 class 选择器的方式来实现。在上面的代码中,header 区域和 main 区域有共同的宽度和居中样式,所以可以将共同的样式单独写到一个 class 选择器中,在使用时用空格隔开即可。示例运行效果如图 4-11 所示。

图 4-11　class 选择器应用效果

3. ID 选择器

ID 选择器相对于 class 选择器来说,定义方法类似,只是由原来的".."换成"#",但是 ID 选择器一般用于页面中具有 ID 属性并且唯一的元素,也就是说 class 选择器可以应用于多个元素,而 ID 选择器只能应用于一个元素。下面通过一个例子来演示 ID 选择器的用法,具体代码如下:

```
<!DOCTYPE html>
<html>
    <head>
        <meta charset="utf-8">
        <title></title>
        <style type="text/css">
            #box{
                width: 200px;
                height: 200px;
                border: 1px solid #5F9EA0;
            }
        </style>
    </head>
    <body>
        <div id="box"></div>
        <p id="box">段落标签</p>
    </body>
</html>
```

这个示例分别对 div 和 p 标签使用了 ID 选择器,程序运行效果如图 4-12 所示。

图 4-12   ID 选择器应用效果

在上面的代码中,大家会发现一个问题:在页面中定义了两个具有相同 ID 属性的元素,运行后也显示了相同的样式。但是并不推荐大家这样使用,因为 ID 具有两重意义:一方面代表了 ID 选择器,另一方面代表了页面中这个元素是唯一的。如果多个元素使用相同的样式,可以使用 class 选择器。如果一个元素同时使用了 ID 选择器和 class 选择器,且存在相同样式设置,那么 ID 选择器的样式优先。

4. 通用选择器

通用选择器一般用于设置页面所有元素,也可以用于设置指定子元素中的所有元素,定义的时候使用" * "。下面通过一个例子来演示如何使用通用选择器,具体代码如下:

```
<!DOCTYPE html>
<html>
    <head>
        <meta charset="utf-8">
        <title></title>
        <style type="text/css">
            * {
                font-size：18px；
                color：#DEB887；
            }
            ul * {
                font-size：14px；
                color：#5F9EA0；
            }
```

```
            </style>
        </head>
        <body>
            <p>CSS3 通用选择器</p>
            <ul>
                <li>公司简介</li>
                <li>产品介绍</li>
                <ul>
                    <li>产品一</li>
                    <li>产品二</li>
                    <li>产品三</li>
                </ul>
                <li>联系我们</li>
            </ul>
        </body>
    </html>
```

这个示例演示了通用选择器的使用方法,程序运行效果如图 4-13 所示。

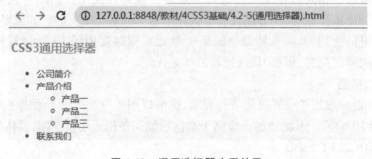

图 4-13　通用选择器应用效果

通用选择器可以用来设置全局样式,也可以结合其他选择器来设置指定选择器下面的所有元素的样式。

4.3.2　组合选择器

1. 群组选择器

群组选择器主要用于将所有具有相同样式的元素分组,每个选择器之间用“,”隔开,这样可以优化样式代码,减少代码重复。下面通过一个例子来演示群组选择器的使用方法,具体代码如下:

```html
<!DOCTYPE html>
<html>
    <head>
        <meta charset="utf-8">
        <title></title>
        <style type="text/css">
            header{
                height: 100px;
            }
            main{
                min-height: 400px;
            }
            footer{
                height: 90px;
            }
            header,main,footer{
                width: 1000px;
                border: 1px solid #DEB887;
                margin: 0 auto;
                margin-top: 2px;
            }
        </style>
    </head>
    <body>
        <header></header>
        <main></main>
        <footer></footer>
    </body>
</html>
```

　　这个示例程序演示了群组选择器的使用方法，header 元素、main 元素和 footer 元素使用了相同的宽度、边框样式和边距，程序运行效果如图 4-14 所示。

图 4-14   群组选择器应用效果

在使用群组选择器时一定要注意","不能少,否则就会变成子元素选择器中的后代选择器。

2. 子元素选择器

子元素选择器用于选择当前元素的子元素,分为第一层子元素和后代子元素。第一层子元素使用">"符号连接,如果选择所有后代子元素,则直接使用空格隔开。下面通过一个例子来演示子元素选择器的用法,具体代码如下:

```html
<!DOCTYPE html>
<html>
    <head>
        <meta charset="utf-8">
        <title></title>
        <style type="text/css">
            ul{
                list-style: none;
            }
            .menu>li{
                width: 100px;
                color: #DEB887;
                background-color: aliceblue;
                margin-top: 2px;
```

```
        }
        div{
            padding-left：5px；
        }
        div p{
            color：#DEB887；
            border：1px solid red；
        }
    </style>
</head>
<body>
    <ul class="menu">
        <li>首页</li>
        <li>产品介绍</li>
            <ul>
                <li>产品一</li>
                <li>产品二</li>
                <li>产品三</li>
            </ul>
        <li>联系我们</li>
    </ul>
    <div>
        <p>这个是 div 下面第一层子元素</p>
        <div>
            <p>这个是 div 下面第二层 div 的子元素</p>
            <div>
                <p>这个是 div 下面第三层 div 的子元素</p>
            </div>
        </div>
    </div>
</body>
</html>
```

这个示例程序演示了子元素选择器的使用方法,程序运行效果如图 4-15 所示。

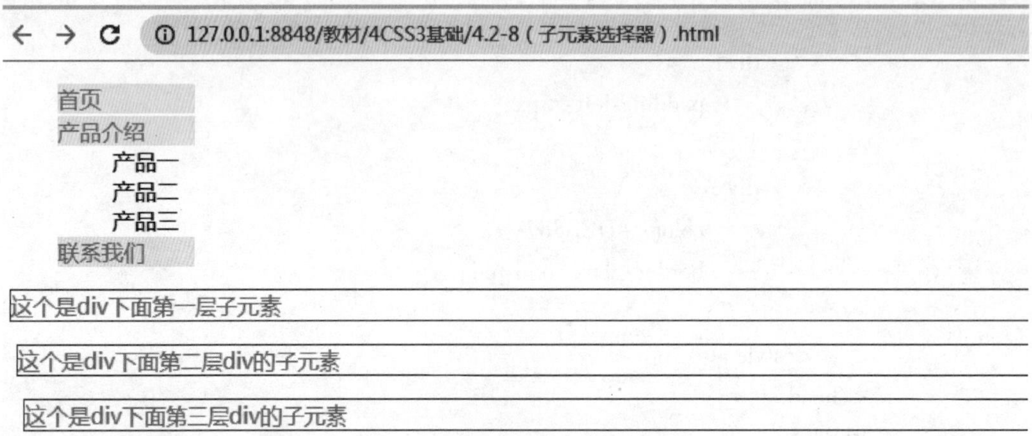

① 127.0.0.1:8848/教材/4CSS3基础/4.2-8（子元素选择器）.html

首页
产品介绍
　　产品一
　　产品二
　　产品三
联系我们

这个是div下面第一层子元素

这个是div下面第二层div的子元素

这个是div下面第三层div的子元素

图 4-15　　子元素选择器应用效果

在上面的例子中,子元素选择器结合了 class 选择器和标签选择器,当然子元素选择器也可以结合其他选择器来实现对子元素的选择。

3. 相邻选择器

相邻选择器用于选择紧跟另一个元素的后面一个元素或所有元素,它们具有连续性和共同父元素的特点,也就是说,这些元素之间是兄弟关系,具有相同的父元素。相邻选择器如果修饰一个兄弟元素,那么使用"+"来连接,并且可以连续多次使用;如果修饰另一个元素后面的所有兄弟元素,那么使用"~"来连接。下面通过一个例子来演示相邻选择器的用法,具体代码如下:

```
<!DOCTYPE html>
<html>
    <head>
        <meta charset="utf-8">
        <title></title>
        <style type="text/css">
            p{
                font-size：16px；
                color：#333333；
                font-weight：bold；
            }
            p+p{
                color：#DEB887；
                font-size：14px；
                font-weight：normal；
            }
            div+div+div{
                width：200px；
```

```
                height：200px；
                background-color：#DEB887；
            }
        li~li{
                color：#5F9EA0；
                font-size：16px；
            }
    </style>
</head>
<body>
    <p>江南逢李龟年</p>
    <p>岐王宅里寻常见,崔九堂前几度闻。</p>
    <p>正是江南好风景,落花时节又逢君。</p>
    <div>第一个 div</div>
    <div>第二个 div</div>
    <div>第三个 div</div>
    <ul>
        <li>选项一</li>
        <li>选项二</li>
        <li>选项三</li>
        <li>选项四</li>
        <li>选项五</li>
    </ul>
</body>
</html>
```

这个示例程序演示了相邻选择器的使用方法,程序运行效果如图 4-16 所示。

在上面的例子中,第一个 p 标签选择器用于定义页面中所有 p 标签的样式;"p+p"相邻选择器则用于设置第一个 p 标签后面的兄弟 p 标签,同样地,第三个 p 标签又是第二个 p 标签的兄弟标签,所以我们看到的第二个和第三个 p 标签都使用了相邻标签样式;"div+div+div"相邻选择器,用于设置每个 div 标签的兄弟标签的兄弟标签样式;"li~li"相邻选择器则用于设置第一个 li 标签后面所有 li 标签的样式。

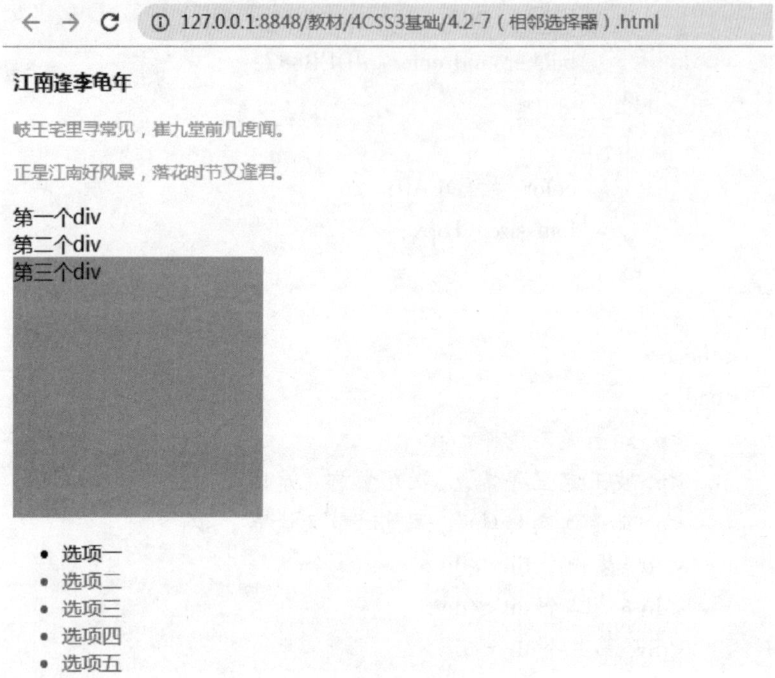

← → C ① 127.0.0.1:8848/教材/4CSS3基础/4.2-7（相邻选择器）.html

江南逢李龟年

岐王宅里寻常见，崔九堂前几度闻。

正是江南好风景，落花时节又逢君。

第一个div
第二个div
第三个div

- 选项一
- 选项二
- 选项三
- 选项四
- 选项五

图 4-16　相邻选择器应用效果

4.3.3　属性选择器

属性选择器主要用于对具有指定属性的元素设置样式。通常情况下属性选择器包括以下几种，具体见表 4-6。

表 4-6　属性选择器的种类

属性选择器	说明
E[attr]	用于选取带有指定属性的元素，并且可以指定多个属性
E[attribute = value]	用于选取带有指定属性和值的元素，也可以多个属性一起使用
E[attribute ~ = value]	用于选取属性值中包含指定词汇的元素
E[attribute^= value]	用于匹配属性值以指定 value 值开头的每个元素
E[attribute $ = value]	用于匹配属性值以指定 value 值结尾的每个元素
E[attribute * = value]	用于匹配属性值中包含指定 value 值的每个元素
E[attribute| = value]	用于选择属性值等于 value 或以"value-"开头的所有元素

1. E[attr]属性选择器

E[attr]属性选择器用于选取具有"attr"属性的元素，如 id、name、href 等属性都可以使用。下面通过一个例子来演示它的使用方法，具体代码如下：

```
<!DOCTYPE html>
<html lang="en">
```

```
<head>
    <meta charset="utf-8">
    <title>属性选择器</title>
    <style type="text/css">
        .demo{
            width:600px;
            height:100px;
        }
        .demo a[href]{
            display:block;
            width:30px;
            height:30px;
            text-align:center;
            line-height:30px;
            margin-left:10px;
            float:left;
            border:1px solid #ccc;
            text-decoration:none;
        }
        .demo a[href][title]{
            color:red;
        }
    </style>
</head>
<body>
    <div class="demo">
        <a href="#">1</a>
        <a href="#">2</a>
        <a href="#">3</a>
        <a href="#" title="current">4</a>
        <a href="#">5</a>
    </div>
</body>
</html>
```

这个示例程序演示了属性选择器的使用方法,程序运行效果如图 4-17 所示。

← → C ① localhost:63342/html5Css3/css3/属性选择器.html?_ijt=joi3vemaurmpfnf9hiainpaq9m

1 2 3 4 5

图 4-17   E[attr]属性选择器应用效果

在上面的例子中,首先定义了.demo class 选择器下面的所有带有 href 属性的 a 元素的样式,如果需要通过多个属性来进行选择,那么多个属性使用中括号连接起来,中间不要有空格,如.demo a[href][title],这样就选择了既具有 href 属性,又具有 title 属性的 a 元素。

2. E[attribute~=value]属性选择器

E[attribute~=value]属性选择器用于选取属性值中包含指定词汇的元素,属性值可以指定多个,中间用逗号隔开。下面通过一个例子来演示它的使用方法,具体代码如下:

```html
<!DOCTYPE html>
<html>
    <head>
        <meta charset="utf-8">
        <title></title>
        <style type="text/css">
            [class~="download"],[class~="view"]{
                display: block;
                width: 120px;
                height: 30px;
                line-height: 30px;
                text-align: center;
                background-image: url(download.png);
                background-position: left;
                background-repeat: no-repeat;
                background-size: 20px 20px;
            }
        </style>
    </head>
    <body>
        <a href="word.doc" class="download">word 下载</a>
        <a href="doc.zip" class="download">文件下载</a>
        <a href="table.xls" class="download">表格下载</a>
        <button class="view">查看</button>
    </body>
</html>
```

在上面的例子中,将匹配所有元素具有 class="download" 属性的元素和具有 class=

"view"属性的元素,同时添加了一个下载图标,运行效果如图 4-18 所示。

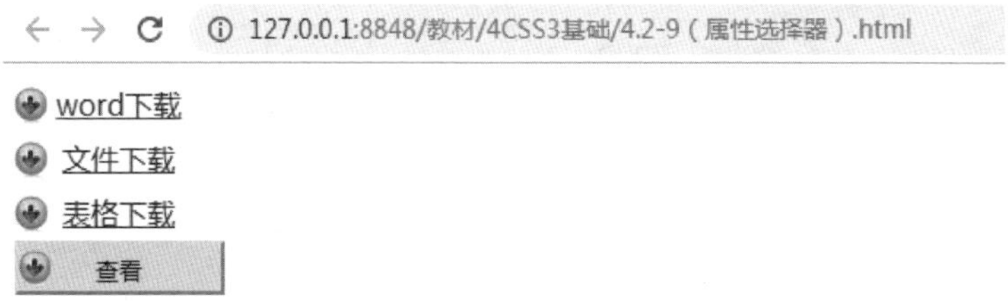

图 4-18　E[attribute~ = value]属性选择器应用效果

3. E[attribute^= value]属性选择器

E[attribute^= value]属性选择器用于匹配属性值以 value 值开头的每个元素。CSS3
遵从正则表达式的原则,选用了"^""＄""＊"三个匹配符用来匹配元素,分别匹配开始、
结束和任意字符。下面通过一个例子来演示它的使用方法,具体代码如下:

```html
<!DOCTYPE html>
<html lang="en">
    <head>
        <meta charset="utf-8">
        <title>属性选择器</title>
        <style type="text/css">
            .demo1 a[href]{
                display：inline-block；
                width：100px；
                height：30px；
                text-align：center；
                line-height：30px；
                background：orange；
                color：green；
            }
            .demo1 a[href^="mailto："]{
                background-color：#cccccc；
                color：#282828；
            }
            .demo2 a[href]{
                display：block；
                width：100px；
                height：30px；
                text-align：center；
                line-height：30px；
```

```
        }
        .demo2 a[ href $ ="htm"] {
            color：#666；
        }
        .demo2 a[ href $ ="jpg"] {
            color：yellowgreen；
        }
        .demo2 a[ href $ ="mp3"] {
            color：#ff0000；
        }
        input[ placeholder ∗ ="请输入"] {
            border：1px solid #ff0000；
            height：30px；
        }
        img[src | ="pic"] {
            display：block；
            height：30px；
            line-height：30px；
            color：#ff0000；
        }
    </style>
</head>
<body>
    <div class ="demo1">
    <p>E[ attribute^= value ]</p>
    <hr/>
        <a href ="#">首页</a>
        <a href ="#">公司简介</a>
        <a href ="mailto：xzzhouhu@ 163.com">联系我们</a>
    </div>
    <div class ="demo2">
        <p>E[attribute $ = value ]</p>
        <hr>
        <a href ="index.htm">首页</a>
        <a href ="index.htm">产品介绍</a>
        <a href ="a.jpg">图片浏览</a>
        <a href ="song.mp3">在线播放</a>
    </div>
```

```
<div class="demo3">
    <p>E[attribute*=value]</p>
    <hr/>
    <p>用户名：<input type="text" name="name" placeholder="请输入
       姓名"/></p>
    <p>密码：<input type="password" name="pwd"/></p>
</div>
    </body>
</html>
```

在这个例子中，"联系我们"的 href 属性以"mailto"开头，它使用了和其他链接不同的
背景颜色和字体颜色。"＄"匹配符根据 href 属性值是否以"htm""jpg""mp3"结尾进行
匹配，"＊"匹配符根据"placeholder"属性值是否包含"请输入"字符进行匹配，程序运行效
果如图 4-19 所示。

图 4-19　E[attribute^=value]、E[attribute＄=value]和 E[attribute＊=value]属性选择器应用效果

4. E[attribute|=value]属性选择器

E[attribute|=value]属性选择器用于选择属性值等于 value 或以"value-"开头的所有
元素，和"^"类似，但是多了一个以"value-"开头的属性值。下面通过一个例子来演示它的
使用方法，具体代码如下：

```
<!DOCTYPE html>
<html lang="en">
    <head>
        <meta charset="utf-8">
        <title>属性选择器</title>
```

```
<style type="text/css">
    img[src|="pic"] {
        display: block;
        height: 30px;
        line-height: 30px;
        color: #ff0000;
    }
</style>
</head>
<body>
    <img src="pic-0.png" alt="图 1">
    <img src="pic-1.png" alt="图 2">
    <img src="pic-2.png" alt="图 3">
    <img src="4.png" alt="图示">
</body>
</html>
```

在这个例子中,将匹配所有以"pic-"开头的元素并将提示文字显示为红色,具体效果如图 4-20 所示。

图 4-20 E[attribute|=value]属性选择器应用效果

4.3.4 伪类选择器

伪类选择器用于匹配元素不同状态的样式,它在 CSS3 中得到了广泛的应用。在 CSS3 中通常分为动态伪类选择器、目标伪类选择器、结构性伪类选择器和状态伪类选择器。

1. 动态伪类选择器

动态伪类只有当用户和网站交互的时候才会体现出来。动态伪类通常包括两种:一种是链接伪类,另一种是用户行为伪类。链接伪类选择器包括 E:link(未被用户访问过的链接)和 E:visited(已经被用户访问过的链接)。

用户行为伪类选择器包括 E:active(用户点击时)、E:hover(用户鼠标悬停时)和 E:focus(元素获得焦点时,一般用在表单文本框获得焦点时)。

动态伪类选择器一般用来美化链接,下面通过一个例子来演示动态伪类选择器的使用方法,具体代码如下:

```html
<!DOCTYPE html>
<html>
    <head>
        <meta charset="utf-8">
        <title></title>
        <style type="text/css">
            ul{
                list-style: none;
                margin: 0px;
                padding: 0px;
            }
            ul li{
                display: inline-block;
                width: 120px;
                height: 30px;
            }
            a: link{
                color: #008000;
                text-decoration: none;
                display: block;
                width: 120px;
                height: 30px;
                border-radius: 5px;
                border: 1px solid #9ACD32;
                text-align: center;
                line-height: 30px;
            }
            a: visited{
                border: 1px solid #5F9EA0;
                color: #ddd;
            }
            a: hover{
                background-color: #DEB887;
                color: #fff;
            }
        </style>
    </head>
    <body>
```

```
        <ul>
            <li><a href="a.html">首页</a></li>
            <li><a href="b.html">公司简介</a></li>
            <li><a href="c.html">产品介绍</a></li>
            <li><a href="d.html">联系我们</a></li>
        </ul>
    </body>
</html>
```

在这个例子中,默认情况下链接显示的样式为 a：link,当链接访问过后,将显示 a：visited 样式,当鼠标悬停在链接上时将显示 a：hover 样式,具体效果如图4-21所示。

图4-21 动态伪类选择器应用效果

2. 目标伪类选择器

目标伪类选择器用来匹配 URI 中指定标志符的目标元素,和 HTML 中的锚点类似,在 URI 中"#"后面加上目标元素的 id 属性值,当点击链接时直接链接到目标元素。具体使用格式如下:

```
        E：target{}
```

下面通过一个手风琴效果来演示目标伪类选择器的使用用法,具体代码如下:

```
<!DOCTYPE html>
<html>
    <head>
        <meta charset="utf-8">
        <title></title>
        <style type="text/css">
            .accordionMenu{
                background：#fff;
                color：#424242;
                width：500px;
                border：1px solid #666666;
                font-size：12px;
            }
            .accordionMenu h2{
                margin：2px 0;
                position：relative;
            }
```

```css
.accordionMenu h2 a{
    background: #999;
    display: block;
    color: #424242;
    font-size: 13px;
    margin: 0;
    padding: 10px 10px;
    text-decoration: none;
}
.accordionMenu: target h2 a{
    background: #ccc;
    color: #fff;
}
.accordionMenu p{
    margin: 0;
    height: 0;
    overflow: hidden;
}
.accordionMenu: target p{
    height: 90px;
    overflow: auto;
}
</style>
</head>
<body>
    <div class="accordionMenu">
        <div id="group1">
            <h2><a href="#group1">group1</a></h2>
            <p>group1</p>
        </div>
        <div id="group2">
            <h2><a href="#group2">group2</a></h2>
            <p>group2</p>
        </div>
        <div id="group3">
            <h2><a href="#group3">group3</a></h2>
            <p>group3</p>
        </div>
```

```
            </div>
        </body>
    </html>
```

单击 h2 标签中的链接后,直接跳转到指定的目标元素,同时将目标元素中的 p 标签指定高度,这样就实现了手风琴效果,如图 4-22 所示。

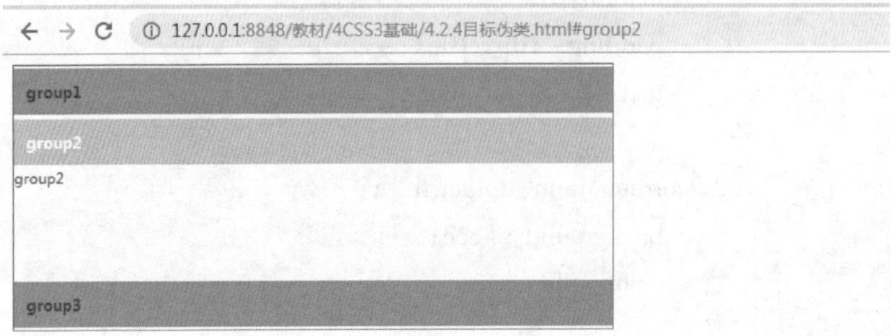

图 4-22　目标伪类选择器应用效果

3. 结构性伪类选择器

结构性伪类选择器是 CSS3 新增的选择器,它利用 HTML 文档结构树实现元素的匹配,可以大大减少 class 和 id 属性的定义,使文档结构更加简洁。常用的结构性伪类选择器如表 4-7 所示。

表 4-7　常用的结构性伪类选择器

伪类选择器	说明
E：first-child	匹配父元素的第一个子元素
E：last-child	匹配父元素的最后一个子元素
E：nth-child(n)	匹配父元素的第 n 个子元素
E：nth-last-child(n)	匹配父元素倒数第 n 个子元素
E：only-child	匹配父元素仅有的一个子元素
E：first-of-type	匹配同类型中第一个同级兄弟元素
E：last-of-type	匹配同类型中最后一个同级兄弟元素
E：nth-of-type(n)	匹配同类型中第 n 个同级兄弟元素
E：nth-last-of-type(n)	匹配同类型中倒数第 n 个同级兄弟元素
E：only-of-type	匹配同类型中唯一的一个同级兄弟元素
E：empty	匹配没有任何子元素的元素

（1）子元素选择器

子元素选择器一般在选择器标识符中包含"child"关键词,也就是专门用来匹配当前元素的子元素,包括第一个、最后一个、第奇数个或第偶数个子元素。下面通过一个例子来演示结构性伪类选择器中对子元素的匹配,具体代码如下:

```
<!DOCTYPE html>
<html>
    <head>
        <meta charset = "utf-8">
        <title>子元素选择</title>
        <style type = "text/css">
            ul li{
                display：inline-block；
                width：150px；
                text-align：center；
                line-height：30px；
                height：30px；
            }
            ul li：first-child {
                color：red；                    //第一个元素颜色为红色
            }
            ul li：last-child {
                color：blue；                   //最后一个元素颜色为蓝色
            }
            #tb1,#tb2{
                border：1px solid #ccc；
                width：200px；
                border-collapse：collapse；
            }
            #tb1 tr：nth-child(odd)
            {
                background-color：#ddd；     //奇数行背景颜色为浅灰色
            }
            #tb1 tr：nth-child(even)
            {
                background-color：#9ACD32；//偶数行背景颜色为绿色
            }
            #tb1 tr：nth-child(1){
                color：red；                    //第一个元素字体颜色为红色
            }
            #tb1 tr：nth-last-child(1){
                color：#fff；                   //最后一个元素字体颜色为白色
            }
```

```
        #tb2 tr：nth-child(3n+1)
        {
            background-color：#999999；  //每隔3个元素将背景设置为灰色
        }
    </style>
</head>
<body>
    <h3>first-child 和 last-child</h3>
    <hr/>
    <ul>
        <li>首页</li>
        <li>公司简介</li>
        <li>产品介绍</li>
        <li>联系我们</li>
    </ul>
    <h3>nth-child 和 nth-last-child</h3>
    <hr/>
    <table id="tb1" border="1">
        <tr><td>1</td><td>Java</td></tr>
        <tr><td>2</td><td>C#</td></tr>
        <tr><td>3</td><td>Python</td></tr>
        <tr><td>4</td><td>JavaScript</td></tr>
        <tr><td>5</td><td>C++</td></tr>
        <tr><td>6</td><td>Ruby</td></tr>
    </table>
    <h3>nth-chil(n)</h3>
    <hr/>
    <table id="tb2" border="1">
        <tr><td>1</td><td>Java</td></tr>
        <tr><td>2</td><td>C#</td></tr>
        <tr><td>3</td><td>Python</td></tr>
        <tr><td>4</td><td>JavaScript</td></tr>
        <tr><td>5</td><td>C++</td></tr>
        <tr><td>6</td><td>Ruby</td></tr>
    </table>
</body>
</html>
```

在上面的代码中,first-child 和 last-child 比较好理解,分别表示选择当前元素的第一个元素和最后一个元素,对于 nth-child(n),它使用起来比较灵活,可以使用 odd 表示第奇数个元素,使用 even 表示第偶数个元素,当然,也可以通过 nth-child(2n-1)来表示第奇数个元素,nth-child(2n)来表示第偶数个元素。如果想间隔指定元素,可以通过 nth-child(间隔元素个数 * n)来实现。如果想从第几个元素开始选择,可以使用 nth-child(n+开始元素的序号)来实现,如 nth-child(n+5)就表示从第 5 个元素开始选择。程序运行效果如图 4-23 所示。

图 4-23　结构伪类子元素选择效果

（2）同类型元素选择器

同类型元素选择器类似于子元素选择器,使用时唯一的区别是同类型元素需要指定元素类型,而子元素不需要指定类型。下面通过一个例子来演示同类型选择器的使用方法,具体代码如下:

```
<!DOCTYPE html>
<html>
    <head>
        <meta charset="utf-8">
        <title>结构伪类-同类型</title>
        <style type="text/css">
            .wrap{
                width: 300px;
                border: 1px solid #999999;
            }
            .wrap span:first-child{          //第一个 span 元素
                background-color: #9ACD32;
            }
            .wrap p:nth-of-type(odd){        //第奇数个 p 元素
                background-color: #333333;
                color: #fff;
            }
            .wrap p:first-of-type{           //第一个 p 元素
                background-color: #999999;
            }
```

```
                .wrap p：last-of-type{                    //最后一个 p 元素
                    background-color：#F39800；
                    border：1px solid #9ACD32；
                }
            </style>
        </head>
        <body>
            <div class="wrap">
                <span>第一个子元素</span>
                <p>第一个段落元素</p>
                <p>第二个段落元素</p>
                <p>第三个段落元素</p>
                <p>第四个段落元素</p>
                <p>第五个段落元素</p>
                <p>第六个段落元素</p>
            </div>
        </body>
    </html>
```

通过上面的例子可以看出,同类型元素选择器的使用方法和子元素选择器的使用方法类似,只是同类型元素选择器匹配的是所有段落元素。在这个示例中,如果把 .wrap span：first-child 改为 .wrap p：first-child,则匹配不到任何元素,因为在父级元素 div 中第一个子元素不是 p 标签,所以匹配不到。程序运行效果如图 4-24 所示。

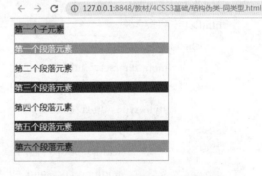

图 4-24　同类型选择器应用效果

4. 状态伪类选择器

状态伪类选择器,顾名思义,是指界面元素在某种状态下才起作用,一般应用于表单元素,通常包括启用、禁用、获得焦点、选中和鼠标悬停等。CSS3 定义了几种常用的状态伪类选择器,分别是 E：hover、E：focus、E：active、E：enabled、E：disabled 和 E：checked。

（1）E：hover、E：focus 和 E：active

E：hover 选择器用来指定当鼠标指针移动到元素上面时元素所使用的样式。

E：focus 选择器用来指定当元素获得焦点时元素使用的样式,此时鼠标按键已经弹起。

E：active 选择器用来指定鼠标按下没有弹起时元素使用的样式。

下面通过一个例子来演示这三个选择器的使用方法,具体代码如下:

```
<!DOCTYPE html>
<html>
    <head>
        <meta charset="utf-8">
        <title>hover,active,focus</title>
        <style type="text/css">
            input[type="text"]:hover{
                background-color: #DEB887;
            }
            input[type="text"]:focus{
                background-color: #FFA500;
            }
            input[type="text"]:active{
                background-color: #37D5FF;
            }
        </style>
    </head>
    <body>
        <form>
            <p><label>用户名: </label><input type="text" name="name" /></p>
            <p><input type="button" value="登录"/></p>
        </form>
    </body>
</html>
```

这个例子演示了 hover、focus 和 active 的状态样式变化,在书写样式时要按照这样的顺序来写,如果 active 在 focus 前面,就不会渲染 active 状态下的样式了。程序运行效果如图 4-25 所示。

图 4-25　E: hover、E: focus 和 E: active 伪类选择器应用效果

(2) E: enabled 和 E: disabled

E: enabled 伪类选择器用于匹配指定范围内可用的界面元素,E: disabled 伪类选择器用于匹配指定范围内不可用的界面元素。下面通过一个例子演示这两个选择器的用法,具体代码如下:

```
<!DOCTYPE html>
<html>
    <head>
        <meta charset="utf-8">
        <title>enabled,disabled</title>
        <style type="text/css">
            input[type="text"]:enabled{              //可用状态
                background-color: #37d5ff;
            }
            input[type="text"]:disabled{             //不可用状态
                background-color: #DEB887;
                color: #fff;
            }
        </style>
    </head>
    <body>
        <p><input type="text" value="可用状态" /></p>
        <p><input type="text" value="可用状态" /></p>
        <p><input type="text" value="禁用状态" disabled="disabled" /></p>
        <p><input type="text" value="禁用状态" disabled="disabled" /></p>
    </body>
</html>
```

在表单元素中,状态伪类选择器比较常用,最常见的就是文本框,通过 enabled 和 disabled 来设置表单元素在可用和不可用状态下的样式。程序运行效果如图 4-26 所示。

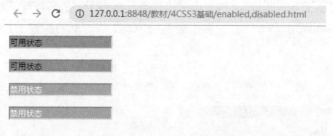

图 4-26　E:enabled 和 E:disabled 状态伪类选择器应用效果

（3）E:checked

E:checked 选择器用于匹配界面选中元素,一般用于表单元素 type="radio" 或 type="checkbox"。下面通过一个例子来演示这个选择器的用法,具体代码如下:

```
<!DOCTYPE html>
<html>
    <head>
```

```
        <meta charset="utf-8">
        <title>checked</title>
        <style type="text/css">
            input：checked+label{background：#F39800；}
            input：checked+label：after{content："我被选中了"；}
        </style>
    </head>
<body>
    <form>
        <fieldset>
            <legend>单选框</legend>
            <p><input type="radio" name="sex"/><label>男</label></p>
            <p><input type="radio" name="sex"/><label>女</label></p>
        </fieldset>
        <fieldset>
            <legend>复选框</legend>
            <p><input type="checkbox" name="color"/><label>红色</label>
            </p>
            <p><input type="checkbox" name="color"/><label>蓝色</label>
            </p>
            <p><input type="checkbox" name="color"/><label>绿色</label>
            </p>
        </fieldset>
    </form>
</body>
</html>
```

当单选按钮或复选框被选中后,将改变背景颜色,同时结合伪元素实现选项被选中后添加文本"我被选中了"。程序运行效果如图 4-27 所示。

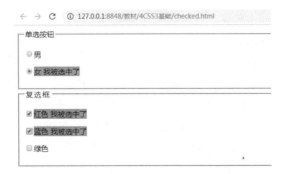

图 4-27　E：checked 状态伪类选择器应用效果

4.3.5　伪元素选择器

伪元素选择器本身只是基于元素的抽象,也就是说,浏览器在渲染时逻辑上存在,但是并不存在于文档树中,常用的伪元素有 before、after、first-letter、first-line 和 selection。伪元素选择器和伪类选择器在使用时有些区别,伪元素前面使用两个冒号":",当然有的浏览器也可以识别一个冒号,为了规范起见,建议还是使用两个冒号。

1. first-letter 和 first-line

first-letter 伪元素选择器用于将特殊样式添加到文本的第一个字符,同样 first-line 伪元素选择器用于将特殊样式添加到文本的第一行,当然这两个伪元素只适用于块级元素。

下面通过一个例子来演示这两个选择器的使用方法,具体代码如下:

```
<!DOCTYPE html>
<html>
    <head>
        <meta charset="utf-8">
        <title>first-letter,first-line</title>
        <style type="text/css">
            div{
                width: 200px;
            }
            .firstLetter:: first-letter{
                color: #9ACD32;
                font-size: 30px;
            }
            .firstLine:: first-line{
                color: #37D5FF;
                font-style: italic;
            }
        </style>
    </head>
    <body>
        <fieldset>
            <legend>first-letter</legend>
            <div class="firstLetter">早在 2001 年 W3C 就完成了 CSS3 的草案
                规范。CSS3 规范的一个新特点是被分为若干个相互独立的模
                块。分成若干较小的模块较利于规范及时更新和发布,及时调
                整模块的内容。这些模块独立实现和发布,也为日后 CSS 的扩
                展奠定了基础。</div>
        </fieldset>
```

```
    <fieldset>
        <legend>first-line</legend>
        <div class="firstLine">CSS3 是 CSS(层叠样式表)技术的升级版
        本,于 1999 年开始制订,2001 年 5 月 23 日 W3C 完成了 CSS3
        的工作草案,主要包括盒子模型、列表模块、超链接方式、语言
        模块、背景和边框、文字特效、多栏布局等。</div>
    </fieldset>
</body>
</html>
```

first-letter 将会对第一个字符添加样式,first-line 将会对第一行文本添加样式。程序
运行效果如图 4-28 所示。

图 4-28　first-letter 和 first-line 伪元素选择器应用效果

2. before 和 after

before 伪元素选择器可以在元素前面添加新内容,而 after 伪元素选择器可以在元素
后面添加新内容,它们添加的内容默认是 inline 元素。下面通过一个例子来演示这两个
选择器的使用方法,具体代码如下:

```
<!DOCTYPE html>
<html>
    <head>
        <meta charset="utf-8">
        <title></title>
        <style type="text/css">
```

```
#content{
        margin: 20px auto;
        padding: 0 20px;
        position: relative;
}
#chat{
        position: relative;
        width: 200px;
        height: 80px;
        background: #33FF00;
        border-radius: 5px;
        padding: 10px;
        color: #333333;
}
#chat:: before{
        content: " ";
        position: absolute;
        border: 10px solid transparent;
        border-right: 10px solid #33FF00;
        top: 20%;
        left: -10px;
        margin-left: -10px;
}
a{
        position: relative;
}
a: hover:: after{
        border: 1px solid #fc0;
        padding: 3px 6px;
        background: #FFFEA1;
        content: attr(data-tip);
        position: absolute;
        right: -20px;
        top: -25px;
}
        </style>
    </head>
    <body>
```

```
<div id="content">
    <div id="chat">消息内容</div>
</div>
<h3>after 实现 tooltip</h3>
<hr/>
<p><a href="#" data-tip="HTML5">HTML5</a>是构建 Web 内容的一
    种语言描述方式。HTML5 是互联网的下一代标准,是构建及呈现互
    联网内容的一种语言方式,被认为是互联网的核心技术之一。</p>
</body>
</html>
```

before 和 after 选择器必须结合 content 属性使用,即使 content 属性是空值。上面的例子通过 before 伪元素选择器实现了消息框的制作。消息框由一个 div 和一个向左的三角形组成,利用 CSS 中通过 border 属性绘制三角形的特点,将其他三个边框变成透明,只保留一个右边框。对于 after 伪元素,为了实现 tooltip 提示效果,利用了 content 属性。content 属性可以设置文本,也可以通过 attr 读取该元素的对应属性,还可以通过 url 读取其他资源。程序运行效果如图 4-29 所示。

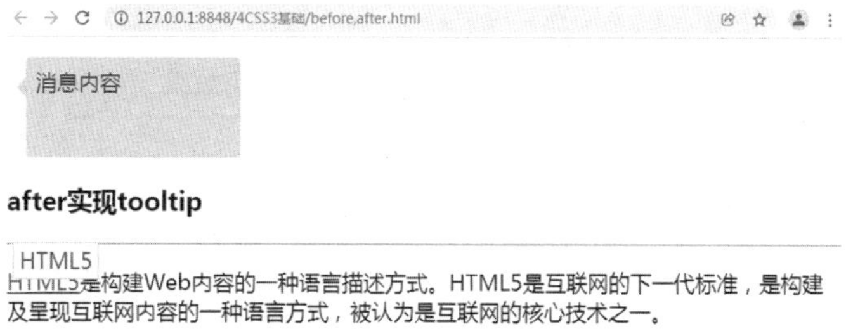

图 4-29　before 和 after 伪元素选择器应用效果

3. selection

selection 伪元素选择器用于匹配突出显示的文本。默认情况下浏览器对鼠标选中的文本以深蓝色背景、白色字体显示,通过 selection 伪元素选择器可以改变这种默认的样式。下面通过一个例子来演示 selection 伪元素选择器的用法,具体代码如下:

```
<!DOCTYPE html>
<html>
    <head>
        <meta charset="utf-8">
        <title>selection</title>
        <style type="text/css">
            p::selection{
                color:#33FF00;
                background-color:#F39800;
```

```
        }
      </style>
    </head>
    <body>
        <p >CSS3 规范的一个新特点是被分为若干个相互独立的模块。分成
            若干较小的模块较利于规范及时更新和发布,及时调整模块的内
            容。这些模块独立实现和发布,也为日后 CSS 的扩展奠定了基础。
        </p>
    </body>
</html>
```

程序运行后,用鼠标选中的文本将不再是传统的深蓝色背景和白色字体,运行效果如图 4-30 所示。selection 伪元素选择器并不能使用所有 CSS 属性,只有少量的 CSS 属性可以设置,包括 color、background-color、cursor 和 outline。

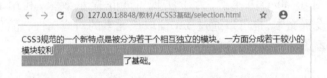

图 4-30 selection 伪元素选择器应用效果

4.4 本章小结

本章主要阐述了 CSS3 的使用方式,对常用的 CSS3 属性进行了分类讲解,尤其是在实际应用中具有广泛应用的字体、背景和边框。同时对 CSS3 的选择器进行了详细介绍。CSS3 选择器比较多,应用灵活,还需要通过实践来理解并掌握。

4.5 本章练习

一、单项选择题

1. 下列不属于 CSS 文本属性的是( )。

    A. font-size   B. text-transform   C. text-align   D. line-through

2. 下列 CSS 语法正确的是( )。

    A. body:color=black   B. {body;color: black}

    C. body{color: black}   D. {body:color=black}

3. 下列 CSS 属性可以更改字体大小的是( )。

    A. text-size   B. font-size   C. text-style   D. font-style

4. 下列可以去掉文本超链接的下划线的方法是( )。

  A. a{ text-decoration：no underline；}   B. a{ underline：none；}

  C. a{ decoration：no underline；}   D. a{ text-decoration：none；}

5. 下列关于 class 和 id 的说法错误的是( )。

  A. class 的定义方法是：.类名{样式}；

  B. id 的应用方法是：<指定标签 id="id 名">

  C. class 的应用方法是：<指定标签 class="类名">

  D. id 和 class 只是在写法上有区别,在应用和意义上没有区别

6. 在 HTML 页面中,调用外部样式表的方法是( )。

  A. <style rel="stylesheet" type="text/css" href="外部样式表地址" />

  B. <link rel="stylesheet" type="text/css" href="外部样式表地址" />

  C. <style rel="stylesheet" type="text/css" link="外部样式表地址" />

  D. <link rel="stylesheet" type="text/css" style="外部样式表地址" />

7. 下列 CSS 语法格式完全正确的是( )。

  A. p{font-size：12；color：red；}   B. p{font-size：12；color：#red；}

  C. p{font-size：12px；color：red；}   D. p{font-size：12px；color：#red；}

8. 下列关于 CSS 语法规则的描述错误的是( )。

  A. CSS 的规则由选择器和声明两部分构成,选择器包括标签选择器、ID 选择器和
    类选择器

  B. 声明必须放在大括号"{}"中,声明可以是一条,也可以是多条

  C. 每一条声明结束,以冒号结尾,最后一条语句的冒号可以省略不写

  D. 每一条声明由属性和值组成

9. 后代选择符的语法是( )。

  A. 选择符 1 和选择符 2 之间用空格隔开,表示所有选择符 1 中包含选择符 2

  B. "#"加上自定义的 id 名称

  C. "."加上自定义的类名称

  D. 用英文逗号分隔

10. 下列 css 代码能控制鼠标悬浮其上的超链接样式的是( )。

  A. a：link{color：#ff7300；}   B. a：visited{color：#ff7300；}

  C. a：hover{color：#ff7300；}   D. a：active{color：#ff7300；}

11. 要将文本字体设置为"Times New Roman"和"Arial",下列语法格式正确的是( )。

  A. font-family：Times New Roman，Arial；

  B. font-family："Times New Roman"，"Arial"；

  C. font-family："Times New Roman"，Arial；

  D. "font-family：Times New Roman" Arial；

12. 下列关于 text-indent 属性值错误的是( )。

  A. text-indent：20px；   B. text-indent：−20px；

  C. text-indent：left；   D. text-indent：2em；

13. 下列关于背景的描述错误的是(　　)。

    A. background-color   B. background-image：

    C. background-width   D. background-attachment

14. 下列给所有<h1>标签添加背景颜色的语法格式正确的是(　　)。

    A. h1 {background-color：#FFFFFF}

    B. h1 {background-color：#FFFFFF；}

    C. h1.all {background-color：#FFFFFF}

    D. #h1 {background-color：#FFFFFF}

15. CSS 样式 background-position：−5px 10px 代表的意义是(　　)

    A. 背景图片向左偏移 5px，向下偏移 10px

    B. 背景图片向左偏移 5px，向上偏移 10px

    C. 背景图片向右偏移 5px，向下偏移 10px

    D. 背景图片向右偏移 5px，向上偏移 10px

二、多项选择题

1. 在 CSS 中，下列选项属于背景图像属性的是(　　)。

    A. 背景重复   B. 背景附件   C. 纵向排列   D. 背景位置

2. CSS 中的选择器包括(　　)。

    A. 超文本标记选择器   B. 类选择器

    C. 标签选择器   D. ID 选择器

3. CSS 文本属性中，文本对齐属性的取值有(　　)。

    A. justify   B. center   C. right   D. left

4. 下列关于样式表的优先级的说法正确的是(　　)。

    A. 直接定义在标记上的 CSS 样式级别最高

    B. 内部样式表次之

    C. 外部样式表级别最低

    D. 当样式中属性值重复时，先设的属性起作用

5. 在 html 文件中应用 abc.css 文件中的样式的方法有(　　)。

    A. <link href="abc.css" type="text/css" rel="stylesheet">

    B. <style type="text/css">@ import url(abc.css)；</style>

    C. <style type="text/css">@ import (abc.css)；</style>

    D. <style type="text/css">import url (abc.css)；</style>

三、操作题

    使用结构选择器 nth-child 结合伪类选择器实现垂直方向导航菜单，要求：默认情况下"首页"背景颜色为"#0F4075"，当鼠标悬停在菜单上时菜单背景颜色为"#dedede"，具体效果如图 4-31 所示。

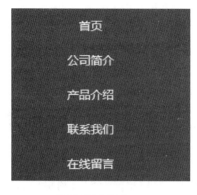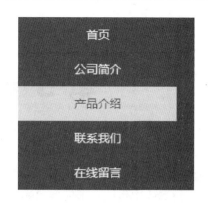

默认显示效果　　　　　　　　鼠标悬停效果

图 4-31　默认显示和鼠标悬停效果

第 5 章
CSS3 盒子模型和网页布局

　　盒子模型是网页设计的基础，它可以更好地控制页面中各个元素的位置，让网页更美观。本章将对 CSS3 中传统盒子模型和弹性盒子模型进行详细介绍，利用它们可以实现一般通用网页布局和响应式网页布局效果。

学习内容

- ➤ 传统盒子模型。
- ➤ 弹性盒子模型。
- ➤ 通用网页布局。
- ➤ 响应式网页布局。

思维导图

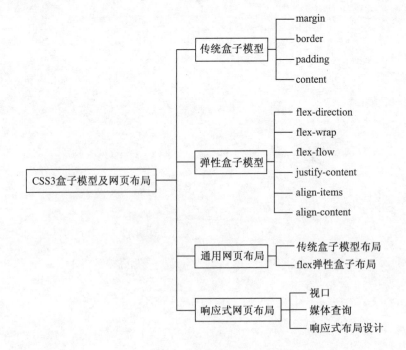

5.1　传统盒子模型

　　CSS 将网页中的每一个元素都看成一个矩形的盒子,一个 HTML 页面由许多这样的盒子组成,这些盒子之间相互影响。一个传统盒子模型由外到内由 margin(外边距)、border(边框)、padding(内边距)和 content(内容)四部分组成,如图 5-1 所示。

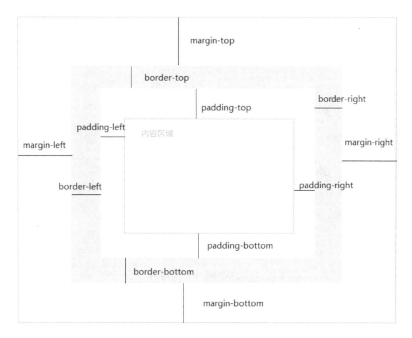

图 5-1　传统盒子模型

　　盒子的实际宽度＝内容宽度+左内边距+右内边距+左边框宽度+右边框宽度+左外边距+右外边距,盒子的实际高度＝内容高度+上内边距+下内边距+上边框宽度+下边框宽度+上外边距+下外边距。在对页面进行布局排版时需要掌握盒子模型的具体计算方法。

5.1.1　margin

　　margin(外边距)指的是元素与元素之间的距离,通常情况下,可以通过 margin 属性来设置,也可以通过 margin-top、margin-right、margin-bottom 和 margin-left 4 个方向来单独设置,属性值可以是 auto(自动)、长度单位(正负值)、百分比(相对于父元素)和 inherit。在单独使用 margin 属性时,后面可以带 1~4 个参数,分别代表不同方向,具体如下:

- 4 个属性值时,margin:上 右 下 左。
- 3 个属性值时,margin:上(左,右)下。
- 2 个属性值时,margin:(上,下)(左,右)。
- 1 个属性值时,margin:(上,右,下,左)。

　　下面通过一个例子来演示 margin 的使用方法,具体代码如下:

```
<!DOCTYPE html>
<html>
    <head>
        <meta charset="utf-8">
        <title>margin</title>
        <style type="text/css">
            .box div{
                width：100px；
                height：120px；
                background-color：#FFFEA1；
                border：1px solid #FFCC00；
                display：inline-block；
                margin：0px 20px；  //图片之间的距离为右边距和左边距的和
            }
            .div1,.div2{
                width：100px；
                height：100px；
            }
            .div1{
                background-color：#33FF00；
                margin-bottom：60px；
            }
            .div2{
                background-color：#FFA500；
                margin-top：30px；
            }
            .div3{
                width：500px；
                height：200px；
                border：1px solid #FFA500；
            }
            .div4{
                width：200px；
                height：100px；
                background-color：#37D5FF；
                margin：0 auto；
            }
        </style>
```

```
        </head>
        <body>
            <fieldset>
                <legend>margin 水平方向外间距</legend>
                <div class="box">
                    <div>box1</div>
                    <div>box2</div>
                    <div>box3</div>
                    <div>box4</div>
                </div>
            </fieldset>
            <fieldset>
                <legend>margin 垂直方向外间距</legend>
                <div class="div1">div1</div>
                <div class="div2">div2</div>
            </fieldset>
            <fieldset>
                <legend>auto 属性</legend>
                <div class="div3">div3
                    <div class="div4">div4</div>
                </div>
            </fieldset>
        </body>
    </html>
```

上面的例子分别演示了元素之间的水平 margin 属性、垂直 margin 属性和对应的 auto 属性值,程序运行效果如图 5-2 所示。

当水平方向元素与元素之间设置 margin 属性值为"0px 20px"时,每个元素的 margin-left 和 margin-right 都是 20px,这时两个元素之间的距离就是 20px+20px=40px。当垂直方向上 div1 的 margin-bottom 设置为 60px,div2 的 margin-top 设置为 30px 时,div1 和 div2 的垂直外间距将会选择最大的值为外间距,而不是它们外间距的和,如图 5-3 所示。

在 margin 属性值为"0 auto"时,子元素上下外边距为 0,左右外边距为 auto,此时 auto 值会平分剩余宽度的尺寸,就会出现子元素水平方向居中的效果。如果只是设置一侧为 auto,子元素将会占用剩余空间,比如将 div4 的 margin-left 设置为 auto,此时 div4 将会靠最右边,如图 5-4 所示。

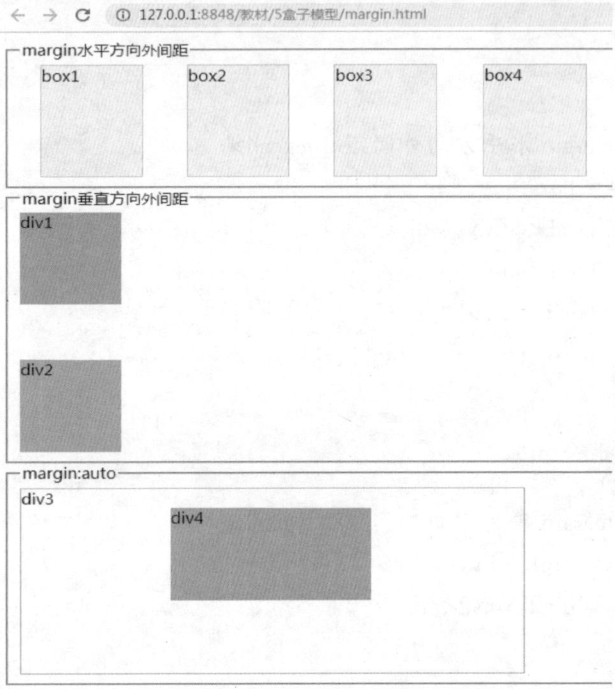

← → C ⓘ 127.0.0.1:8848/教材/5盒子模型/margin.html

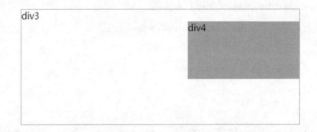

图 5-2 margin 属性应用效果 　　　　　图 5-3 垂直外间距

图 5-4 margin-left 属性值 auto 应用效果

那么当 margin 属性的水平外边距值设置为百分比和指定具体值时,在使用时又有什么区别呢? 下面通过一个例子来演示它的用法,具体代码如下:

```html
<!DOCTYPE html>
<html>
    <head>
        <meta charset="utf-8">
        <title>margin</title>
        <style type="text/css">
            * {
                margin: 0px;
                padding: 0px;
            }
```

```
        .box {
            width：1000px；
            height：150px；
            border：1px solid #37D5FF；
        }
        .box1, .box2, .box4, .box5 {
            width：100px；
            height：100px；
            background-color：#33FF00；
            display：inline-block；
        }
        .box2 {
            margin-left：20%；
        }
        .box3 {
            width：200px；
            height：300px；
            border：1px solid #37D5FF；
            margin-top：10px；
        }
        .box5 {
            margin-top：20%；
        }
    </style>
</head>
<body>
    <div class="box">
        <div class="box1">box1</div>
        <div class="box2">box2</div>
    </div>
    <div class="box3">
        <div class="box4">box4</div>
        <div class="box5">box5</div>
    </div>
</body>
</html>
```

当将 box2 外边距水平方向设置为 20%时，通过实时监视 box2 的 CSS 属性，发现此时 box2 的左外边距是父元素的宽度×20%，也就是 200px，如图 5-5 所示。

当将 box5 的上外边距设置为 20%时,通过实时监视 box5 的 CSS 属性,发现此时 box5 的上外边距也是父元素的宽度×20%,也就是 40px,如图 5-6 所示。

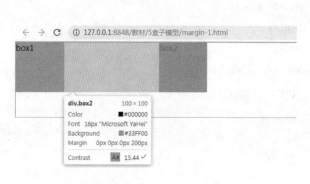

图 5-5　水平外边距为百分比的效果　　　　图 5-6　垂直外边距为百分比的效果

margin 属性是盒子模型的一个重要属性,只有熟练掌握了具体属性值的使用方法,才能在布局时精确定位页面元素。

5.1.2　border

border 用于设置盒子模型的边框的样式、宽度、颜色、圆角、图片和阴影,具体属性值如表 5-1 所示。

表 5-1　border 属性

	属性	属性值	说明
样式	border-style	none、hidden、dotted、dashed、solid、double、groove、ridge、inset、outset 和 inherit	用于指定边框样式,并可以通过 top、right、bottom 和 left 来设置 4 个边框的样式
宽度	border-width	thin、medium、thick、length(指定宽度)和 inherit	用于设置边框宽度,并可以通过 top、right、bottom 和 left 来设置 4 个边框的宽度
颜色	border-color	颜色值、十六进制颜色代码、rgb 函数、transparent 和 inherit	用于设置边框的颜色
圆角	border-radius	长度单位和百分比	用于设置盒子的圆角边框,并可以通过 top-left、top-right、bottom-left 和 bottom-right 来设置 4 个角的圆角
图片	border-image	source(图片源)、slice(图片位置)和 repeat(重复)	用于设置边框的背景图片
阴影	box-shadow	h-shadow、v-shadow、blur、spread、color 和 inset	用于设置边框的阴影

1. border-style

border-style 用于设置边框样式。边框样式是边框中的一个重要属性,如果边框没有样式,其他属性就没有任何效果。border-style 属性值有以下几种:

- none:定义无边框。
- hidden:与 none 相同,不过应用于表格时除外, hidden 用于解决边框冲突。
- dotted:定义点状边框。
- dashed:定义虚线。
- solid:定义实线。
- double:定义双线。
- groove:定义 3D 凹槽边框,其效果取决于 border-color 的值。
- ridge:定义 3D 垄状边框,其效果取决于 border-color 的值。
- inset:定义 3D inset 边框,其效果取决于 border-color 的值。
- outset:定义 3D outset 边框,其效果取决于 border-color 的值。
- inherit:规定应该从父元素继承边框样式。

下面通过一个例子来演示 border-style 的使用方法,具体代码如下:

```html
<!DOCTYPE html>
<html>
    <head>
        <meta charset="utf-8">
        <title>border-style</title>
        <style type="text/css">
            div{
                margin-top: 5px;
            }
            .none{
                background-color: #33FF00;
                border-style: none;
            }
            .dotted{
                border-style: dotted;
                border-width: 1px;
            }
            .dashed{
                border-style: dashed;
                border-width: 1px;
            }
            .solid{
                border-style: solid;
```

```
                border-width: 1px;
            }
            .double{
                border-style: double;
                border-width: 3px;
            }
            .groove{
                border-style: groove;
                border-color: #F39800;
                border-width: 10px;
            }
            .ridge{
                border-style: ridge;
                border-color: #F39800;
                border-width: 10px;
            }
            .inset{
                border-style: inset;
                border-color: #F39800;
                border-width: 10px;
            }
            .outset{
                border-style: outset;
                border-color: #F39800;
                border-width: 10px;
            }
        </style>
    </head>
    <body>
        <div class="none">none</div>
        <div class="dotted">dotted</div>
        <div class="dashed">dashed</div>
        <div class="solid">solid</div>
        <div class="double">solid</div>
        <div class="groove">groove</div>
        <div class="ridge">ridge</div>
        <div class="inset">inset</div>
        <div class="outset">outset</div>
```

```
        </body>
    </html>
```

程序运行效果如图 5-7 所示。使用 border-style 样式时需要注意,有的样式需要结合 border-width 和 border-color 来实现,否则不会达到预期的效果,当然也可以通过 border-left-style、border-top-style、border-bottom-style 和 border-right-style 来单独指定边框的样式。

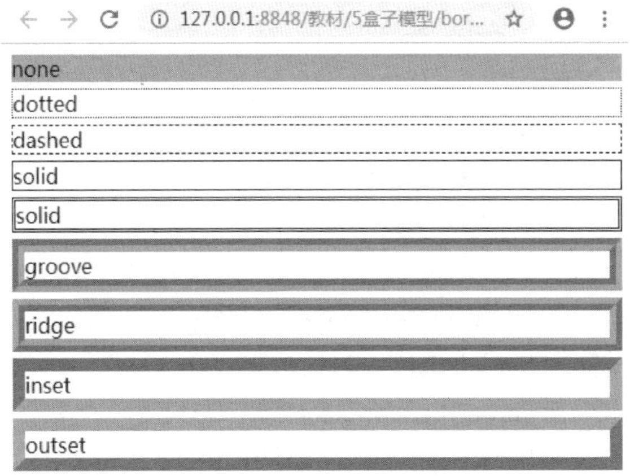

图 5-7　border-style 边框样式应用效果

2. border-width

border-width 用于设置边框的宽度。可以通过 border-width 定义 4 个边框的宽度,也可以通过 border-top-width、border-right-width、border-left-width 和 border-bottom-width 来单独指定边框的宽度。边框宽度的属性值包括以下几种:

- thin:定义细的边框。
- medium:默认值,定义中等的边框。
- thick:定义粗的边框。
- length:允许自定义边框的宽度。
- inherit:从父元素继承边框宽度。

在使用 border-width 指定边框宽度时,和 margin 属性一样,可以指定 1~4 个长度值:1 个长度单位代表 4 个边框宽度相同;2 个长度单位中第 1 个代表上下边框宽度,第 2 个代表左右边框宽度;3 个长度单位中第 1 个代表上边框宽度,第 2 个代表左右边框宽度,第 3 个代表下边框宽度;4 个长度单位分别代表上、右、下、左 4 个边框宽度。下面通过一个例子来演示 border-width 的使用方法,具体代码如下:

```
<!DOCTYPE html>
<html>
    <head>
        <meta charset="utf-8">
        <title>border-width</title>
        <style type="text/css">
```

```
        .box{
            width：200px；
            height：100px；
            border-style：solid；
            border-width：thin medium thick 10px；
            border-color：#FFA500；
        }
        .arrow{
            border-width：50px；
            margin-top：20px；
            border-style：solid；
            width：0px；
            border-left-color：#33FF00；
            border-right-color：#F39800；
            border-bottom-color：#37D5FF；
            border-top-color：#5F9EA0；
        }
        </style>
    </head>
    <body>
        <div class="box">border-width</div>
        <fieldset>
            <legend>三角形</legend>
            <div class="arrow"></div>
        </fieldset>
    </body>
</html>
```

　　程序运行效果如图 5-8 所示。在上面的示例中，border-width 一定要结合 border-style 属性一起使用，否则不起作用。在使用 border 属性绘制 4 个三角形时，如果将盒子的宽度设为 0px，那么只保留边框宽度，这时浏览器在渲染时将显示 4 个三角形。这个效果在绘制三角形箭头时经常会用到，只要将其他三个边框的颜色指定为 transparent，即可实现一个三角形箭头效果。

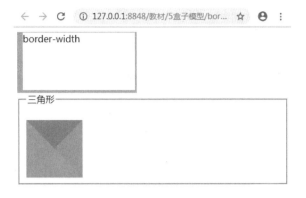

图 5-8　border-width 应用效果

3. border-color

border-color 属性用于设置边框颜色,属性值可以是颜色值、十六进制颜色代码、rgb 函数、transparent 和 inherit。border-color 和 border-width 类似,可以直接设置 4 个边框,也可以通过 border-left-color、border-right-color、boder-bottom-color 和 border-top-color 来单独设置边框颜色。border-color 属性也需要结合 border-width、border-style 属性一起使用。下面通过一个例子来演示 border-color 的使用方法,具体代码如下:

```
<!DOCTYPE html>
<html>
    <head>
        <meta charset="utf-8">
        <title>border-color</title>
        <style type="text/css">
            div{
                margin:20px;
            }
            .box {
                width:200px;
                height:100px;
                border-style:solid;
                border-width:2px;
                border-top-color:#ddd;
                border-right-color:#37D5FF;
                border-bottom-color:#FFA500;
                border-left-color:#FF0000;
            }
            .msg{
                width:300px;
```

```
            height：100px；
            border-style：solid；
            border-width：1px；
            border-color：#FFA500；
            border-radius：10px；
            position：relative；
            box-sizing：border-box；
        }
        .msg：：before{
            content：""；
            width：0px；
            border-width：15px；
            border-color：transparent；
            border-style：solid；
            border-top-color：#FFA500；
            position：absolute；
            top：98px；
            left：40%；
        }
        .msg：：after{
            content：""；
            width：0px；
            border-width：15px；
            border-color：transparent；
            border-style：solid；
            border-top-color：#fff；
            position：absolute；
            top：97px；
            left：40%；
        }
    </style>
</head>
<body>
    <fieldset>
        <legend>基本用法</legend>
        <div class="box">
            border-color 基本用法
        </div>
```

```
        </fieldset>
        <fieldset>
            <legend>绘制消息框</legend>
            <div class="msg">
                消息内容
            </div>
        </fieldset>
    </body>
</html>
```

　　程序运行效果如图 5-9 所示。这个例子用到了前面所学习的伪元素选择器 before 和 after。其实绘制消息框的重点是下面的那个透明三角形,原理很简单:绘制两个叠加在一起的三角形,一个边框颜色和消息框边框颜色一致,另一个边框颜色和消息框背景颜色一致,要在位置上使向上偏移的距离和边框的宽度一致,这样就可以实现预期的效果。

图 5-9　border-color 应用效果

　　这个例子用到了 border-radius 和 box-sizing 属性,一个用来设置盒子的圆角,另一个用来设置盒子的尺寸大小,后面会详细介绍这两个属性的用法。

4. border-radius

　　border-radius 属性用于设置边框的圆角属性。border-radius 可以一次性设置 4 个圆角,也可以通过 border-top-left-radius(左上)、border-top-right-radius(右上)、border-bottom-right-radius(右下)和 border-bottom-left-radius(左下)来单独设置。border-radius 属性值可以是长度值,也可以是百分比。border-radius 属性和 margin、border 属性类似,可以设置 1~4 个角属性,由于每个角的弧度包含了水平半径和垂直半径,每个角属性可以设置 2 个值,所以 border-radius 可以设置 4 个角属性,8 个参数值,前 4 个值代表左上、右上、右下和左下的水平半径,后 4 个代表左上、右上、右下和左下的垂直半径,水平半径和垂直半径数

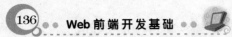

值用"/"隔开。下面通过一个例子来演示 border-radius 的使用方法,具体代码如下:

```html
<!DOCTYPE html>
<html>
    <head>
        <meta charset="utf-8">
        <title>border-radius</title>
        <style type="text/css">
            div{
                margin-top: 10px;
                padding: 20px;
            }
            .radius1{
                width: 200px;
                height: 40px;
                border: 1px solid #FFA500;
                border-radius: 10px;
            }
            .radius2{
                width: 100px;
                height: 100px;
                border: 1px solid #33FF00;
                border-radius: 50%;
            }
            .radius3{
                width: 200px;
                height: 40px;
                border: 1px solid #FFA500;
                border-radius: 1em 3em;
            }
            .radius4{
                width: 200px;
                height: 40px;
                border: 1px solid #0000FF;
                border-radius: 5px 20px 40px;
            }
            .radius5{
                width: 200px;
                height: 40px;
```

```
            border：1px solid #ddd；
            border-radius：10px 20px 40px 60px；
        }
        .radius6{
            width：200px；
            height：60px；
            border：1px solid #999；
            border-radius：10px 20px 30px 40px/70px 40px 10px 60px；
        }
    </style>
</head>
<body>
    <div class="radius1">
        border-radius 属性值为 1 个参数
    </div>
    <div class="radius2">
        border-radius 属性值为百分比
    </div>
    <div class="radius3">
        border-radius 属性值为 2 个参数
    </div>
    <div class="radius4">
        border-radius 属性值为 3 个参数
    </div>
    <div class="radius5">
        border-radius 属性值为 4 个参数
    </div>
    <div class="radius6">
        border-radius 属性值设置水平半径和
        垂直半径
    </div>
</body>
</html>
```

　　程序运行效果如图 5-10 所示。当属性设置为 1 个参数时,4 个角的水平半径和垂直半径都是参数值;当属性设置为 2 个参数时,第 1 个参数代表左上和右下圆角属性,第 2 个参数代表右上和左下圆角属性;当属性设置为 3 个参数时,第 1 个参数代表左上圆角属性,第 2 个参数代表右上和左下圆角属

border-radius属性值为1
个参数

border-radius属性值
为百分比

border-radius属性值为2
个参数

border-radius属性值为3
个参数

border-radius属性值为4
个参数

border-radius属性值设置
水平半径和垂直半径

图 5-10　border-radius
应用效果

性,第3个参数代表右下圆角属性;当属性设置为4个参数时,分别代表了左上、右上、右下和左下圆角属性。如果属性值中间用"/"分开,那么"/"前面的代表水平半径,"/"后面的代表垂直半径,可以分别设置左上、右上、右下和左下圆角的水平半径和垂直半径。

5. border-image

border-image 是 CSS3 新增的属性,可以用来设置边框的背景图片,border-image 的参数有3个:source(图片位置)、slice(图片裁剪位置)和 repeat(图片重复方式)。它们的使用方法分别如下:

● border-image-source 属性和 background-image 属性的使用方法类似,通过 url( ) 直接指定边框图片的位置。

● border-image-slice 属性值没有单位,默认为像素,可以设置 1~4 个参数,分别表示上、右、下、左,即第 1 个参数表示距离上面的距离,第 2 个表示距离右边的距离,第 3 个表示距离底部的距离,第 4 个表示距离左边的距离。在对边框进行 4 刀切的时候,会分成 9 块,除了中间 1 块以外,其他的都作为边框的背景,如图 5-11 所示。

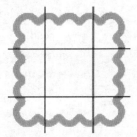

图 5-11　border-image-slice
应用效果

● border-image-repeat 属性值可以是平铺(repeat)、铺满(round)或拉伸(stretch)。在进行任何一种重复方式时,4 个角上的图片不变,变的是 4 条边的中间部分。在使用 repeat 重复的时候会发生有重叠的情况,也就是说,不是每一个都完好,而使用 round 平铺会把每一个方块都等比例缩小,使它们刚好可以完好地放置在中间,而不会产生重叠。

下面通过一个例子来演示 border-image 的使用方法,具体代码如下:

```
<!DOCTYPE html>
<html>
    <head>
        <meta charset="utf-8">
        <title>border-image</title>
        <style type="text/css">
            div{
                width：200px；
                height：100px；
                border-style：solid；
                border-width：30px；
                border-image-width：30px；
            }
            .box1{
                border-image-source：url(./images/border.png)；
                border-image-slice：30 fill；
                border-image-repeat：stretch；
```

```
        }
        .box2｛
            border-image-source：url(./images/border.png)；
            border-image-slice：30；
            border-image-repeat：round；
        ｝
        .box3｛
            border-width：10px；
            border-image：linear-gradient(#FFA500，#33FF00) 30 30；
        ｝
    </style>
</head>
<body>
    <div class="box1">
        stretch 边框
    </div>
    <div class="box2">
        round 边框
    </div>
    <div class="box3">
        使用渐变颜色边框
    </div>
</body>
</html>
```

程序运行效果如图 5-12 所示。在这个例子中可以发现，边框背景可以是图片，也可以是渐变色。使用 border-image 大大提高了网页的美化效果，以前实现起来比较复杂的功能在 CSS3 中变得简单多了。

6. box-shadow

box-shadow 属性用于设置边框的阴影，通常情况下它可以设置 6 个参数，使用方法如下：

box-shadow：X 轴偏移量 Y 轴偏移量［模糊半径］［阴影扩展］［阴影颜色］［投影方式］；

其中 X 轴偏移量和 Y 轴偏移量是必选参数，其余 4 个是选填参数，每个参数代表的含义如下：

● X 轴偏移量：必填参数，正负值都可以，用于设置水平阴影位置。

● Y 轴偏移量：必填参数，正负值都可以，用于设置垂直

图 5-12　border-image 应用效果

阴影位置。

- 模糊半径：选填参数，只能为正值，0 代表没有模糊，值越大，边缘阴影越模糊。
- 阴影扩展：选填参数，正负值都可以，代表阴影的周长向四周扩展的尺寸，正值代表阴影扩大，负值代表阴影缩小。
- 阴影颜色：用于设置阴影的颜色，如果不设置，浏览器会采用默认颜色，通常是黑色。
- 投影方式：用于设置投影方式是内投影（inset）还是外投影（outset），默认是 outset。

下面通过一个例子来演示 box-shadow 的用法，具体代码如下：

```html
<!DOCTYPE html>
<html>
    <head>
        <meta charset="utf-8">
        <title>box-shadow</title>
        <style type="text/css">
            div{
                margin: 30px;
            }
            .shadow1{
                width: 100px;
                height: 100px;
                border: 1px solid #333333;
                box-shadow: 0px 0px 10px 10px #999;
            }
            .shadow2{
                width: 100px;
                height: 100px;
                border: 1px solid #333333;
                box-shadow: 0px 10px 10px 5px rgba(0,0,0,0.3) inset;
            }
            img{
                width: 100%;
                height: auto;
            }
            .shadow3 {
                width: 300px;
                height: 400px;
                padding: 5px;
                border: 1px solid #ccc;
```

```
            color：#444444；
            margin：0px 15px 10px 15px；
            border：1px solid #EDEDED；
            box-shadow：0px 0px 5px rgba(0, 0, 0, 0.5)；
            background：#ddd；
            position：relative；
        }
        .shadow3：：after {
            content：" "；
            width：80%；
            height：20px；
            position：absolute；
            left：0px；
            bottom：-20px；
            box-shadow：-2px 15px 15px 2px rgba(0, 0, 0, 0.6)；
            transform-origin：0px 0px；
            transform：skew(-10deg, -5deg) translate(5px, -20px)；
            z-index：-1；
        }
    </style>
</head>
<body>
    <fieldset>
        <legend>box-shadow 基本用法</legend>
        <div class="shadow1">outset</div>
        <div class="shadow2">inset</div>
    </fieldset>
    <fieldset>
        <legend>box-shadow 应用在图片边框上</legend>
        <div class="shadow3">
            <img src="./images/flower.jpg" />
        </div>
    </fieldset>
</body>
</html>
```

程序运行效果如图 5-13 所示。在对图片边框阴影处理上，box-shadow 结合 after 伪元素，实现了更加立体的效果，主要原理就是：先对图片 div 添加 box-shadow 属性，然后通过 after 伪元素动态创建一个块元素，设置块元素的 box-shadow 属性，并以(0,0)点为圆心旋转一定角度,将其置于图片 div 的底层。这里面用到了变形和旋转属性 transform,在后面的学习中会详细介绍它的用法。

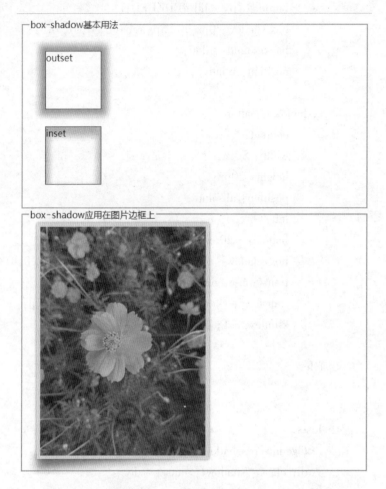

图 5-13   box-shadow 应用效果

5.1.3   padding

padding 属性用于设置盒子模型的内边距。和 margin 属性一样,它可以设置 1~4 个参数,但是有一点区别: margin 属性可以设置负值,而 padding 属性不能设置负值。其使用方法和 margin 类似,按照上、右、下、左 4 个方向设置,值可以是 auto、长度值,也可以是百分比。下面通过一个例子来演示 padding 属性的使用方法,具体代码如下:

```
<!DOCTYPE html>
<html>
    <head>
        <meta charset="utf-8">
        <title>padding</title>
```

```css
<style type="text/css">
    .box1{
        width: 400px;
        height: 100px;
        padding: 20px;
        background-color: #FFA500;
    }
    .box2{
        width: 100px;
        height: 100px;
        background-color: #fff;
    }
    .box3{
        padding-top: 25%;
        position: relative;
    }
    .box3>img{
        position: absolute;
        width: 100%;
        height: 100%;
        left: 0px;
        top: 0px;
    }
</style>
</head>
<body>
    <fieldset>
        <legend>
            基本用法
        </legend>
        <div class="box1">
            <div class="box2"></div>
        </div>
    </fieldset>
    <fieldset>
        <legend>
            自适应大小图片
        </legend>
```

```
          <div class="box3">
              <img src="./images/banner.jpg" />
          </div>
      </fieldset>
  </body>
</html>
```

　　程序运行效果如图 5-14 所示。因为 box1 的高度是 100px，padding 是 20px，但是子元素 box2 的高度也是 100px，所以浏览器渲染后 box1 的高度将变成 140px，也就是说，当内容高度加上 padding 的高度大于盒子的高度时，padding 属性会将盒子撑大。使用 padding 属性实现图片自适应大小的原理很简单：使用 padding-top 或 padding-bottom 的百分比高度代替盒子的高度，而子元素 img 使用绝对定位就可以实现这样的效果，关键是百分比的计算，比如当前图片的宽度是 800px，高度是 200px，那么当前图片的比例是 200/800 = 0.25，所以设置 padding-top 或 padding-bottom 的值为 25%，当 padding 属性值是百分比时，即当前盒子宽度的百分比。利用这个特点可以方便地实现固定比例图片的效果。

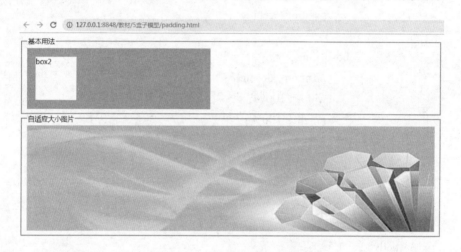

图 5-14　padding 属性应用效果

5.1.4　content

　　内容区是盒子模型中主要显示的区域，主要涉及内容区域元素的布局排列，一般情况下采用标准文档流，元素会自动按从左往右、从上往下的流式排列，最终窗体自上而下分成一行，并在每行中按从左至右的顺序排放元素，元素之间不能重叠。这种方式只能设计简单的页面，复杂的页面根本无法实现，于是出现了浮动布局和绝对定位布局，其相关属性如表 5-2 所示。

表 5-2 content 属性

属性	属性值	说明
float	left，right，none，inherit	设置元素是否浮动及元素的浮动方向
overflow	visible，hidden，scroll，auto，inherit	设置内容溢出时的处理方式
display	none，block，inline-block，inherit	设置元素的显示方式
position	static，absolute，relative	设置元素的定位方式

1. float

float 属性用于设置元素是否浮动及元素的浮动方向，页面中所有元素都可以设置为 float，当元素设置为浮动时，元素将会作为块级元素处理。下面通过一个例子来演示 float 属性的使用方法，具体代码如下：

```html
<!DOCTYPE html>
<html>
    <head>
        <meta charset="utf-8">
        <title>float</title>
        <style type="text/css">
            .box{
                width：500px；
                height：200px；
                border：1px solid #ddd；
                overflow：hidden；
            }
            .left{
                width：100px；
                height：100px；
                float：left；
                background-color：#33FF00；
            }
            .right{
                width：100px；
                height：100px；
                float：right；
                background-color：#FFA500；
            }
            .box1{
                width：150px；
                height：150px；
```

```
                background-color: #37D5FF;
            }
            .clear{
                clear: both;
            }
            .comment{
                width: 600px;
                min-height: 200px;
            }
            .commentLeft{
                width: 100px;
                float: left;
            }
            .commentLeft img{
                height: 80px;
                width: 80px;
                border-radius: 50%;
            }
            .commentRight{
                float: right;
                width: 500px;
            }
            .author{
                border-bottom: 1px solid #ccc;
            }
            .name{
                font-weight: bold;
                margin-right: 20px;
            }
            .text{
                line-height: 25px;
            }
        </style>
    </head>
    <body>
        <fieldset>
            <legend>基本用法</legend>
            <div class="box">
```

```
            <div class="left">left</div>
            <div class="right">right</div>
            <div class="clear"></div>
            <div class="box1">box1</div>
        </div>
    </fieldset>
    <fieldset>
        <legend>布局示例</legend>
        <div class="comment">
            <div class="commentLeft">
                <img src="./images/photo.jpg"/>
            </div>
            <div class="commentRight">
                <div class="author">
                    <span class="name">水舞长天</span>
                    <span class="date">2020-02-05</span>
                </div>
                <div class="text">
                    CSS3 还能让我们远离一大堆的 JavaScript 脚本代码
                    或者 Flash，我们不再需要花大把时间去写脚本或
                    者寻找合适的脚本插件并修改以适配网站特效。
                    有些 CSS3 技术还能帮助简化页面，让结构更加
                    清晰。例如，为达到一个效果而嵌套很多 div 标
                    签和类名，这样能有效地提高工作效率、减少开发
                    时间、降低开发成本。
                </div>
            </div>
        </div>
    </fieldset>
</body>
</html>
```

程序运行效果如图 5-15 所示。在基本用法中，布局时使用了 float 属性，那么浮动元素将不再占用标准流的位置，比如 left 向左浮动、right 向右浮动，当在父容器中添加 box1 元素后，如果 box1 元素前面没有 clear: both 属性来清除浮动，那么 box1 将会置于 left 元素底层，并且这时候 box1 加上 left 元素的高度已经超出父容器的高度，出现溢出现象。后面会详细介绍 overflow 属性。对于布局示例中的评论效果，在设计时将每一个评论容器分成左、右两块：左边的包含头像的容器向左浮动，右边的作者和评论内容向右浮动，然后右边的作者和评论内容按照标准流布局，便可以实现预期的效果。

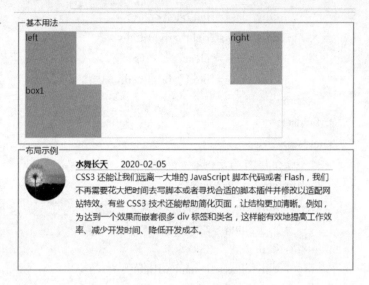

图 5-15 float 属性应用效果

2. overflow

overflow 属性用于设置当内容区域超出盒子大小时对盒子的处理,通常包括超出部分隐藏(hidden)、显示滚动条(scroll)、显示在盒子外面(visible)和自动显示(auto)。在具体使用时,也可以根据需要单独定义 overflow-x 水平方向或 overflow-y 垂直方向的溢出。下面通过一个例子来演示 overflow 属性的用法,具体代码如下:

```
<!DOCTYPE html>
<html>
    <head>
        <meta charset="utf-8">
        <title>overflow</title>
        <style type="text/css">
            div{
                width:200px;
                height:100px;
                padding:10px;
                border:1px solid #FFA500;
            }
            .box1{
                overflow:auto;
            }
            .box2{
                overflow:hidden;
            }
```

```
    .box3 {
        overflow: scroll;
    }
    .box4 {
        overflow: visible;
    }
    .box5 {
        overflow-x: scroll;
        word-break: keep-all;
    }
    </style>
</head>
<body>
    <fieldset>
        <legend>auto</legend>
        <div class="box1">
            overflow 属性定义溢出元素内容区的内容会如何处理？如果
            值为 scroll, 不论是否需要,用户代理都会提供一种滚动机
            制。因此,有可能即使元素框中可以放下所有内容也会出
            现滚动条。
        </div>
    </fieldset>
    <fieldset>
        <legend>hidden</legend>
        <div class="box2">
            overflow 属性定义溢出元素内容区的内容会如何处理？如果
            值为 scroll, 不论是否需要,用户代理都会提供一种滚动机
            制。因此,有可能即使元素框中可以放下所有内容也会出
            现滚动条。
        </div>
    </fieldset>
    <fieldset>
        <legend>scroll</legend>
        <div class="box3">
            overflow 属性定义溢出元素内容区的内容会如何处理？如果
            值为 scroll, 不论是否需要,用户代理都会提供一种滚动机
            制。因此,有可能即使元素框中可以放下所有内容也会出
            现滚动条。
```

```
            </div>
        </fieldset>
        <fieldset>
            <legend>overflow-x</legend>
            <div class="box5">
                overflow 属性定义溢出元素内容区的内容会如何处理？如果
                值为 scroll,不论是否需要,用户代理都会提供一种滚动机
                制。因此,有可能即使元素框中可以放下所有内容也会出
                现滚动条。
            </div>
        </fieldset>
        <fieldset>
            <legend>visible</legend>
            <div class="box4">
                overflow 属性定义溢出元素内容区的内容会如何处理？如果
                值为 scroll,不论是否需要,用户代理都会提供一种滚动机
                制。因此,有可能即使元素框中可以放下所有内容也会出
                现滚动条。
            </div>
        </fieldset>
    </body>
</html>
```

程序运行效果如图 5-16 所示。为了防止盒子内容溢出,在布局时要合理使用 overflow 属性。

3. display

display 属性用于设置元素在布局时对应的显示方式,在传统盒子模型中,display 属性一般包括以下几个属性值:

- none：元素不会被显示。
- block：元素将显示为块级元素,此元素前后会带有换行符。
- inline：默认值,元素会被显示为内联元素,元素前后没有换行符。
- inline-block：行内块元素,既有 inline 属性,也有 block 属性。

为了更好地理解 display 属性,需要先区分块级元素和内联元素的区别：块级元

图 5-16　overflow 属性应用效果

素会独占一行,元素的高度、宽度、行高、外边距和内边距都可以单独设置,宽度默认是容器的 100%,可以容纳内联元素和其他的块级元素,比如 div 元素;内联元素不占有独立的区域,仅仅依靠自己的字体大小或图像大小来支撑结构,一般不可以设置宽度、高度及对齐等属性,和相邻的内联元素在同一行上,比如 span 元素。

下面通过一个例子来演示 display 属性的使用方法,具体代码如下:

```html
<!DOCTYPE html>
<html>
    <head>
        <meta charset="utf-8">
        <title>display</title>
        <style type="text/css">
            .box1 span{
                display：inline-block；
                width：20px；
                height：20px；
                border：1px solid #FFA500；
                text-align：center；
                color：#424242；
            }
            .box2 a{
                display：block；
                width：100px；
                height：60px；
                border-radius：10px；
                border：1px solid #F39800；
                background-color：#FFA500；
                color：#fff；
                text-align：center；
                font-size：20px；
                line-height：60px；
                text-decoration：none；
            }
            .box3 div{
                display：inline；
                border：1px solid #ccc；
            }
            .box4{
                width：150px；
```

```
                        height: 200px;
                        border: 1px solid #FFCC00;
                    }
                    .box4 a{
                        text-decoration: none;
                        color: #444;
                    }
            </style>
        </head>
        <script>
            function closeDiv()
            {
                    document.getElementById("box4").style.display="none";
            }
        </script>
        <body>
            <fieldset>
                    <legend>inline-block</legend>
                    <div class="box1">
                        <span>1</span>
                        <span>2</span>
                        <span>3</span>
                        <span>4</span>
                    </div>
            </fieldset>
            <fieldset>
                    <legend>block</legend>
                    <div class="box2">
                        <a href="#">立即下载</a>
                    </div>
            </fieldset>
            <fieldset>
                    <legend>inline</legend>
                    <div class="box3">
                        <div>a</div>
                        <div>b</div>
                        <div>c</div>
                        <div>d</div>
```

```
            </div>
        </fieldset>
        <fieldset>
            <legend>none</legend>
            <div class="box4" id="box4">
                <a href="#" onclick="closeDiv()">关闭</a>
            </div>
        </fieldset>
    </body>
</html>
```

程序运行效果如图 5-17 所示。当使用 display 属性时,内联元素可以变成块级元素,同样块级元素也可以变成内联元素。而当 display 属性值为 none 时,在网页设计中经常结合 JavaScript 脚本来实现一些效果,如蒙版层、关闭浮动框等。在这个例子中就用了 JavaScript 动态设置 box4 的 display 属性为 none,此时这个元素将从 html 文档结构中隐藏起来,不保留默认存储空间。

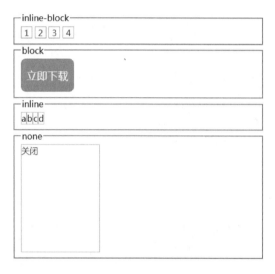

图 5-17　display 属性应用效果

4. position

position 属性用于设定一个元素在文档中的定位方式,通过 top、right、bottom 和 left 属性确定该元素的最终位置。通常情况下,position 属性值可以设置为以下几个值:

- absolute:生成绝对定位的元素,相对于 static 定位以外的第一个父元素进行定位。元素的位置通过 left、top、right 和 bottom 属性进行规定。
- fixed:生成绝对定位的元素,相对于浏览器窗口进行定位。元素的位置通过 left、top、right 和 bottom 属性进行规定。
- relative:生成相对定位的元素,相对于其正常位置进行定位。
- static:元素默认值,没有定位,元素出现在正常的文档流中(忽略 top、bottom、left、

right 或 z-index 声明）。

    ● inherit：从父元素继承 position 属性的值。

下面通过一个例子来演示 position 属性的使用方法，具体代码如下：

```html
<!DOCTYPE html>
<html>
    <head>
        <meta charset="utf-8">
        <title>position</title>
        <style type="text/css">
            body{
                height：1000px；
            }
            .absolute{
                width：100px；
                height：200px；
                position：absolute；
                top：100px；
                left：10px；
                background-color：#F39800；
            }
            .fixed{
                width：100px；
                height：200px；
                position：fixed；
                top：100px；
                right：10px；
                background-color：#33FF00；
            }
            .phone{
                margin：0 auto；
                margin-top：200px；
                position：relative；
            }
            .phone{
                width：60px；
                height：60px；
                background-color：#37D5FF；
            }
```

```
        .phone img{
            width: 50px;
            height: 50px;
            position: absolute;
            top: 0px;
            left: 0px;
            right: 0px;
            bottom: 0px;
            margin: auto;
        }
        .phone img{
            border-radius: 10px;
        }
        .phone span{
            width: 25px;
            height: 25px;
            display: block;
            text-align: center;
            border-radius: 50%;
            background-color: #FF0000;
            color: #fff;
            position: absolute;
            top: 0px;
            right: 0px;
        }
        .tip{
            margin: 0 auto;
            width: 300px;
        }
    </style>
</head>
<body>
    <div class="absolute">
        absolute,位置相对于 body
    </div>
    <div class="fixed">
        fixed,位置相对于窗口
    </div>
```

```
<div class="phone">
    <img src="./images/absolute.jpg"/>
    <span>6</span>
</div>
<div class="tip">数字6相对于class='phone'的父元素</div>
```
```
</body>
</html>
```

程序运行效果如图 5-18 所示。在这个示例中,尤其要注意 absolute 属性和 fixed 属性的区别:一个是相对于父元素位置的绝对定位,另一个是相对于浏览器的窗口的绝对定位,在使用过程中要注意。

图 5-18　position 属性应用效果

5.2　弹性盒子模型

弹性盒子模型是 CSS3 新增的一个布局模块,用于实现容器里弹性项目的对齐、方向、排序,分配空白空间。弹性盒子模型最大的特性在于,能够动态修改子元素的宽度和高度,以满足在不同尺寸屏幕下的恰当布局。在使用弹性盒子布局之前,需要明确几个概念:

● 弹性容器:弹性项目的父元素,通过设置 display 属性的值为 flex 或 inline-flex 来定义弹性容器。

● 弹性项目:弹性容器的每个子元素都被称为弹性项目。

● 轴线:每个弹性框布局包含两个轴,弹性项目沿其依次排列的那根轴为主轴(main axis),垂直于主轴的那根轴为交叉轴(cross axis)。

弹性容器、弹性项目和轴线之间的关系如图 5-19 所示。

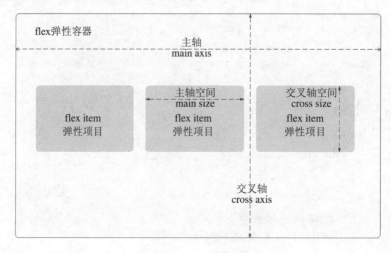

图 5-19　弹性布局模型

在弹性布局中,弹性项目默认沿主轴排列,单个项目占据的宽叫作主轴空间,占据的高叫作交叉轴空间。弹性项目的主轴空间和交叉轴空间大小根据布局方式不同可以不断发生变化,通过设置弹性容器的相关属性来实现弹性项目的布局,具体如表 5-3 所示。

表 5-3　弹性容器的相关属性

属性	属性说明
flex-direction	设置主轴方向,确定弹性子元素的排列方式
flex-wrap	当弹性子元素超出弹性容器范围时是否换行
flex-flow	flex-direction 和 flex-wrap 的快捷方式,复合属性
justify-content	设置弹性子元素主轴上的对齐方式
align-items	设置弹性子元素侧轴上的对齐方式
align-content	侧轴上有空白且有多行时,设置弹性子元素侧轴上的对齐方式

在使用弹性布局时,将以上属性组合在一起使用,可以让弹性项目的布局灵活多变,更好地达到网站预期的效果。

5.2.1　flex-direction

flex-direction 属性定义了项目在 flex 容器布局中排列的方向,常用的属性值包括以下 4 项:
- row:横向从左到右排列,默认的排列方式,排列方向为水平方向,从左边开始。
- row-reverse:反向横向排列,从后到前排列,最后一项排在最前面,排列方向为水平方向,从右边开始。
- column:纵向排列,从上到下排列,第一项在最上面,排列方向为垂直方向,从顶端开始。
- row-reverse:反向纵向排列,从后到前排列,第一项在最底端,最后一项排在最上面,排列方向为垂直方向,从底端开始。

下面通过一个例子来演示 flex-direction 属性的用法,具体代码如下:

```
<!DOCTYPE html>
<html>
    <head>
        <meta charset="utf-8">
        <title></title>
        <style type="text/css">
            .btns{
                display: flex;
            }
            .btns a{
                display: flex;
                width: 90px;
                height: 30px;
                background-color: #eee;
```

```
                border：1px solid #333；
                margin-left：10px；
                text-align：center；
                text-decoration：none；
                color：#333；
        }
        .btns>a>img{
                width：30px；
        }
        .btns>a>span{
                height：30px；
                width：60px；
                text-align：center；
                line-height：30px；
        }
        .menus{
                width：300px；
                display：flex；
                flex-direction：column；
                background：#f5f5f5；
                text-align：center；
        }
        .menus a{
                display：block；
                height：40px；
                line-height：40px；
                padding：6px 0；
                border-bottom：1px solid #dedede；
                font-size：14px；
                text-decoration：none；
        }
    </style>
</head>
<body>
    <div class="btns">
        <a href="#"><img src="./images/_bianji.png"/><span>编辑</span></a>
        <a href="#"><img src="./images/_youjian.png"/><span>邮件</span></a>
        <a href="#"><img src="./images/_liuyan.png"/><span>留言</span></a>
```

```
        </div>
        <br/>
        <div class="menus">
            <a href="#">分类 1</a>
            <a href="#">分类 2</a>
            <a href="#">分类 3</a>
            <a href="#">分类 4</a>
        </div>
    </body>
</html>
```

程序运行效果如图 5-20 所示。在 btns 弹性容器中，连续放置了三个链接按钮，默认情况下，按照从左到右的方向排列，在每个链接按钮中又采用了弹性布局，将图片和文字按照从左到右的方向排列。在 menus 容器中，链接按钮按照垂直方向从上到下排列。

图 5-20　flex-direction 属性应用效果

5.2.2　flex-wrap

flex-wrap 属性用于设置项目布局宽度超出弹性容器时是否换行，常用属性值包括以下 3 项：

- nowrap：默认值，项目布局宽度超出弹性容器宽度时不换行。
- wrap：项目布局宽度超出弹性容器宽度时换行。
- wrap-reverse：项目布局宽度超出弹性容器宽度时换行，但是以相反的顺序换行。

下面通过一个例子来演示 flex-wrap 的使用方法，具体代码如下：

```
<!DOCTYPE html>
<html>
    <head>
        <meta charset="utf-8">
        <title></title>
        <style type="text/css">
            .imgList{
                width: 300px;
                height: 120px;
                display: flex;
                flex-wrap: nowrap;
                flex-direction: row;
                overflow-x: scroll;
            }
            .imgList img{
```

```css
    display: block;
    width: 200px;
    border-radius: 5px;
    margin-left: 10px;
}
.bookList{
    width: 300px;
    height: 400px;
    border: 1px solid #dedede;
    display: flex;
    flex-direction: column;
    overflow-y: scroll;
}
.book{
    border-bottom: 1px solid #dedede;
    display: flex;
}
.bookImg{
    width: 120px;
}
.bookImg img{
    width: 100%;
}
.boxs{
    width: 260px;
    display: flex;
    flex-wrap: wrap;
    background-color: #333333;
}
.boxs span{
    display: block;
    width: 30px;
    height: 30px;
    border: 1px solid #ccc;
    color: #ccc;
    text-align: center;
    line-height: 30px;
    margin: 2px;
```

```html
        }
    </style>
</head>
<body>
    <div class="imgList">
        <img src="./images/img1.jpg"/>
        <img src="./images/img2.jpg"/>
        <img src="./images/img3.jpg"/>
        <img src="./images/img4.jpg"/>
        <img src="./images/img5.jpg"/>
    </div>
    <br/>
    <div class="bookList">
        <div class="book">
            <div class="bookImg">
                <img src="./images/1.jpg" />
            </div>
            <div class="bookTxt">JavaScript 高级编程</div>
        </div>
        <div class="book">
            <div class="bookImg">
                <img src="./images/2.jpg" />
            </div>
            <div class="bookTxt">JavaScript 权威指南</div>
        </div>
        <div class="book">
            <div class="bookImg">
                <img src="./images/3.jpg" />
            </div>
            <div class="bookTxt">HTML5&JavaScript 编程</div>
        </div>
        <div class="book">
            <div class="bookImg">
                <img src="./images/4.jpg" />
            </div>
            <div class="bookTxt">CSS3+Div 从入门到精通</div>
        </div>
    </div>
```

```
        <br/>
        <div class="boxs">
            <span>1</span>
            <span>2</span>
            <span>3</span>
            <span>4</span>
            <span>5</span>
            <span>6</span>
            <span>7</span>
            <span>8</span>
            <span>9</span>
        </div>
    </body>
</html>
```

程序运行效果如图 5-21 所示。在 imgList 弹性容器中放置了 5 张图片,当图片布局宽度超出弹性容器时,默认设置不换行,对弹性容器设置 overflow 滚动条属性,就可以实现左右拖动的弹性布局容器。对于 bookList 弹性容器,当设置为垂直方向布局,超出弹性容器的高度时,设置滚动条属性,就可以实现上下拖动的弹性布局容器。对于 boxs 容器属性,当弹性项目布局宽度超出弹性容器宽度时,默认换行。

5.2.3　flex-flow

flex-flow 属性是 flex-direction 属性和 flex-wrap 属性的简写形式,属性值格式为 flex-flow：<flex-direction> <flex-wrap>,默认值为 row nowrap。下面通过一个例子来演示它的用法,具体代码如下:

图 5-21　flex-wrap **属性应用效果**

```
<!DOCTYPE html>
<html>
    <head>
        <meta charset="utf-8">
        <title></title>
        <style type="text/css">
            .box {
                display: flex;
                flex-flow: row wrap;
                border-right: 0px;
```

```
                border-bottom: 0px;
            }
            .item {
                width: 100px;
                height: 100px;
                border-right: 1px solid #e6e6e6;
                border-bottom: 1px solid #e6e6e6;
                flex: 0 0 25%;
                box-sizing: border-box;
                display: flex;
                align-items: center;
                justify-content: center;
            }
            .item: nth-child(-n+4) {
                border-top: 1px solid #E6E6E6;
            }
            .item: nth-child(4n+1) {
                border-left: 1px solid #E6E6E6 ;
            }
        </style>
    </head>
    <body>
        <div class="box">
            <div class="item">1</div>
            <div class="item">2</div>
            <div class="item">3</div>
            <div class="item">4</div>
            <div class="item">5</div>
            <div class="item">6</div>
            <div class="item">7</div>
            <div class="item">8</div>
            <div class="item">9</div>
            <div class="item">10</div>
            <div class="item">11</div>
            <div class="item">12</div>
        </div>
    </body>
</html>
```

　　程序运行效果如图5-22所示。这个例子用到了弹性项目的相关属性,flex 属性用于调整弹性项目伸长或缩短以适应 flex 容器中的可用空间。"flex: 0 0 25%"中第一个"0"代表 flex-grow 属性,定义项目的放大比例,默认为 0,用来设置当父元素的宽度大于所有子元素的宽度的和时(即父元素会有剩余空间),子元素如何分配父元素的剩余空间;第二个"0"代表 flex-shrink 属性,定义项目的缩小比例,默认值为 1,当值为 0 时代表当项目空间不足时不能压缩项目的空间;"25%"代表 flex-basis 属性,定义在分配多余空间之前项目占据的主轴空间,也就是每行每个弹性项目占 25%的空间,将窗口分成四等份。justify-content 属性用于设置弹性项目元素在主轴(横轴)的对齐方式,align-items 属性用于设置弹性项目元素在垂直方向上(纵轴)的对齐方式,后面会详细介绍。并且结合子元素的选择,实现了弹性表格的效果,nth-child(-n+4)代表从负方向选择第一到第四个元素,nth-child(4n+1)用于选择每行的第一个元素。

1	2	3	4
5	6	7	8
9	10	11	12

图 5-22　 flex-flow **属性应用效果**

5.2.4　justify-content

　　justify-content 是内容对齐的意思,用于把弹性项目沿着弹性容器的主轴(main axis)对齐,常用的属性值包括以下 5 项:

- flex-start:弹性项目向行头紧挨着填充。
- flex-end:弹性项目向行尾紧挨着填充。
- center:弹性项目居中紧挨着填充。
- space-between:弹性项目平均分布在该行上。
- space-around:弹性项目平均分布在该行上,两边留有一半的间隔空间。

下面通过一个例子来演示它的具体用法,代码如下:

```
<!DOCTYPE html>
<html>
    <head>
        <meta charset="utf-8">
        <meta name="viewport" content="width=device-width, initial-scale=1,
            user-scalable=no, maximum-scale=1, minimum-scale=1">
        <link rel="stylesheet" type="text/css" href="fonts/iconfont.css" />
        <title></title>
```

```
<style type="text/css">
    *{
        margin: 0px;
        padding: 0px;
    }
    ul{
        list-style: none;
    }
    a{
        text-decoration: none;
        color: #333;
    }
    .footer{
        width: 100%;
        height: 80px;
        position: fixed;
        background: #dedede;
        bottom: 0;
        display: flex;
    }
    .footer li{
        flex: 1;
    }
    .footer li a{
        height: 100%;
        display: flex;
        flex-direction: column;
        justify-content: center;
        align-items: center;
    }
    .box{
        display: flex;
        flex-wrap: wrap;
        justify-content: space-around;
    }
    .box div{
        border: 1px solid #DEDEDE;
        height: 40px;
```

```
            flex：0 0 20%；
            text-align：center；
        }
    </style>
</head>
<body>
    <div class="box">
        <div>1</div>
        <div>2</div>
        <div>3</div>
        <div>4</div>
        <div>5</div>
        <div>6</div>
    </div>
    <ul class="footer">
        <li>
            <a href="#">
                <i class="iconfont icon-dingdan"></i>
                <span>订单</span>
            </a>
        </li>
        <li>
            <a href="#">
                <i class="iconfont icon-liuyan"></i>
                <span>留言</span>
            </a>
        </li>
        <li>
            <a href="#">
                <i class="iconfont icon-didian"></i>
                <span>定位</span>
            </a>
        </li>
        <li>
            <a href="#">
                <i class="iconfont icon-fasong"></i>
                <span>分享</span>
            </a>
```

```
            </li>
        </ul>
    </body>
</html>
```

程序运行效果如图 5-23 所示。在这个示例中，通过
弹性布局实现了手机端的简单布局，使用了弹性项目
".footer li"的 flex：1 属性实现了 4 个导航按钮平分屏幕
宽度的效果，结合".footer li a"的 justify-content：center
和 align-items：center 属性实现了链接布局水平居中和
垂直居中的效果。". box"选择器的 justify-content：
space-around 属性实现了弹性项目平均分布在主轴上，
弹性项目两边具有相同的间距。

5.2.5　align-items

align-items 把弹性项目沿着弹性容器的交叉轴垂直
对齐，常用的属性值包括以下 5 项：

图 5-23　justify-content 属性应用效果

- flex-start：交叉轴的开始位置对齐。
- flex-end：交叉轴的结束位置对齐。
- center：交叉轴的中间位置对齐。
- baseline：弹性项目的第一行文字的基线对齐。
- stretch（默认值）：占满整个容器的高度。

下面通过一个例子来演示它的具体用法，代码如下：

```
<!DOCTYPE html>
<html>
    <head>
        <meta charset="utf-8">
        <title></title>
        <style type="text/css">
            .box {
                width：600px；
                height：480px；
                background-color：#333；
            }
            .imgbox{
                height：400px；
                display：flex；
                justify-content：center；            //水平居中
                align-items：center；                //垂直居中
```

```
                }
                .album{
                    height：80px；
                    padding：2px；
                    border-top：1px solid #999；
                    display：flex；
                    justify-content：space-around；        //平分主轴空间
                    align-items：stretch；                //拉伸高度
                    box-sizing：border-box；
                }
                .album img{
                    width：100px；
                }
        </style>
    </head>
    <body>
        <div class="box">
            <div class="imgbox">
                <img src="./images/img1.jpg" />
            </div>
            <div class="album">
                <img src="./images/img2.jpg" />
                <img src="./images/img3.jpg" />
                <img src="./images/img4.jpg" />
                <img src="./images/img5.jpg" />
            </div>
        </div>
    </body>
</html>
```

程序运行效果如图 5-24 所示。
在这个示例中，在 imgbox 容器中通过
设置 justify-content 和 align-items 属性
实现了图片的水平居中和垂直居中的
效果。同样，在 album 容器中通过设
置 justify-content 和 align-items 属性实
现了水平平分主轴、垂直拉伸图片高
度和容器高度一致的效果。

图 5-24　align-items 属性应用效果

5.2.6 align-content

align-content 属性用于设置弹性项目在交叉轴方向的排列方式,当弹性容器在交叉轴上有多余的空间时,将所有弹性项目作为一个整体进行对齐,其常用的属性包括以下6 项:

- stretch:拉伸容器内每个项目占用的空间,填充方式为给每个项目下方增加空白。
- center:所有弹性项目垂直居中。
- flex-start:取消弹性项目之间的空白,所有弹性项目位于容器的开头。
- flex-end:取消弹性项目之间的空白,所有弹性项目位于容器的结尾。
- space-between:弹性项目在垂直方向两端对齐,每个弹性项目之间留有相同间隔。
- space-around:弹性项目上下位置保留相同长度空白,弹性项目之间的空白为单个项目空白的两倍。

下面通过一个例子来演示它的具体用法,代码如下:

```html
<!DOCTYPE html>
<html>
    <head>
        <meta charset="utf-8">
        <title></title>
        <style type="text/css">
            .box{
                width: 500px;
                height: 400px;
                border: 1px solid #dedede;
                display: flex;
                flex-wrap: wrap;
                justify-content: center;
                align-content: center;
            }
            .box a{
                text-align: center;
                border-radius: 10px;
                display: block;
                text-decoration: none;
                line-height: 60px;
                margin: 5px;
            }
            .view{
                width: 300px;
```

```
                    height：60px；
                    border：1px solid #37D5FF；
                    background-color：transparent；
                    color：#37D5FF；
                }
                .visit {
                    width：300px；
                    height：60px；
                    background-color：#37D5FF；
                    color：#fff；
                }
            </style>
        </head>
        <body>
            <div class="box">
                <a href="#" class="view">查看信息</a>
                <a href="#" class="visit">访问官网</a>
            </div>
        </body>
    </html>
```

程序运行效果如图 5-25 所示。在这个示例中，将两个链接作为一个整体，在垂直方向居于弹性容器的中间。

align-items 属性和 align-content 属性都是用来设置弹性项目在交叉轴上的布局方式，但是这两个属性在使用过程中还是有很大的差别：align-items 属性适用于弹性项目单行布局，而 align-content 属性适用于弹性项目多行布局。上面的例子如果将".box"容器的 align-content 属性换成 align-items，运行效果将如图 5-26 所示，每个链接分别垂直居中于每行，而不是将两个链接作为一个整体垂直居中。

图 5-25　align-content 属性应用效果　　图 5-26　将 align-content 属性改为 align-items 属性应用效果

5.3　通用网页布局

网页布局就是以最适合浏览的方式将图片和文字排放在页面的不同位置。合理的页面布局,不仅会给浏览者带来赏心悦目的感觉,还能增加网站的吸引力。通常情况下,网页布局模型包括"T"字型、"国"字型、"川"字型和"三"字型等,接下来分别使用传统盒子模型和弹性盒子模型来实现具体的页面布局。

5.3.1　传统盒子模型布局

传统盒子模型布局一般使用 display 属性和 float 浮动属性结合 margin、padding 和 border 属性来实现具体的网页布局,下面分别针对不同类型的布局进行分析。

1. "T"字型布局

"T"字型布局一般用于简单的个人网站、博客类页面,布局简单。下面通过一个例子来演示它的具体用法,代码如下:

```html
<!DOCTYPE html>
<html>
    <head>
        <meta charset="utf-8">
        <title></title>
        <style type="text/css">
            * {
                color: #fff;
            }
            header {
                width: 1000px;
                height: 160px;
                margin: 0 auto;
                background-color: #333;
                margin-bottom: 10px;
            }
            main {
                width: 1000px;
                margin: 0 auto;
            }
            .left {
                width: 200px;
                float: left;
                background-color: #666;
```

```
                  min-height：400px；
              }
          .right{
              width：790px；
              float：right；
              background-color：#999999；
              min-height：400px；
          }
      </style>
  </head>
  <body>
      <header>头部区域</header>
      <main>
          <div class="left">left</div>
          <div class="right">right</div>
      </main>
  </body>
</html>
```

程序运行效果如图 5-27 所示。

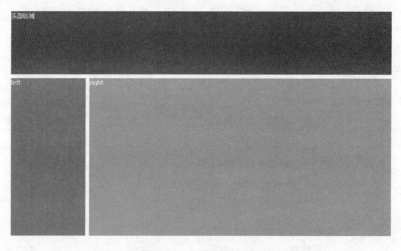

图 5-27 "T"字型布局

在这个示例中,在对 main 区域布局时,需要对下面两个元素进行浮动处理:将左边的元素向左浮动,右边的元素向右浮动。

2. "国"字型布局

"国"字型布局一般应用于大型门户网站,可显示较多内容,一般将正文区域分为三列。下面通过一个例子来演示它的用法,具体代码如下:

```
<!DOCTYPE html>
```

```html
<html>
    <head>
        <meta charset="utf-8">
        <title></title>
        <style type="text/css">
            * {
                color: #fff;
            }
            header {
                height: 160px;
                width: 1000px;
                background-color: #333333;
                margin: 0 auto;
                margin-bottom: 10px;
            }
            main {
                min-height: 400px;
                width: 1000px;
                margin: 0 auto;
                margin-bottom: 10px;
            }
            article, aside {
                min-height: 400px;
            }
            .left {
                width: 190px;
                background-color: #999999;
                float: left;
                margin-right: 10px;
            }
            .center {
                width: 600px;
                background-color: #999;
                float: left;
                margin-right: 10px;
            }
            .right {
                width: 190px;
```

```
                    background-color：#999；
                    float：right；
                }
            footer{
                height：100px；
                width：1000px；
                margin：0 auto；
                background-color：#666666；
                }
        </style>
    </head>
    <body>
        <header class="common">header</header>
        <main class="common">
            <aside class="left">left</aside>
            <article class="center">center</article>
            <aside class="right">right</aside>
            <div style="clear：both；"></div>
        </main>
        <footer class="common">footer</footer>
    </body>
</html>
```

程序运行效果如图 5-28 所示。

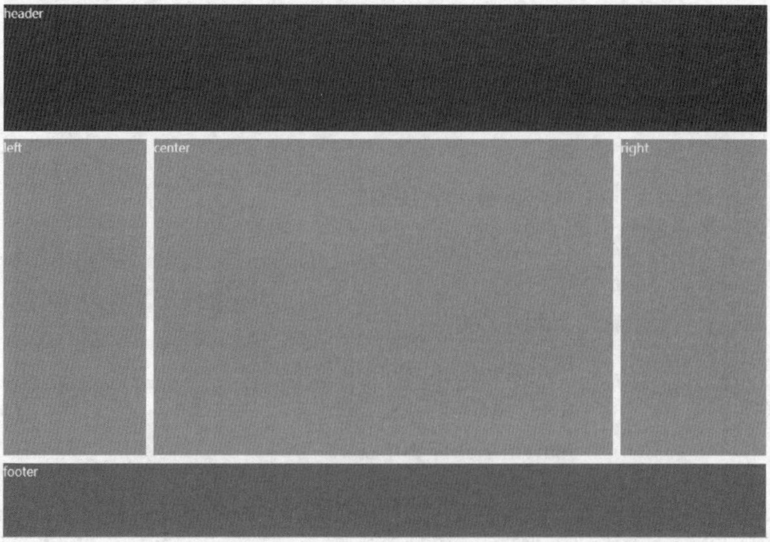

图 5-28 "国"字型布局

这个例子只是一般情况下简单的"国"字型布局。在门户网站实际布局中,正文中间还会增加一些 banner。每次使用浮动布局结束时不要忘了使用"clear：both"属性来清除浮动,否则后面的容器将会被浮动层遮盖。

3. "川"字型布局

"川"字型布局一般用于个人网站,尤其是博客类的页面。"川"字型布局使用起来简单、便捷,也需要使用浮动布局。下面通过一个例子来演示它的用法,具体代码如下：

```html
<!DOCTYPE html>
<html>
    <head>
        <meta charset="utf-8">
        <title></title>
        <style type="text/css">
            main{
                width：1000px；
                margin：0 auto；
                color：#fff；
            }
            .left{
                width：190px；
                background-color：#999；
                float：left；
                margin-right：10px；
                min-height：800px；
            }
            .center{
                width：600px；
                background-color：#666；
                float：left；
                margin-right：10px；
                min-height：800px；
            }
            .right{
                width：190px；
                background-color：#333；
                float：right；
                min-height：800px；
            }
        </style>
```

```
        </head>
        <body>
            <main>
                <aside class="left">left</aside>
                <article class="center">center</article>
                <aside class="right">right</aside>
            </main>
        </body>
    </html>
```

程序运行效果如图 5-29 所示。

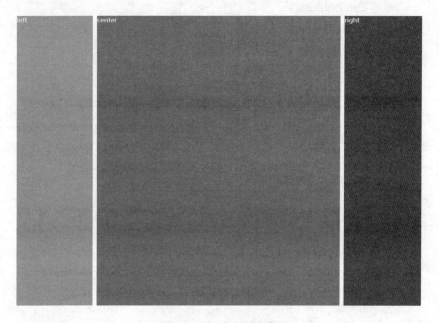

图 5-29 "川"字型布局

在这个示例中,页面分为左、中、右三块区域,正文区域显示在中间,左右两边用来辅助,使用 float 浮动实现具体布局。

4. "三"字型布局

"三"字型布局一般用于简洁的企业网站或事业单位首页布局,布局起来简单便捷,和"川"字型布局类似,但是在"三"字型布局中使用传统标准流布局即可,不需要使用浮动布局。下面通过一个例子来演示它的用法,具体代码如下:

```
    <!DOCTYPE html>
    <html>
        <head>
            <meta charset="utf-8">
            <title></title>
```

```
<style type="text/css">
    header{
        width:1000px;
        height:160px;
        background-color:#333333;
    }
    main{
        width:1000px;
        min-height:400px;
        background-color:#666;
    }
    footer{
        width:1000px;
        height:100px;
        background-color:#999999;
    }
    header,main,footer{
        margin:0 auto;
        margin-bottom:10px;
        color:#fff;
    }
</style>
</head>
<body>
    <header>header</header>
    <main>main</main>
    <footer>footer</footer>
</body>
</html>
```

程序运行效果如图 5-30 所示。

图 5-30 "三"字型布局

这个示例直接使用传统的标准流布局,从上到下依次布局。

5.3.2 flex 弹性盒子布局

flex 弹性盒子布局一般应用于手机移动端页面。本节主要针对移动端布局类型进行探讨,通常情况下有列表型、选项卡型和九宫格型。针对不同的使用场景可以选择不同的布局类型。

1. 列表型

列表型布局一般应用于设计导航、菜单类页面,内容从上到下依次排列,层次展示清晰。下面通过一个例子来演示它的使用方法,具体代码如下:

```
<!DOCTYPE html>
<html>
    <head>
        <meta charset="utf-8">
        <meta name="viewport" content="width=device-width, initial-scale=1">
        <title></title>
        <style type="text/css">
            *{
                color: #fff;
            }
            header{
                height: 15vh;
                background-color: #666666;
```

```
        }
        main{
            display: flex;
            flex-direction: column;
        }
        main section{
            padding: 10px;
            border-bottom: 1px solid #999;
            display: flex;
            align-items: center;
            flex-direction: column;
        }
        main section div{
            width: 90vw;
            height: 10vh;
            border: 1px solid #333;
            margin-top: 10px;
            background-color: #999;
        }
        footer{
            background-color: #333333;
            height: 10vh;
        }
    </style>
</head>
<body>
    <header>header</header>
    <main>
        <section>
            <div>item</div>
            <div>item</div>
            <div>item</div>
        </section>
        <section>
            <div>item</div>
            <div>item</div>
            <div>item</div>
        </section>
```

```
        </main>
        <footer>footer</footer>
    </body>
</html>
```

程序运行效果如图 5-31 所示。

这个示例通过设置弹性容器的 flex-direction 属性值为 column,结合弹性项目的宽度实现了列表型布局。

2. 选项卡型

选项卡型布局在页面布局中经常用到,一方面节约布局空间,另一方面提高用户体验。根据具体使用场景,选项卡可以布置在容器上方,也可以布局在容器底部。下面通过一个例子来演示选项卡布局的使用方法,具体代码如下:

图 5-31 列表型布局

```
<!DOCTYPE html>
<html>
    <head>
        <meta charset="utf-8">
        <meta name="viewport" content="width=device-width, initial-scale=1">
        <title></title>
        <style type="text/css">
            body{
                margin: 0;
            }
            main{
                display: flex;
                flex-direction: column;
            }
            .content{
                height: 90vh;
                background-color: #CCCCCC;
                color: #333333;
            }
            .nav{
                height: 10vh;
                display: flex;
            }
```

```
        .nav span{
            display：block；
            height：100%；
            flex：1；
            text-align：center；
            border-right：1px solid #333333；
            border-top：1px solid #333333；
            line-height：10vh；
        }
        .nav span：last-child{
            border-right：0；
        }
    </style>
</head>
<body>
    <main>
        <section class="content">正文</section>
        <section class="nav">
            <span>选项卡 1</span>
            <span>选项卡 2</span>
            <span>选项卡 3</span>
        </section>
    </main>
</body>
</html>
```

程序运行效果如图 5-32 所示。

这个示例通过 flex-direction 属性和弹性项目的高度，实现了选项卡布局。当然如果要具体实现选项卡的功能，还需要结合 JavaScript 或 jQuery 来实现。

3. 九宫格型

九宫格型布局一般在手机综合应用类网站中使用较多，就是将常用的操作功能按照指定的行列进行布局，一般在页面的焦点图下方布局。下面通过一个例子来演示九宫格型布局的使用方法，具体代码如下：

```
<!DOCTYPE html>
<html>
```

图 5-32　选项卡型布局

```html
<head>
    <meta charset="utf-8">
    <meta name="viewport" content="width=device-width, initial-scale=1">
    <title></title>
    <style type="text/css">
        main{
            display: flex;
            flex-direction: row;
            flex-wrap: wrap;
            justify-content: center;
        }
        main span{
            display: block;
            width: 30vw;
            height: 30vw;
            text-align: center;
            line-height: 30vw;
            border-top: 1px solid #ccc;
            border-right: 1px solid #ccc;
            box-sizing: border-box;
            flex: 0 0 33.333%;
        }
        main span: nth-child(3n+1){
            border-left: 1px solid #ccc;
        }
        main span: nth-last-child(-n+3){
            border-bottom: 1px solid #ccc;
        }
    </style>
</head>
<body>
    <main>
        <span>导航1</span>
        <span>导航2</span>
        <span>导航3</span>
        <span>导航4</span>
        <span>导航5</span>
        <span>导航6</span>
```

```
            <span>导航 7</span>
            <span>导航 8</span>
            <span>导航 9</span>
            <span>导航 10</span>
            <span>导航 11</span>
            <span>导航 12</span>
        </main>
    </body>
</html>
```

程序运行效果如图 5-33 所示。

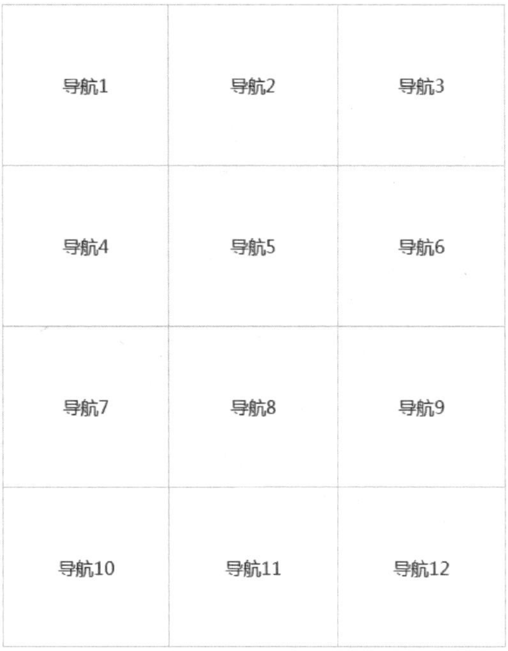

导航1	导航2	导航3
导航4	导航5	导航6
导航7	导航8	导航9
导航10	导航11	导航12

图 5-33　九宫格型布局

这个示例通过设置弹性项目的宽度和 flex 属性,每行平分 3 个弹性项目,结合弹性容器的 flex-wrap 换行属性,实现了九宫格型布局。当然也可以每行平分 4 个或更多个弹性项目。

5.4　响应式网页布局

响应式网页布局可以为不同终端的用户提供更加舒适的界面和更好的用户体验。随着大屏幕移动设备的普及,越来越多的网站采用了响应式网页布局,从根本上解决了要适用不同终端的问题,无论是移动端和还是电脑端都有很好的用户体验。

5.4.1　视口（viewport）

视口的概念,在 PC 端一般可以理解为浏览器的可视区域,而在移动端则比较复杂,视口不再局限于浏览器可视区域的大小,它可能比浏览器区域大,也可能比浏览器区域小。一般情况下,移动设备的分辨率相对于电脑来说比较小,为了能在移动端正常访问为 PC 端浏览器设计的网站,一般移动端设备会对传统的网站进行缩放,并会出现滚动条。移动设备的视口的默认值为980px,为了让页面能够全部展示,这些浏览器在渲染时会对页面进行缩放。比如,在一个宽为 320px 的移动设备显示一个视觉视口宽度为 980px 的页面,移动设备浏览器会对这个页面进行缩放直至其视觉视口宽度为 320px(具体取决于浏览器)。但直接缩放页面会导致页面字体变小,使得缩放后的页面显示效果不理想。下面通过一个例子来演示它们的区别,具体代码如下:

```
<!DOCTYPE html>
<html>
    <head>
        <meta charset="utf-8">
        <title></title>
    </head>
    <body>
        <p>CSS3 是 CSS(层叠样式表)技术的升级版本,于 1999 年开始制定,
            2001 年 5 月 23 日 W3C 完成了 CSS3 的工作草案,主要包括盒子
            模型、列表模块、超链接方式、语言模块、背景和边框、文字特效、
            多栏布局等模块。CSS 演进的一个主要变化就是 W3C 决定将
            CSS3 分成一系列模块。</p>
    </body>
</html>
```

程序在 PC 端的运行效果如图 5-34 所示。

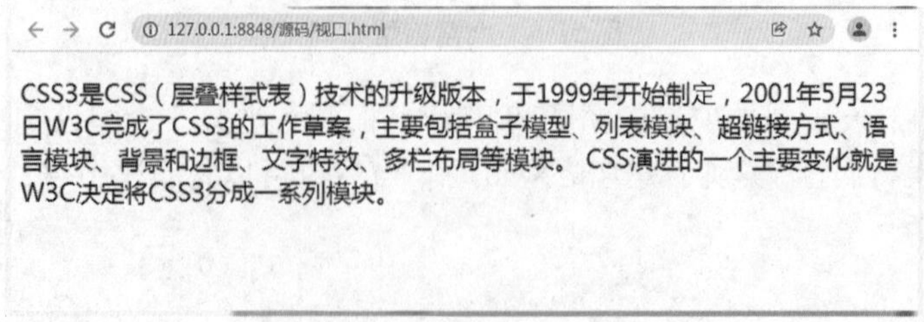

图 5-34　PC 端的运行效果

程序在移动端的运行效果如图 5-35 所示。

图 5-35　移动端的运行效果

可以看到在移动端显示时字体会自动缩小，页面显示效果较差。为了解决 HTML5 页面在移动端的显示问题，引入了视口概念。在上面的例子中，加上设置视口的 meta 标签属性：

<meta name="viewport" content="width=device-width">

这时候在移动端的页面显示效果如图 5-36 所示。

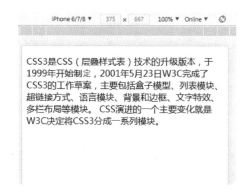

图 5-36　设置视口 meta 标签属性后移动端的运行效果

通过设置 meta 标签可以设置视口的相关属性。meta 标签常用属性如表 5-4 所示。

表 5-4　meta 标签常用属性

属性	说明
width	设置布局视口的宽度，为一个正整数或字符串 width-device
height	设置布局视口的高度
initial-scale	设置页面的初始缩放值，为一个数字，可以是小数

续表

属性	说明
minimum-scale	允许用户的最小缩放值，为一个数字，可以是小数
maximum-scale	允许用户的最大缩放值，为一个数字，可以是小数
user-scalable	是否允许用户进行缩放，值为"no"或"yes"，no 代表不允许，yes 代表允许

　　对于 initial-scale 的默认值，若不指定，则移动端浏览器会自动缩放，根据当前的理想视口宽度和视觉视口宽度比值进行计算；若指定 initial-scale 默认值为 1，则理想视口宽度和视觉视口宽度相等，如果布局时 CSS 宽度像素值大于屏幕像素宽度，将会出现滚动条。下面通过一个例子来演示它的用法，具体代码如下：

```html
<!DOCTYPE html>
<html>
    <head>
        <meta charset="utf-8">
        <meta name="viewport" content="width=device-width, initial-scale=1,
            minimum-scale=1, maximum-scale=1, user-scalable=no">
        <title></title>
        <style type="text/css">
            body{
                margin: 0;
            }
            .box{
                width: 980px;
                height: 200px;
                background-color: #999999;
                font-size: 1.2rem;
                color: #fff;
            }
        </style>
    </head>
    <body>
        <div class="box">viewport</div>
    </body>
</html>
```

　　程序在移动端的运行效果如图 5-37 所示。此时容器宽度为 980px，而屏幕尺寸为 420px，所以底部会出现滚动条。如果不设置 initial-scale 的值，此时移动端浏览器将会自动缩放，缩放比例值为 420/980＝0.428 5，效果如图 5-38 所示。

图 5-37　initial-scale＝1 时的页面布局　　　图 5-38　不设置 initial-scale 属性程序在
移动端的运行效果

不设置 initial-scale 的值时浏览器底部不会出现滚动条,但是若用户指定了 width 属性的值,且属性值大于 device-width,则以属性值为准,否则以 device-width 宽度为准。所以,为了提高移动端用户体验,在设计移动端响应式布局时,宽度单位应尽可能使用百分比或 vw。

5.4.2　媒体查询

媒体查询(Media Queries)可以根据不同的屏幕尺寸设置不同的样式,页面布局分别适应移动端、PC 端等,在调整浏览器的大小,页面会根据媒体的宽度和高度来重新布置样式。媒体查询可以用于自动检测 viewport 的宽度和高度、设备的宽度和高度、旋转方向(智能手机横屏或竖屏)和当前分辨率大小。

1. 媒体查询定义

媒体查询在 CSS 代码中,按照以下规则进行定义:

@ media media type and/not/only/all (media feature) {

　　　　CSS 代码

}

其中,media type(媒体类型)包括以下几种:

* all: 适用于所有类型。
* print: 适用于打印机和打印预览。
* screen: 适用于电脑屏幕、平板电脑、智能手机等。
* speech: 适用于屏幕阅读器。

and/not/only/all 逻辑运算符的定义如下：

- and：媒体查询中用来连接多种媒体特性，一个媒体查询中可以包含 0 或多个表达式，表达式可以是 0 或多个关键字及一种媒体类型。
- not：用来排除某种设备。比如，排除打印设备@ media not print。
- only：用来指定某种特定媒体设备。对于支持媒体查询的移动设备来说，如果存在 only 关键字，移动设备的 Web 浏览器会忽略 only 关键字并直接根据后面的表达式应用样式文件。对于不支持媒体查询的设备但能够读取 media type 类型的 Web 浏览器，遇到 only 关键字时会忽略这个样式文件。
- all：适用于所有设备类型。

media feature(媒体特性)根据设备的某些特殊性质去选择样式，常用属性如下：

- aspect-ratio：定义输出设备中的页面可见区域宽度与高度的比率。
- device-aspect-ratio：定义输出设备中的屏幕可见宽度与高度的比率。
- max-width：定义输出设备中的页面最大可见区域宽度。
- min-width：定义输出设备中的页面最小可见区域宽度。
- orientation：定义输出设备中的页面可见区域高度是否大于或等于宽度。

下面通过一个例子来演示媒体查询的基本用法，通过移动端横屏和竖屏切换来调整布局，具体代码如下：

```
<!DOCTYPE html>
<html>
    <head>
        <meta charset="utf-8">
        <meta name="viewport" content="width=device-width,initial-scale=1">
        <title></title>
        <style type="text/css">
            html, body{
                height: 100%;
            }
            @ media screen and (orientation: landscape){
                header{
                    width: 100%;
                    height: 120px;
                    background-color: #61B662;
                }
                main{
                    width: 20%;
                    background-color: #A8A89B;
                    float: left;
                    height: 100%;
```

```
            }
        footer{
            width：80%；
            background-color：#FBCA4F；
            float：left；
            height：100%；
        }
    }
    @ media screen and（orientation：portrait）{
        header{
            height：15%；
            background-color：#61B662；
        }
        main{
            height：70%；
            background-color：#A8A89B；
        }
        footer{
            height：15%；
            background-color：#FBCA4F；
        }
    }
    </style>
    </head>
    <body>
        <header></header>
        <main></main>
        <footer></footer>
    </body>
</html>
```

　　当横屏时,程序运行效果如图 5-39 所示; 当切换回竖屏时,程序运行效果如图 5-40 所示。

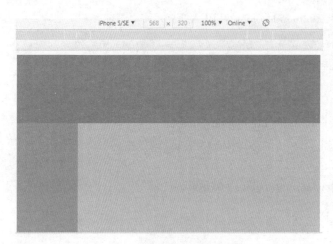

图 5-39 横屏时程序运行效果   图 5-40 竖屏时程序运行效果

上面的例子通过定义 orientation 媒体属性来定义是横屏还是竖屏,也就是先判断页面可见区域高度是否大于或等于宽度,再根据属性值渲染对应的样式。

2. 媒体查询使用方式

媒体查询使用方式可以有两种:一种是通过<link>或<style>标签元素的 media 属性规定媒体查询的具体内容,另一种是在 CSS 代码内部使用媒体查询。

- <style>或<link>标签中,通过 media 属性规定媒体查询的具体内容,代码如下:

```
<!--style 标签,当屏幕分辨率小于 1000px 时,div 背景颜色为红色-->
<style media="screen and (max-width：1000px)">
    div{
        color：red;
    }
</style>
<!--link 标签,当屏幕分辨率小于 800px 时加载 example.css-->
<link rel="stylesheet" media="screen and (max-width：800px)" href="example.css" />
```

- 在 CSS 代码内部使用媒体查询,代码如下:

```
@ media screen and (max-width：1000px){
    div{
        color：red;
    }
}
@ media screen and (max-width：800px){
    div{
```

```
                color：green；
            }
        }
```

在样式表文件中，可以定义多个媒体查询规则，当媒体查询为 true 时，就会应用对应的 CSS 样式。

3. 媒体查询策略

根据媒体查询的定义方法，可以通过定义媒体查询的规则来实现响应式布局，合理的媒体查询策略，可以达到事半功倍的效果。比如，有下面一组查询语句：

```
<style type="text/css">
    @ media（min-width：1024px）{
        body{
            background-color：#61B662；
        }
    }
    @ media（min-width：768px）{
        body{
            background-color：#999999；
        }
    }
    @ media（min-width：320px）{
        body{
            background-color：#FBCA4F；
        }
    }
</style>
```

这段代码定义了 3 个规则：当屏幕宽度大于等于 1024px 时，背景颜色是"#61B662"；当屏幕宽度大于等于 768px 时，背景颜色是"#999999"；当屏幕宽度大于 320px 时，背景颜色是"#FBCA4F"。但是在实际运行时效果是这样的吗？答案是否定的，背景颜色一直是"#FBCA4F"，为什么呢？这里面就涉及规则的顺序问题，比如现在屏幕宽度为 1200px，在执行第一条规则时，条件是满足的，背景颜色值为"#61B662"，但是到第二条规则时，条件也满足，此时背景颜色值被改为"#999999"，执行到第三条规则时，条件也是满足的，此时背景颜色值又被改为"#FBCA4F"，所以页面运行后一直显示的是第三条规则定义的背景。所以，只要将以上规则的顺序调整过来就可以达到预期的效果，修改规则后的语句如下：

```
<style type="text/css">
    @ media（min-width：320px）{
        body{
            background-color：#FBCA4F；
```

```
        }
    }
    @ media（min-width：768px）{
        body{
            background-color：#999999；
        }
    }
    @ media（min-width：1024px）{
        body{
            background-color：#61B662；
        }
    }
</style>
```

以上这种媒体查询设计策略是根据屏幕宽度从小到大判断的，一般称为"移动优先"原则。当然也可以按照从大到小判断，比如下面的媒体查询规则：

```
.box{
    width：8.33%；
}
@ media（max-width：1200px）{
    .box{
        width：16.66%；
    }
}
@ media（max-width：992px）{
    .box{
        width：25%；
    }
}
@ media（max-width：768px）{
    .box{
        width：50%；
    }
}
@ media（max-width：576px）{
    .box{
        width：100%；
    }
}
```

这种设计规则按照宽度从大到小进行检测，后面的会覆盖前面的，如果检测到匹配的大小，就会停止匹配后面的代码，一般称为“PC 优先”原则。当然，根据具体实际情况，可选择适合页面的设计原则。

5.4.3　响应式布局设计

前面两节分析了响应式布局设计的原理及实现方法，本节通过两个具体的设计案例来进一步巩固响应式布局设计的实践应用。

1. 响应式菜单导航

响应式菜单导航在网页设计中非常普遍，PC 端的导航菜单比较宽，而移动端浏览时导航菜单需要折叠起来，由横向转为竖向，如图 5-41、图 5-42 所示，这就需要针对不同的分辨率设计不同的媒体查询。

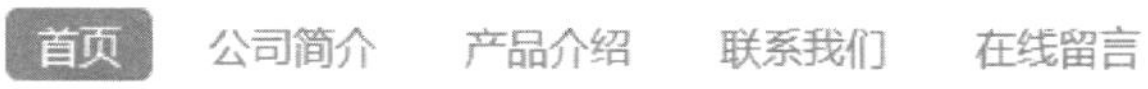

首页
公司简介
产品介绍
联系我们
在线留言

图 5-41　PC 端菜单显示效果

Responsive ▼
263
x
384
100% ▼
Online ▼
首页
公司简介
产品介绍
联系我们
在线留言

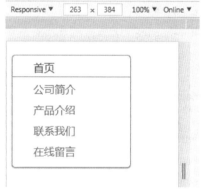

图 5-42　移动端菜单显示效果

在设计时，先定义一个分辨率的分界点，当视口宽度大于 680px 时，显示横向导航菜单；当视口宽度小于或等于 680px 时，显示竖向导航菜单。具体代码如下：

```
<!DOCTYPE html>
<html lang="en">
    <head>
        <meta charset="utf-8">
        <meta name="viewport" content="width=device-width, initial-scale=1,
           maximum-scale=1, user-scalable=yes">
        <title>响应式导航</title>
        <style type="text/css">
            .nav{
                position: relative;
                margin: 20px 0;
```

```
        }
    .nav ul{
        margin：0；
        padding：0；
    }
    .nav li{
        margin：0 5px 10px 0；
        padding：0；
        list-style：none；
        display：inline-block；
    }
    .nav a{
        padding：3px 12px；
        text-decoration：none；
        color：#999；
        line-height：100%；
    }
    .nav a：hover{
        color：#000；
    }
    .nav.current a{
        background：#999；
        color：#fff；
        border-radius：5px；
    }
    @ media screen and（max-width：680px）{
        .nav{
            position：relative；
            min-height：40px；
        }
        .nav ul{
            width：180px；
            padding：5px 0；
            position：absolute；
            top：0；
            left：0；
            border：solid 1px #aaa；
            background：#fff url（icon-menu.png）no-repeat 10px 11px；
```

```
            border-radius: 5px;
            box-shadow: 0 1px 2px rgba(0, 0, 0, 0.3);
        }
        .nav li{
            display: none;
            margin: 0;
        }
        .nav .current{
            display: block;
        }
        .nav a{
            display: block;
            padding: 5px 5px 5px 32px;
            text-align: left;
        }
        .nav .current a{
            background: none;
            color: #666;
        }
        .nav ul: hover{
            background-image: none;
        }
        .nav ul: hover li{
            display: block;
            margin: 0 0 5px;
        }
        .nav ul: hover .current{
            border-bottom: 1px solid #999999;
        }
    }
    </style>
</head>
<body>
    <nav class="nav">
        <ul>
            <li class="current"><a href="#">首页</a></li>
            <li><a href="#">公司简介</a></li>
            <li><a href="#">产品介绍</a></li>
```

```
<li><a href="#">联系我们</a></li>
<li><a href="#">在线留言</a></li>
</ul>
</nav>
</body>
</html>
```

当视口宽度小于或等于 680px 时,页面默认显示一个 "首页" 菜单,其他菜单隐藏了,如图 5-43 所示。当单击 "首页" 菜单时,其他菜单以下拉方式显示。

图 5-43 移动端菜单隐藏

在这个案例中,当视口宽度小于或等于 680px 时,虽 然定义了 ".nav ul: hover" 样式,但是在移动端显示时 hover 伪类是没有效果的,只有当单击了 ".nav ul" 标签时, 才会应用 ".nav ul: hover" 样式。

2. 响应式产品展示布局设计

响应式产品展示一般应用在企业网站产品展示或购物网站的商品展示中,产品展示 页面会根据当前视口的分辨率自动分列:当视口宽度大于 992px 时,显示为 4 列;当视口 宽度大于 760px 并小于等于 992px 时,显示为 3 列;当视口宽度小于等于 760px 时,显示为 2 列。显示效果分别如图 5-44、图 5-45 和图 5-46 所示。

图 5-44 视口宽度大于 992px 时的布局显示

图 5-45　视口宽度大于 760px 并小于等于 992px 时的布局显示

图 5-46　视口宽度小于等于 760px 时的布局显示

在设计响应式布局时,首先考虑视口分辨率的临界点,然后分别定义媒体查询样式。这个例子采用了 flex 弹性盒子布局,根据视口的宽度,使用 flex-basis 来自动平分视口宽度,具体代码如下:

```
<!DOCTYPE html>
<html>
    <head>
        <meta charset="utf-8">
        <meta name="viewport" content="width=device-width, initial-scale=1,
```

```
                maximum-scale=1, user-scalable=yes">
        <title>产品展示</title>
        <style type="text/css">
            body{
                margin: 0;
                padding: 0;
            }
            .box{
                display: flex;
                flex-wrap: wrap;
            }
            .box div{
                border: 1px solid #666;
                flex-basis: calc(25% - 10px);
                margin: 5px;
                height: calc(12.5vw - 10px);
                box-sizing: border-box;
            }
            .box div img{
                display: block;
                width: 100%;
                height: 100%;
            }
            @media screen and (max-width: 992px){
                .box div{
                    flex-basis: calc(33.33% - 10px);
                    height: calc(16.7vw - 10px);
                }
            }
            @media screen and (max-width: 760px){
                .box div{
                    flex-basis: calc(50% - 10px);
                    height: calc(25vw - 10px);
                }
            }
        </style>
    </head>
    <body>
```

```
<div class="box">
    <div><img src="./imgs/pro1.jpg"/></div>
    <div><img src="./imgs/pro2.jpg"/></div>
    <div><img src="./imgs/pro3.jpg"/></div>
    <div><img src="./imgs/pro4.jpg"/></div>
    <div><img src="./imgs/pro5.jpg"/></div>
    <div><img src="./imgs/pro6.jpg"/></div>
    <div><img src="./imgs/pro7.jpg"/></div>
    <div><img src="./imgs/pro8.jpg"/></div>
    <div><img src="./imgs/pro9.jpg"/></div>
    <div><img src="./imgs/pro10.jpg"/></div>
    <div><img src="./imgs/pro11.jpg"/></div>
    <div><img src="./imgs/pro12.jpg"/></div>
</div>
    </body>
</html>
```

这个例子用到了 CSS 的 calc 函数,用于 CSS 属性值的计算。calc 函数可以进行数学四则运算,但是在使用运算符时,运算符前后要保留空格。在布局时使用"%"和"vw"需要注意,"%"是当前元素的父元素宽度的百分比,同样是 body 的宽度,如果页面没有滚动条,"100%"和"100vw"的宽度是一致的;但是如果页面有滚动条,"100vw"的宽度包含滚动条的宽度,而"100%"则不包含滚动条的宽度。

5.5　本章小结

本章主要介绍了传统盒子模型和弹性盒子模型的相关属性及应用,探讨了常见的网页布局方式,并结合相关的盒子模型实现基本网页布局设计和响应式网页布局设计,其中弹性盒子模型在响应式网页布局中得到了广泛的应用,希望能引起读者的关注。

5.6　本章练习

一、单项选择题

1. 下列关于边距的设置的说法正确的是(　　　)。

A. "margin：0;"设置内边距上、下、左、右都为 0

B. "margin：20px 50px;"设置外边距左、右为 20px,上、下为 50px

C. "margin：10px 20px 30px;"设置内边距上为 10px,下为 20px,左为 30px

D. "margin：10px 20px 30px 40px;"设置外边距上为 10px,右为 20px,下为 30px,左为 40px

2. 下列关于盒子模型的说法不正确的是(　　　)。

   A. 盒子模型由 margin、border、padding 和 content 四部分组成

   B. 标准盒子模型是 box-sizing：border-box

   C. IE 盒子模型是 box-sizing：border-box

   D. 标准盒子模型是 box-sizing：content-box

3. 给 div 盒子设置鼠标经过变圆角的属性是(　　　)。

   A. box-sizing　　　　B. box-shadow　　　　C. border-radius　　　　D. border

4. 在弹性盒子中,下列不属于 justify-content 的值是(　　　)。

   A. flex-start　　　　B. center　　　　C. space-between　　　　D. end

5. 下列关于 box-shadow 的说法正确的是(　　　)。

   A. 设置文字投影　　　　　　　　　B. 第一个值是设置水平距离的

   C. 第二个值是设置水平距离的　　　　D. 第三个值是设置投影颜色的

6. 下列关于 flex 的说法正确的是(　　　)。

   A. flex 属性用于指定弹性子元素如何分配空间

   B. flex：1 应该写在弹性元素上

   C. 设置 flex：1 无意义

   D. flex 是指设置固定定位

7. 设置一个 div 元素的外边距为上：20px,下：30px,左：40px,右：50px,下列书写正确的是(　　　)。

   A. padding：20px 30px 40px 50px；

   B. padding：20px 50px 30px 40px；

   C. margin：20px 30px 40px 50px；

   D. margin：20px 50px 30px 40px；

8. 在 HTML 页面中,要通过无列表符号实现横向的导航菜单,不需要使用到的 CSS 属性是(　　　)

   A. list-style　　　　B. padding　　　　C. z-index　　　　D. float

9. 使一个层垂直居中于浏览器中的方法是(　　　)。

   A. padding：50% 50%；　　　　　　　B. margin：50% 50%；

   C. margin：0 auto；　　　　　　　　D. margin：-100 auto；

10. 下列可以设置页面中某个 div 标签相对页面水平居中的 CSS 样式是(　　　)。

   A. margin：0 auto；　　　　　　　　B. padding：0 auto；

   C. text-align：center；　　　　　　D. vertical-align：middle；

11. 下列声明可以隐藏对象的是(　　　)。

   A. display：block；　　　　　　　　B. display：inline；

   C. display：none；　　　　　　　　D. display：inline-block；

12. 下列关于 float 的描述错误的是(　　　)。

   A. float：left；　　　　B. float：center；　　　　C. float：right；　　　　D. float：none；

13. 在 HTML 中,div 默认样式下是不带滚动条的,若要使 div 标签出现滚动条,需要

为该标签定义样式(　　　)。

 A. overflow：hidden；   B. display：block；

 C. overflow：scroll；   D. display：scroll；

14. 在 HTML 中，下列关于 position 属性的设定值的描述错误的是(　　　)。

 A. static 为默认值，没有定位，元素按照标准流进行布局

 B. relative 属性值设置元素的相对定位，垂直方向的偏移量使用 up 或 down 属性来指定

 C. absolute 表示绝对定位，需要配合 top、right、bottom 和 left 属性来实现元素的偏移量

 D. 用来实现偏移量的 left 和 right 等属性的值，可以为负数

15. 在 HTML 中，盒子模型中元素实际展位的高度应该为(　　　)。

 A. height 属性 + padding-top + padding-bottom

 B. height 属性 + padding-top + padding-bottom +border-top + border-bottom

 C. height 属性 + margin-top + margin-bottom + border-top + border-bottom

 D. height 属性 + padding-top + padding-bottom + border-top + border-bottom + margin-top + margin-bottom

二、多项选择题

1. 下列关于隐藏元素的说法正确的是(　　　)。

 A. "display：none；"不为被隐藏的对象保留其物理空间

 B. "visibility：hidden；"所占据的空间位置仍然存在，仅为视觉上的完全透明

 C. "visibility：hidden；"产生 reflow 和 repaint(回流与重绘)

 D. "visibility：hidden；"与"display：none；"两者没有本质上的区别

2. 下列推荐使用清除浮动的方式有(　　　)。

 A. 在浮动元素末尾添加一个空的标签，如

 B. 通过设置父元素 overflow 值为 hidden

 C. 给父元素也设置浮动

 D. 在父元素设置∷after 伪元素中使用 clear：both

3. 下列有关 border：none 及 border：0 的区别的描述错误的是(　　　)。

 A. border：0 表示边框宽度为 0

 B. 当定义了 border：none 时，即隐藏了边框的显示，实际上边框宽度为 0

 C. 当定义边框时，仅设置边框宽度，也可以达到显示的效果

 D. border：none 表示边框样式无

4. box-sizing 的值有(　　　)。

 A. none   B. border-box   C. content-box   D. padding-box

5. 需要设置 div 元素在可视窗口的右下角显示，需要定义(　　　)。

 A. position：absolute   B. position：fixed

 C. right：0   D. bottom：0

三、操作题

1. 使用传统盒子模型布局,结合 border-radius 和 box-shadow 属性,设计如图 5-47 所示的窗口。

2. 使用弹性盒子布局结合响应式布局实现以下卡片式布局效果。

（1）当屏幕分辨率大于 992px 时,每行显示 4 个卡片,效果如图 5-48 所示。

图 5-47　窗口效果

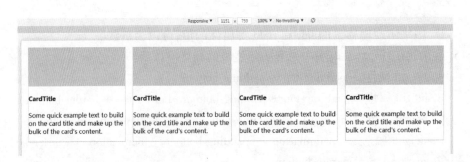

图 5-48　每行显示 4 个卡片的效果

（2）当屏幕分辨率大于 768px 并小于等于 992px 时,每行显示 2 个卡片,效果如图 5-49 所示。

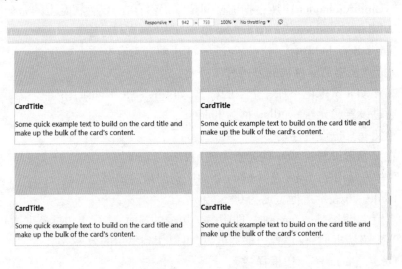

图 5-49　每行显示 2 个卡片的效果

（3）当屏幕分辨率小于等于 768px 时,每行显示 1 个卡片,效果如图 5-50 所示。

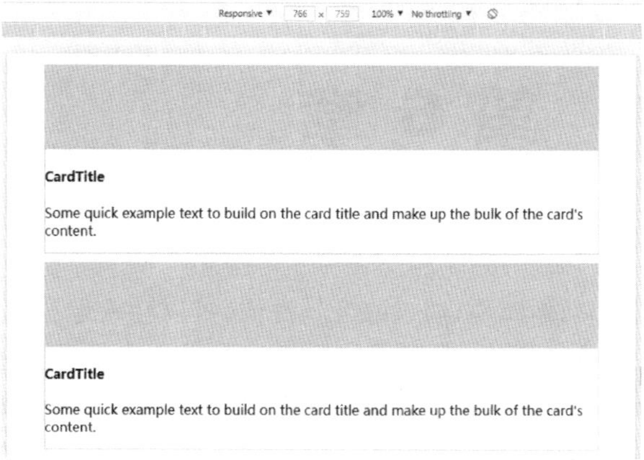

图 5-50　每行显示 1 个卡片的效果

第 6 章

CSS3 变形和动画

CSS3 新增了变形和动画属性,通过改变属性值,可以轻松地实现动画效果,不仅可以对元素进行常见的几何变换操作,还可以使元素变换时产生平滑的过渡效果。本章将对 transform 变形、transition 过渡动画、animation 关键帧动画及 3D 变形动画的相关属性进行详细介绍,并在实际案例中应用这些效果。

 学习内容

➤ transform 变形。
➤ transition 过渡动画。
➤ animation 关键帧动画。
➤ 3D 变形动画。

 思维导图

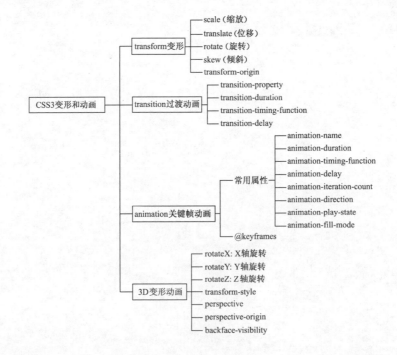

6.1　transform 变形

在 CSS3 之前,要实现元素的平移、旋转、缩放和倾斜效果,需要依赖 Flash 或 JavaScript 脚本程序来实现,而在 CSS3 中,使用 transform 变形便可以轻松实现这些效果。

CSS3 变形有两个常用属性:transform 属性和 transform-origin 属性,其中 transform 属性用于设置元素的旋转、缩放、倾斜和移动这 4 种类型的变形处理,而 transform-origin 属性用于设置元素变形的基准点。下面分别介绍这两个属性的具体应用。

1. scale(缩放)

基本语法:

　　　　transform:scale(X,Y),scaleX(x)或 scaleY(y);

scale 函数是针对元素的中心原点位置进行缩放操作的,在 2D 平面中通常包括以下几个函数:

- scale(X,Y):使元素水平方向和垂直方向同时缩放(也就是 X 轴和 Y 轴同时缩放),若没有设置 Y 值,则表示 X 和 Y 两个方向的缩放倍数是一样的。
- scaleX(x):使元素仅水平方向缩放(X 轴缩放)。
- scaleY(y):使元素仅垂直方向缩放(Y 轴缩放)。

默认情况下,根据元素中心原点进行缩放,缩放默认值为 1,当值小于 1 时,元素缩小;而当值大于 1 时,元素放大。下面通过一个例子来演示它的使用方法,具体代码如下:

```
<!DOCTYPE html>
<html>
    <head>
        <meta charset="utf-8">
        <title></title>
        <style type="text/css">
            body{
                padding:100px;
            }
            .box{
                width:600px;
            }
            .box span{
                width:100px;
                height:100px;
                border:1px solid #999;
                background-color:#FBCA4F;
                margin:10px;
                border-radius:50%;
```

```
                    text-align：center；
                    line-height：100px；
                    font-size：40px；
                    display：inline-block；
              }
              .box span：hover{
                    background-color：#61B662；
                    transform：scale(1.5)；
              }
        </style>
    </head>
    <body>
        <div class="box">
              <span>1</span>
              <span>2</span>
              <span>3</span>
        </div>
    </body>
</html>
```

这个示例通过设置"transform：scale(1.5)"属性改变了元素的缩放大小,当鼠标悬停在 span 标签上时,就会对原来的 span 标签放大 1.5 倍,并改变背景颜色,如图 6-1 所示。需要注意的是,虽然元素放大,但是占用空间的大小不会发生改变。

图 6-1　scale 缩放效果

2. translate(位移)

基本语法:

　　　transform：translate(X,Y),translateX(X)或 translateY(Y)；

translate( )函数可以将元素向指定的方向移动,类似于 position 中的 relative,可以把元素从原来的位置移动,而不影响 X、Y 轴上的任何 Web 组件,在 2D 平面中通常包括以下几个函数:

- translate(X,Y):水平方向和垂直方向同时移动(也就是 X 轴和 Y 轴同时移动)。
- translateX(X):仅水平方向移动(X 轴移动)。
- translateY(Y):仅垂直方向移动(Y 轴移动)。

下面通过一个例子来演示它的使用方法,具体代码如下:

```
<!DOCTYPE html>
<html>
    <head>
        <meta charset="utf-8">
```

```
<title></title>
<style type="text/css">
    body{
        padding：200px;
    }
    .box{
        width：800px;
    }
    .box span{
        display：inline-block；
        width：200px；
        height：100px；
        background-color：#FBCA4F；
        font-size：40px；
        text-align：center；
        line-height：100px；
        margin：10px；
    }
    .box span：hover{
        background-color：#61B662；
        transform：translate（-10px，-20px）；
        cursor：pointer；
    }
</style>
</head>
<body>
    <div class="box">
        <span>1</span>
        <span>2</span>
        <span>3</span>
    </div>
</body>
</html>
```

这个示例通过设置元素的"transform：translate（-10px，-20px）"属性,改变了元素的
位置,当鼠标在 span 元素上面悬停时,将改变
当前 span 元素的位置,相对于原来的位置进
行移动,如图 6-2 所示,如果为负值,X 轴方向
向左移动,Y 轴方向向上移动,否则向相反方

图 6-2　translate 位移效果

向移动。

3. rotate(旋转)

基本语法：

transform：rotate(角度)；

rotate()方法只有一个参数"角度"，单位为 deg(度)，当其为正数时表示顺时针旋转，当其为负数时表示逆时针旋转。rotate()方法还可以与 transform-origin 属性配合使用。transform-origin 是设置旋转基准点的属性(没有设置 transform-origin 属性也可以，只不过根据该元素的中心点旋转，也就是 center center)。下面通过一个例子来演示它的用法，具体代码如下：

```
<!DOCTYPE html>
<html>
    <head>
        <meta charset="utf-8">
        <title></title>
        <style type="text/css">
            body{
                padding：50px；
            }
            div{
                width：150px；
                height：150px；
                margin：100px；
            }
            .box1{
                background-color：#61B662；
                transform：rotate(45deg)；
            }
            .box2{
                background-color：#DEDEDE；
                transform：rotate(-45deg)；
            }
        </style>
    </head>
    <body>
        <div class="box1">
            顺时针旋转45°
        </div>
        <div class="box2">
```

　　　　　逆时针旋转 45°

　　　　</div>

　　</body>

</html>

　　这个示例通过设置"transform：rotate（−45deg）"属性实现了元素的逆时针旋转，程序运行效果如图 6-3 所示。

　　页面运行时第一个容器"box1"顺时针旋转 45°，第二个容器"box2"逆时针旋转 45°。当然也可以通过鼠标事件来触发旋转，比如将"box1"的样式修改为以下代码：

```
.box2：hover{
    transform：rotate（−45deg）；
}
```

　　只有当鼠标悬停在"box1"容器上面的时候才会触发旋转，还可以结合后面要学习的 transition 过渡动画，这样旋转的效果更明显。

　　在默认情况下，如果没有设置 transform-origin 属性，就根据该元素的中心点旋转，也就是 center center；如果设置了 transform-origin 属性，就以设置点为中心进行旋转。下面通过一个例子来演示它的用法，具体代码如下：

图 6-3　rotate 旋转效果

```
<!DOCTYPE html>
<html>
    <head>
        <meta charset="utf-8">
        <title></title>
        <style type="text/css">
            .box{
                width：280px；
                height：430px；
                position：absolute；
                left：100px；
                top：100px；
            }
            .box img{
                width：280px；
                height：430px；
                position：absolute；
                transform-origin：140px 430px；
                transition：all 1s；
```

```
                }
                .box：hover img：nth-child(1){
                    transform：rotate(-15deg);
                }
                .box：hover img：nth-child(2){
                    transform：rotate(0deg);
                }
                .box：hover img：nth-child(3){
                    transform：rotate(15deg);
                }
                .box：hover img：nth-child(4){
                    transform：rotate(30deg);
                }
            </style>
        </head>
        <body>
            <div class="box">
                <img src="./img/1.png" />
                <img src="./img/2.png" />
                <img src="./img/3.png" />
                <img src="./img/4.png" />
            </div>
        </body>
    </html>
```

这个示例通过固定位置旋转扑克牌,实现了扑克牌拨牌效果,程序运行效果如图 6-4 所示。

这个示例先通过对图片的绝对定位,将 4 张扑克牌叠放在一起,然后设置图片旋转的位置(140,430),当鼠标悬停在容器"box"上时,分别对 4 张图片进行不同角度的旋转,并结合 transition 过渡动画,轻松实现了扑克牌的拨牌效果。

4. skew(倾斜)

基本语法:

transform：skew(X 轴方向倾斜度数,Y 轴方向

图 6-4　用 rotate 实现
扑克牌的拨牌效果

倾斜度数),skewX(X 轴方向倾斜度数)或 skewY(Y 轴方向倾斜度数);

skew 主要用于 2D 平面中对元素进行倾斜扭曲变换,通常情况下,包括以下几个函数:

- skewX(X 轴方向倾斜度数):定义沿 X 轴的 2D 倾斜旋转,即在水平方向扭曲

变形。

　　● skewY(Y 轴方向倾斜度数)：定义沿 Y 轴的 2D 倾斜旋转,即在垂直方向扭曲变形。

　　● skew(X 轴方向倾斜度数,Y 轴方向倾斜度数)：定义沿 X 轴和 Y 轴的 2D 倾斜旋转。

　　下面通过一个例子来演示它的使用方法,具体代码如下：

```html
<!DOCTYPE html>
<html>
    <head>
        <meta charset="utf-8">
        <title></title>
            ul{
                list-style: none;
            }
            li{
                display: inline-block;
                width: 100px;
                height: 30px;
                text-align: center;
                background-color: #FBCA4F;
                transform: skew(-30deg);
            }
            li a{
                text-decoration: none;
                display: block;
                width: 100px;
                height: 30px;
                line-height: 30px;
                color: #333;
                transform: skew(30deg);
            }
        </style>
    </head>
    <body>
        <ul>
            <li><a href="#">首页</a></li>
            <li><a href="#">公司简介</a></li>
            <li><a href="#">产品介绍</a></li>
```

```
        <li><a href="#">联系我们</a></li>
    </ul>
    </body>
</html>
```

这个示例程序使用"transform：skew(30deg)"属性实现了元素的倾斜效果,程序运行效果如图6-5所示。

| 首页 | 公司简介 | 产品介绍 | 联系我们 |

图 6-5　倾斜效果

使用 skew(30deg)使 li 标签顺时针倾斜 30°,同时使用 skew(-30deg)对 li 标签中的 a 标签逆时针旋转 30°,即实现了不规则导航菜单效果。skew( )函数只有一个参数代表的是水平方向倾斜,和 skewX( )函数的作用相同。

对于倾斜函数的原理,可通过一个例子来说明:比如 skew(-30deg),首先该函数只有一个参数,代表水平方向倾斜,其次参数值为负值,代表水平方向逆时针倾斜 30°,在倾斜时当前元素的高度保持不变,并且以该元素的中心点为基准点,如图 6-6 中 X 轴和

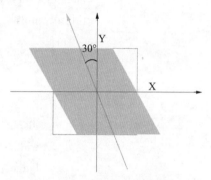

图 6-6　沿 X 轴的倾斜旋转

Y 轴的交点为中心点,当倾斜 30°后,X 轴方向不变,但是 Y 轴方向向左倾斜了 30°,如图 6-6 所示。

同样,若使用 skewY(30deg),则沿着 Y 轴方向倾斜,此时容器的宽度不变,Y 轴方向不变,X 轴方向按顺时针旋转了 30°,如图 6-7 所示。

若使用 skew(30deg,30deg),则先沿着 X 轴方向逆时针倾斜 30°,此时的 Y 轴逆时针倾斜了 30°,然后沿新的 Y 轴顺时针倾斜 30°,此时 X 轴顺时针倾斜了 30°,如图6-8所示。

图 6-7　沿 Y 轴的倾斜旋转

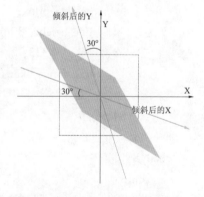

图 6-8　沿 X 轴和 Y 轴的倾斜旋转

6.2　transition 过渡动画

过渡动画是指元素从一种样式逐渐改变为另一种样式所产生的动画效果。要实现过渡动画效果,需要指定元素的 CSS 属性,并指定产生效果的时长,在指定时长内 CSS 属性值从一个值过渡到另外一个值。

transition 过渡动画的基本语法:

transition:属性名 持续时间 过渡函数 过渡效果开始前等待的时间;

1. transition 属性

transition 属性包括以下几种:

- transition-property:属性的名字(如果是一个属性,就带有这个属性的名字;如果是多个属性,属性名之间用逗号隔开;如果是所有属性,用 all 表示即可),表示对哪个属性进行变化。
- transition-duration:变化持续的时间长度(秒或毫秒)。
- transition-timing-function:过渡实现的方式(先慢后快/先快后慢),具体实现的时候以函数来实现。
- transition-delay:过渡开始前等待的时间,单位为秒或毫秒。

transition-timing-function 属性的取值包括以下几种:

- linear:匀速(线性过渡)。
- ease:先慢后快再慢。
- ease-in:慢速开始的过渡效果。
- ease-out:慢速结束的过渡效果。
- ease-in-out:慢速开始和慢速结束的过渡效果。

2. 改变元素的状态

transtion 属性只是规定了要如何去过渡,要想让动画发生,还得要有元素状态的改变。单纯的代码不会触发任何过渡操作,需要通过用户的行为(如点击、悬浮等)触发。可触发的方式有:hover、:focus、:checked、媒体查询触发、JavaScript 触发。下面通过一个例子来演示它的用法,具体代码如下:

```
<!DOCTYPE html>
<html>
    <head>
        <meta charset = "utf-8">
        <title></title>
        <style type = "text/css">
            .pic {
                width:200px;
                height:300px;
                margin:50px auto 0;
```

```
            position：relative；
            overflow：hidden；
            background-image：url(./img/head.jpg)；
            background-size：cover；
            background-repeat：no-repeat；
            background-position：-150px；
        }
        .pic_info{
            position：absolute；
            left：0；
            top：300px；
            width：180px；
            height：100px；
            background-color：rgba(0,0,0,0.3)；
            color：#fff；
            padding：10px；
            transition：all 500ms ease；
        }
        .pic：hover .pic_info{
            top：180px；
        }
    </style>
</head>
<body>
    <div class="pic">
        <div class="pic_info">
            <h3>标题</h3>
            <p>文字说明文字说明文字说明文字说明</p>
        </div>
    </div>
</body>
</html>
```

这个示例通过鼠标悬停显示提示信息，程序运行效果如图 6-9 所示。

当鼠标悬停在图片上时,图片提示的透明层的 top 属性值从 300px 变为 180px,当鼠标离开时 top 属性值从 180px 又变为 300px。

transition 动画使用起来简单、便捷,但是

图 6-9　鼠标悬停时显示提示信息

有一定的局限性：首先,transition 需要事件触发;其次,transition 动画是一次性的,不能重复发生;最后,transition 动画只能定义开始状态和结束状态,不能定义中间状态,也就是说,只有两个状态。

6.3 animation 关键帧动画

在 CSS3 中,虽然 transition 也可以实现从一种状态到另一种状态的动画效果,但它只能控制开始和结束的两个点,功能非常有限。而 animation 动画除了能控制开始和结束的两个点外,还能通过关键帧来控制动画的每一步,可以实现更为复杂的动画效果。

animation 属性是一个简写属性,用于设置 6 个动画属性,使用方法如下：

animation: name duration timing-function delay iteration-count direction;

默认值：

none 0 ease 0 1 normal;

除了以上 6 个属性外,还有 2 个属性用来设置动画的状态控制,分别为 animation-fill-mode 和 animation-play-state。

1. animation-name

animation-name 规定需要绑定到选择器的 @ keyframes 名称,在 CSS3 中,把 @ keyframes 称作关键帧,并使用 @ keyframes 来定义动画每一帧的效果,即定义由当前样式逐渐变为新样式的动画效果。@ keyframes 有自己的语法规则,它由 @ keyframes 开头,后面紧跟动画名称和一对大括号,在大括号中定义每个帧的样式规则：

```
@ keyframes 名称｛
    from｛
        /＊关键帧 CSS 样式＊/
    ｝
    percentage｛
        /＊关键帧 CSS 样式＊/
    ｝
    to｛
        /＊关键帧 CSS 样式＊/
    ｝
｝
```

比如下面这个例子：

```
@ keyframes move｛
    0%｛
        left：200px;
    ｝
    40%｛
        left：150px;
```

```
        }
    60%{
        left：100px；
    }
    80%{
        left：50px；
    }
    100%{
        left：200px；
    }
}
```

上面的代码定义了一个名称为 move 的 animation 动画,它从 0% 开始,到 100% 结束,中间还经历了 40%、60% 和 80% 3 个过程。也就是说,名称为 move 的动画共有 5 个关键帧来实现以下动画效果：

- 在 0%(第一帧)时,元素定位到 left 为 200px 的位置。
- 在 40%(第二帧)时,元素过渡到 left 为 150px 的位置。
- 在 60%(第三帧)时,元素过渡到 left 为 100px 的位置。
- 在 80%(第三帧)时,元素过渡到 left 为 50px 的位置。
- 在 100%(第四帧)时,元素又回到 left 为 200px 的起点位置。

如果只是两个关键帧,从 0% 到 100%,那么可以使用另外一种写法,具体代码如下：

```
@keyframes move{
    from{
        left：200px；
    }
    to{
        left：0px；
    }
}
```

在使用百分比时,百分号不能省略。在播放动画时,关键帧的顺序是由百分比决定的,和样式的先后顺序无关。

2. animation-duration

animation-duration 规定完成动画所花费的时间,以秒或毫秒计,指定动画完成一个周期所需的时间,默认值为 0。例如：

```
animation-duration：6s；
animation-duration：120ms；
animation-duration：1s,15s；
animation-duration：10s,30s,230ms；
```

单个参数表示指定动画完成一个周期的时间,如果有多个参数,中间用逗号隔开,依次为指定关键帧动画执行的时间。比如以下关键帧动画：

```
@ keyframes demo
{
    0%{
        left：0px；
    }
    40%{
        left：200px；
    }
    100%{
        left：450px；
    }
}
```

将 animation-duration 属性设置为"animation-duration：2s，3s；"，表示从 0% 到 40% 执行动画的时间为 2s，从 40% 到 100% 执行动画的时间为 3s。

3. animation-timing-function

animation-timing-function 规定动画的速度曲线。常用的函数如下：

- linear：动画从头到尾的速度是相同的。
- ease：默认值。动画以低速开始，然后加快，在结束前变慢。
- ease-in：动画以低速开始。
- ease-out：动画以低速结束。
- ease-in-out：动画以低速开始和结束。

4. animation-delay

animation-delay 规定动画开始之前的延迟，值以秒或毫秒计，默认值为 0。在这里需要注意，若指定其为负值，则跳过开始延迟时间进入动画。例如：

    animation-delay：−2s；

此时会跳过 2s 进入动画，也就是前 2s 动画不执行，如果是无限次循环动画，只是第一次动画跳过 2s，从第二个动画周期开始仍然从起始位置开始。

5. animation-iteration-count

animation-iteration-count 规定动画应该播放的次数，默认值为 1，也可以指定循环次数，若设置为 infinite，则表示无限次循环。

6. animation-direction

animation-direction 规定是否应该轮流反向播放动画。常用参数值如下：

- normal：以正常的方式播放动画。
- reverse：以相反方向播放动画。
- alternate：在每个奇数秒时间（1s、3s、5s 等）的正常方向上播放动画，并且在每个偶数秒时间（2s、4s、6s 等）的相反方向上播放动画。
- alternate-reverse：在每个奇数秒时间（1s、3s、5s 等）的相反方向上播放动画，并且在每个偶数秒时间(2s、4s、6s 等)的正常方向上播放动画。

7. animation-fill-mode

animation-fill-mode 表示当动画不播放时(当动画播放完成时,或当动画有一个延迟未开始播放时),要应用到元素的样式。常用属性值如下:

- none:默认值,在动画执行之前和之后不会应用任何样式到目标元素。
- forwards:在动画结束后(由 animation-iteration-count 决定),动画将应用该属性值。
- backwards:动画将应用在 animation-delay 定义期间启动动画的第一次迭代的关键帧中定义的属性值。
- both:动画遵循 forwards 和 backwards 的规则。也就是说,动画会在两个方向上扩展动画属性。

8. animation-play-state

animation-play-state 表示动画的状态,默认值为 running,表示正在运动,属性值 paused 表示暂停。

下面通过一个具体的轮播图案例来演示 animation 动画的具体用法。原理就是将所有的轮播图片放在一行,通过改变 left 的属性值来实现图片的轮播功能,具体代码如下:

```html
<!DOCTYPE html>
<html>
    <head>
        <meta charset="utf-8">
        <title></title>
        <style type="text/css">
            #slider{
                width: 1000px;
                position: relative;
                display: flex;
                overflow: hidden;
                height: 300px;
            }
            .sliderBox{
                display: flex;
                flex-wrap: nowrap;
                flex-direction: row;
                overflow: hidden;
                animation: carousel linear 5s infinite 0s normal;
                position: absolute;
            }
            .sliderBox: hover{
                animation-play-state: paused;
```

```
        }
.sliderBox div{
    width：1000px；
    height：300px；
    position：relative；
}
.sliderBox div img{
    width：100%；
    position：absolute；
    z-index：1；
}
.sliderBox div span{
    position：absolute；
    z-index：2；
    font-size：30px；
    color：#fff；
    font-weight：bold；
    left：50%；
}
@ keyframes carousel{
    0%{
        left：0；
    }
    17%{
        left：0；
    }
    34%{
        left：-1000px；
    }
    51%{
        left：-1000px；
    }
    68%{
        left：-2000px；
    }
    85%{
        left：-2000px；
    }
```

```
                  100%{
                      left：-3000px；
                  }
              }
          </style>
      </head>
      <body>
          <div id="slider">
              <div class="sliderBox">
                  <div><img src="./img/banner1.jpg" /><span>图 1</span></div>
                  <div><img src="./img/banner2.jpg" /><span>图 2</span></div>
                  <div><img src="./img/banner3.jpg" /><span>图 3</span></div>
                  <div><img src="./img/banner1.jpg" /><span>图 1</span></div>
              </div>
          </div>
      </body>
</html>
```

这个示例通过设置"animation-play-state：paused"属性，实现了当鼠标悬停时停止轮播，效果如图 6-10 所示。

图 6-10　轮播图

轮播图实现原理：首先通过弹性布局将所有图片排列在一行，然后通过关键帧的百分比位置来设定动画区间，动态修改 left 属性值，实现图片的轮播功能，当鼠标悬停时，通过设置 animation-play-state：paused 属性值来暂停轮播。

6.4　3D 变形动画

前面的章节阐述了 CSS3 在 2D 上的变形。CSS3 则提供了 3D 的变形，下面重点介绍 CSS3 3D 变形新增的常用属性。

1. transform 3D 旋转属性

transform 3D 旋转属性新增了 3 个变形函数，分别是 rotateX( )、rotateY( )和 rotateZ( )。

- rotateX( )：对应的是 3D 模型中的 X 轴上的旋转，传入的参数如 rotateX(60deg)，表示元素绕 X 轴顺时针旋转 60°。

- rotateY( )：对应的是 3D 模型中的 Y 轴上的旋转,传入的参数如 rotateY(60deg),表示元素绕 Y 轴顺时针旋转 60°。

- rotateZ( )：对应的是 3D 模型中的 Z 轴上的旋转,传入的参数如 rotateZ(60deg),表示元素绕 Z 轴顺时针旋转 60°。

- rotate3D(x,y,z,a)：其中 x 是一个 0 到 1 之间的数值,主要用来描述元素围绕 X 轴旋转的矢量值;y 是一个 0 到 1 之间的数值,主要用来描述元素围绕 Y 轴旋转的矢量值;z 是一个 0 到 1 之间的数值,主要用来描述元素围绕 Z 轴旋转的矢量值;a 是一个角度值,主要用来指定元素在 3D 空间旋转的角度,如果其值为正值,元素顺时针旋转,反之,元素逆时针旋转。

CSS3 3D 模型如图 6-11 所示。在理解这个模型时,要和我们正常的 3D 坐标区分开来,X 轴向右为正、向左为负,Y 轴向上为负、向下为正,Z 轴向屏幕正前方为正、反方向为负。下面通过一个例子来演示它的用法,具体代码如下：

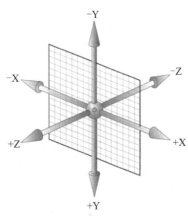

图 6-11　CSS3 3D 模型

```html
<!DOCTYPE html>
<html>
    <head>
        <meta charset="utf-8">
        <title></title>
        <style type="text/css">
            body{
                padding: 100px;
            }
            div{
                display: flex;
                width: 200px;
                height: 200px;
                float: left;
                font-size: 50px;
                color: #fff;
                justify-content: center;
                align-items: center;
            }
            .box1{
                background-color: #800080;
                transform: rotateX(60deg);
            }
```

```
                    .box2{
                        background-color：#FFA500；
                        transform：rotateY(60deg)；
                    }
                    .box3{
                        background-color：#999；
                        transform：rotateZ(60deg)；
                    }
            </style>
        </head>
        <body>
            <div class="box1">X 轴</div>
            <div class="box2">Y 轴</div>
            <div class="box3">Z 轴</div>
        </body>
    </html>
```

这个示例对不同元素分别以 X 轴、Y 轴和 Z 轴进行旋转,程序运行效果如图 6-12 所示。

示例中 div 容器的宽度和高度都为 200px,在对 X 轴旋转 60°时,会感觉高度变小了,这是因为我们从平面视角上看,以容器的中心位置绕 X 轴旋转时,容器没有厚度,只是平面图形。同样地,绕 Y 轴旋转也是这个效果,而对于 Z 轴就没有这个现象,因为它是在和眼睛平行的视角中旋转,所以它还是原来的大小。

图 6-12　CSS3 3D 模型示例效果

2. transform 3D 平移属性

transform 3D 平移属性新增了 translateX()、tanslateY()和 tanslateZ()3 个函数。

- translateX():在 X 轴方向平移,正值向右,负值向左。
- translateY():在 Y 轴方向平移,正值向下,负值向上。
- translateZ():在 Z 轴方向平移,正值向眼睛方向,负值向屏幕里面。
- translate3D(x,y,z):同时设置 3 个方向的坐标值。

下面通过一个例子来演示 3D 平移属性的用法,具体代码如下:

```
    <!DOCTYPE html>
    <html>
        <head>
            <meta charset="utf-8">
            <title></title>
            <style type="text/css">
                body{
```

```
            background-color：#666；
        }
    div{
            transform-style：preserve-3d；
        }
    div img{
            width：300px；
            height：400px；
        }
    div img：nth-child（1）{
            position：absolute；
        }
    div img：nth-child（2）{
            position：absolute；
            transform：translate3d（90px，60px，200px）；
        }
    </style>
    </head>
    <body>
        <div>
            <img src="3d.png"/>
            <img src="3d.png"/>
        </div>
    </body>
</html>
```

这个示例通过设置"transform：translate3d（90px，60px，200px）"属性调整了第二个图片元素的位置,程序运行效果如图 6-13 所示。

当 z 值越大时,元素离观看者越近;反之,元素离观看者越远,同时需要设置元素的父容器属性 transform-style 为 preserve-3d。transform-style 属性值可以为 flat,即默认值,此时子元素不保留 3D 位置;若 transform-style 属性值为 preserve-3d,则子元素保留 3D 位置。

3. transform 3D scale 属性

transform 3D scale 属性新增了 scale3d（）和 scaleZ（）函数。

图 6-13　translate3d 平移效果

• scale3d(x,y,z)：其中 z 为 Z 轴的缩放比例,取值与 x,y 一样,在 0.01~0.99 时元素缩小,为 1 时元素大小不变,大于 1 时元素变大。

● scaleZ( )：等价于 scale3d(1,1,z)，z 为 Z 轴的缩放比例。

如果单独使用 scale3d( )或 scaleZ( )不会有任何效果，需要配合其他属性才能在 3D 舞台上展现出效果。下面通过一个例子来演示它的用法，具体代码如下：

```html
<!DOCTYPE html>
<html>
    <head>
        <meta charset="utf-8">
        <title></title>
        <style type="text/css">
            .wrapper{
                width: 600px;
                height: 600px;
                position: relative;
                transform-style: preserve-3d;
            }
            .box{
                width: 200px;
                height: 200px;
                position: absolute;
                left: 200px;
                top: 200px;
                background-color: #A8A89B;
                opacity: 0.4;
                border: 1px solid #333333;
            }
            .box1{
                width: 200px;
                height: 200px;
                position: absolute;
                left: 200px;
                top: 200px;
                background-color: #61B662;
                transform: perspective ( 400px ) rotateX ( 80deg ) scaleZ ( 2 )
                    translateZ( -50px );
            }
        </style>
    </head>
    <body>
```

```
        <div class="wrapper">
            <div class="box"></div>
            <div class="box1"></div>
        </div>
    </body>
</html>
```

这个示例通过设置"transform：perspective（400px） rotateX（80deg） scaleZ（2） translateZ（-50px）"属性,对"box1"元素进行变换,程序运行效果如图 6-14 所示。

scaleZ(2)表示在 Z 轴的负方向缩放 2 倍,若只是单纯地设置 translateZ(-50px)属性, 而不设置 scaleZ(2)属性,则效果如图 6-15 所示。

图 6-14　transform 3D 变换效果

图 6-15　单纯设置 translateZ(-50px)的效果

4. perspective 属性

perspective 属性定义镜头到元素平面的距离。所有元素都放置在 z=0 的平面上,为 元素及其内容应用透视变换。当 perspective 属性值为 0 或负数时,无透视变换。当 z>0 时三维元素比正常大,而当 z<0 时则比正常小,大小程度由该属性的值决定。

三维元素在观察者后面的部分不会绘制出来,即 z 轴坐标值大于 perspective 属性值 的部分。而 perspective 属性需要结合 perspective-origin 属性来确定镜头在平面上的位置, 默认是放在元素的中心。perspective-origin 属性常用参数如下:

- <length>: 使用<length>值来指定固定的偏移距离。偏移的位置从元素左上角开 始。第一个值代表水平偏移,第二个值代表垂直偏移。

- <percentage>: 使用<percentage>值来指定偏移距离。偏移的位置从元素左上角开 始。第一个值代表水平偏移,百分比值相对于 border box 的宽度来计算。第二个值代表 垂直偏移,百分比值相对于 border box 的高度来计算。

- left: 关键字,代表水平位置的 0%。

- right: 关键字,代表水平位置的 100%。

- top: 关键字,代表垂直位置的 0%。

- bottom: 关键字,代表垂直位置的 100%。

- center: 如果水平位置没有特别指定,代表水平位置的 50%;或者如果垂直位置没有特别指定,代表垂直位置的 50%。

如果指定的值大于 2 个,并且没有关键字,或者仅使用了 center 关键字,那么第一个值代表水平位置,第二个值代表垂直位置。如果仅仅指定了一个值,那么第二个值会被设置为 center。

下面通过一个例子来演示它的用法,具体代码如下:

```
<!DOCTYPE html>
<html>
    <head>
        <meta charset="utf-8">
        <title></title>
        <style type="text/css">
            .wrapper{
                width: 600px;
                height: 600px;
                transform-style: preserve-3d;
                perspective: 400px;
                position: relative;
                perspective-origin: left;
            }
            .box1{
                width: 200px;
                height: 200px;
                position: absolute;
                background-color: #999999;
                left: 100px;
                top: 100px;
                opacity: 0.6;
            }
            .box2{
                width: 200px;
                height: 200px;
                position: absolute;
                transform: rotateY(90deg);
                background-color: #61B662;
                left: 100px;
                top: 100px;
            }
        </style>
```

```
        </head>
        <body>
            <div class="wrapper">
                <div class="box1"></div>
                <div class="box2"></div>
            </div>
        </body>
    </html>
```

程序运行效果如图 6-16 所示。

这个例子通过设置"perspective-origin：left"属性,表示从水平偏移量为 0、垂直偏移量为 center 的位置观察当前 3D 图形的形状。如果设置为"perspective-origin：center center"属性,那么效果如图 6-17 所示。

图 6-16　perspective-origin：left 属性应用效果　　图 6-17　perspective-origin：center center 属性应用效果

所以 perspective 属性用来设置镜头到元素平面的距离,而 perspective-origin 用来设置从哪个位置观察 3D 图形的形状。

5. backface-visibility 属性

backface-visibility 属性定义当元素不面向屏幕时是否可见。其常用属性值如下:

* visible：指定背面是可见的,允许正面镜像显示。这是默认值。
* hidden：指定背面是不可见的,隐藏正面。

下面通过一个例子来演示它的用法,具体代码如下:

```
    <!DOCTYPE html>
    <html>
        <head>
            <meta charset="utf-8">
            <title></title>
            <style type="text/css">
                .box {
                    width：300px；
```

```
                height：200px；
                margin：100px auto；
                position：relative；
                border：1px solid pink；
            }
            .box img {
                width：100%；
                height：100%；
                position：absolute；
                transition：transform ease 2s；
            }
            .box img：first-child{
                z-index：1；
                backface-visibility：hidden；
            }
            .box：hover img{
                transform：rotateY（180deg）；
            }
        </style>
    </head>
    <body>
        <div class="box">
            <img src="./img/1.jpg" />
            <img src="./img/2.jpg" />
        </div>
    </body>
</html>
```

这个示例通过设置"backface-visibility"属性将图片背面隐藏，程序运行效果如图 6-18 所示。

当鼠标悬停时，图片旋转 180°，此时第一张图片正好显示背面，若使用"backface-visibility：hidden"属性，则会自动将第一张图片的背面隐藏，否则，只会看到一幅图片在旋转。

6. 综合案例：旋转的立方体

结合 animation 关键帧动画和 transform 变形动画，制作一个旋转的立方体，该立方体有 6 个面，分别为"front""back""left""right""top""bottom"。先使用 6 个 div 容器组成一个

图 6-18　backface-visibility 属性应用效果

立方体,然后使用关键帧动画让立方体旋转起来。具体代码如下:

```html
<!DOCTYPE html>
<html>
    <head>
        <meta charset="utf-8">
        <title></title>
        <style type="text/css">
            .wrap{
                width: 800px;
                height: 600px;
                position: absolute;
                top: 100px;
                left: 100px;
                margin: 0px;
                perspective: 1000px;
            }
            .cube{
                width: 200px;
                height: 200px;
                transform-style: preserve-3d;
                position: relative;
                animation: name 5s infinite;
            }
            .cube div{
                width: 100%;
                height: 100%;
                position: absolute;
                text-align: center;
                line-height: 200px;
                font-size: 30px;
                color: white;
            }
            .front{
                transform: translateZ(100px);
                background-color: aquamarine;
            }
            .back{
                transform: rotateY(180deg) translateZ(100px);
```

```
                background-color: darkorange;
            }
            .left{
                transform: rotateY(-90deg) translateZ(100px);
                background-color: #D2691E;
            }
            .right{
                transform: rotateY(90deg) translateZ(100px);
                background-color: cadetblue;
            }
            .top{
                transform: rotateX(90deg) translateZ(100px);
                background-color: chartreuse;
            }
            .bottom{
                transform: rotateX(-90deg) translateZ(100px);
                background-color: coral;
            }
            @keyframes name{
                from{
                    transform: rotateY(0deg) rotateX(0deg);
                }
                to{
                    transform: rotateY(360deg) rotateX(360deg);
                }
            }
        </style>
    </head>
    <body>
        <div class="wrap">
            <div class="cube">
                <div class="front">front</div>
                <div class="back">back</div>
                <div class="left">left</div>
                <div class="right">right</div>
                <div class="top">top</div>
                <div class="bottom">bottom</div>
            </div>
```

```
        </div>
      </body>
    </html>
```

这个示例通过 6 个 div 容器分别设置立方体的 6 个面,页面加载后自动旋转,程序运行效果如图 6-19 所示。

要实现旋转立方体效果,首先对 div 容器进行旋转,然后对其进行平移,比如"back"div 的样式如下:

transform:rotateY(180deg) translateZ(100px);

表示先对其绕 Y 轴顺时针旋转 180°,此时 Z 轴的正方向是向后的,再沿着 Z 轴正方向平移 100px。对于立方体的其余几个面也采用同样的方法。在这里需要大家注意一点,旋转后 Z 轴的正方向也是跟着变的,所以每个面都采用了"translateZ(100px)"。最后对"cube"容器使用关键帧动画,分别在 X 轴和 Y 轴方向实现从 0°到 360°的旋转。

图 6-19　旋转的立方体

6.5　本章小结

本章对 CSS3 新增的 transform 变形、transition 过渡动画和 animation 关键帧动画的相关属性进行了详细介绍,并结合实际案例分析如何在 2D 和 3D 场景下使用这些属性。

6.6　本章练习

一、单项选择题

1. 让一个动画一直执行的属性是(　　　)。
   A. animation-direction
   B. animation-iteration-count
   C. animation-play-state
   D. animation-delay

2. 让一个动画名为 fade 的动画持续执行并且在第一次开始时延迟 0.5s 开始,每次动画执行 1s,下列代码正确的是(　　　)。
   A. animation:fade 1s 0.5s infinite;
   B. animation:fade 0.5s 1s infinite;
   C. animation:fade 1s 0.5s linear;
   D. animation:fade 0.5s 1s linear;

3. CSS3 中用来定义过渡动画时间的是(　　　)。
   A. transition-property
   B. transition-timing-function
   C. transition-duration
   D. transition-delay

4. 在 CSS3 animation 关键帧动画中,animation-play-state 属性用于定义(　　　)。
   A.播放方向　　　　B.播放次数　　　　C.播放状态　　　　D.播放延迟

5. 在 CSS3 transform 变形中,用于设置变形原点属性的是(　　　)。
   A. transform　　　B. transform-style　　　C.transform-origin　　　D. perspective

二、操作题

1. 结合 CSS3 animation 关键帧动画和 border 属性,制作动态加载条效果,具体效果如图 6-20 所示。

图 6-20　动态加载条效果 　　　　　　　图 6-21　卡片翻转效果

2. 结合 CSS3 3D 变换的 backface-visibility 属性,实现卡片翻转功能,页面默认情况下显示图片,效果如图 6-21 所示。

要求:当鼠标悬停在图片上面时,当前的图片卡片沿 Y 轴旋转 180°并隐藏背面,显示文本卡片。

第 7 章

JavaScript 语法基础

　　HTML 定义网页的内容,CSS 规定网页的布局,在没有加入 JavaScript 代码之前,无论网页做得多么酷炫,始终缺少与用户的交互,而 JavaScript 即用来对网页交互行为进行编程。这使得 JavaScript 成为史上使用最为广泛的编程语言之一和前端开发工程师必须掌握的基本技能之一。本章将从 JavaScript 概述开始讲解,重点介绍 JavaScript 基础知识、JavaScript 语句、数组、字符串、正则表达式及对象和函数等内容,为后续章节的讲解打下基础。

 学习内容

> JavaScript 概述。
> JavaScript 基础知识。
> JavaScript 语句。
> 数组。
> 字符串。
> 正则表达式。
> 对象。
> 函数。

思维导图

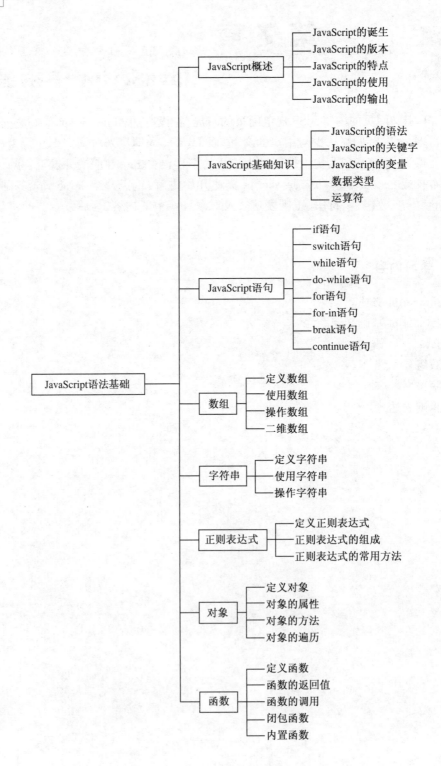

7.1　JavaScript 概述

7.1.1　JavaScript 的诞生

JavaScript 因互联网而生，紧随着浏览器的出现而问世。回顾它的历史，就要从浏览器的历史讲起。

1990 年年底，欧洲核能研究组织（CERN）在互联网的基础上，研制了万维网（World Wide Web），从此人们可以在网上浏览网页文件。最早的网页只能在操作系统的终端浏览，也就是说，只能使用命令行操作，网页都是在字符窗口中显示的，使用起来非常不方便。

1992 年年底，美国国家超级电脑应用中心（NCSA）开始开发一个独立的浏览器，叫作 Mosaic。这是人类历史上第一个浏览器，从此网页可以在图形界面的窗口中浏览。

1994 年 10 月，NCSA 的一个主要程序员 Marc Andreessen 联合风险投资家 Jim Clark，成立了 Mosaic 通信公司，不久后改名为 Netscape。这家公司的方向，就是在 Mosaic 的基础上，开发面向普通用户的新一代浏览器 Netscape Navigator。

1994 年 12 月，Netscape Navigator 1.0 版正式发布，当时市场占有率相当高。

不久 Netscape 公司很快发现，Navigator 浏览器需要一种可以嵌入网页的脚本语言，用来控制浏览器的行为。当时，网速很慢而且上网费很贵，有些操作不宜在服务器端完成。比如，如果用户忘记填写"用户名"，就点了"发送"按钮，到服务器再发现这一点就有点太晚了，最好能在用户发出数据之前就告诉用户"请填写××栏"。这就需要在网页中嵌入一个小程序，让浏览器检查每一栏是否都填写完。

管理层对这种浏览器脚本语言的设想是：功能不需要太强，语法较简单，容易学习和部署。那一年，正逢 Java 语言开始推向市场，Netscape 公司决定，脚本语言的语法要接近 Java，并且可以支持 Java 程序。这些设想直接排除了现有语言，比如 Perl、Python 和 TCL。

1995 年，Netscape 公司雇佣了程序员 Brendan Eich 开发这种网页脚本语言。Brendan Eich 有很强的函数式编程背景，希望以 Scheme 语言（函数式语言鼻祖 LISP 语言的一种方言）为蓝本，实现这种新语言。

1995 年 5 月，Brendan Eich 设计完成了这种语言的第一版。它是一个大杂烩，语法有多个来源：

① 基本语法：借鉴 C 语言和 Java 语言。

② 数据结构：借鉴 Java 语言，将值分成原始值和对象两大类。

③ 函数的用法：借鉴 Scheme 语言和 Awk 语言，并引入闭包函数。

④ 原型继承模型：借鉴 Self 语言（Smalltalk 的一个变种）。

⑤ 正则表达式：借鉴 Perl 语言。

⑥ 字符串和数组处理：借鉴 Python 语言。

为了尽可能简单，这种脚本语言缺少一些关键的功能，比如块级作用域、模块、子类型等，但是可以利用现有功能找到解决办法。这种功能的不足，直接导致了后来 JavaScript 的一个显著特点：对于其他语言，你需要学习语言的各种功能；而对于 JavaScript，你常常需要学习各种解决问题的模式。由于来源多样，从一开始就注定，JavaScript 的编程风格是函数式编程和面向对象编程的一种混合体。

Netscape 公司的这种浏览器脚本语言，最初叫作 Mocha，1995 年 9 月改为 LiveScript，同年 12 月，Netscape 公司与 Sun 公司（Java 语言的发明者和所有者）达成协议，后者允许将这种语言叫作 JavaScript。之所以起这个名字，并不是因为 JavaScript 本身与 Java 语言有多么深的关系（事实上，两者关系并不深），而是因为 Netscape 公司已经决定使用 Java语言开发网络应用程序。JavaScript 可以像胶水一样将各个部分连接起来。

7.1.2 JavaScript 的版本

由于 JavaScript 1.0 获得了巨大成功，Netscape 随即在 Netscape Navigator 3 中又发布了 JavaScript 1.1 版本。

互联网的发展速度超出了人们的想象，在这样的时代背景下，微软决定与 Navigator展开竞争。在 Netscape Navigator 3 发布后不久，微软就在其浏览器 Internet Explorer 3 中加入名为 JScript 的 JavaScript 实现。

在微软推出 JScript 之后，市场上存在 3 个不同的 JavaScript 版本：

① Netscape Navigator 中的 JavaScript。

② Internet Explorer 中的 JScript。

③ ScriptEasc 中的 CEnvi。

当时还没有标准来统一规定 JavaScript 的语法和特性，3 个不同版本并存的局面带来了很多兼容性问题。1997 年，以 JavaScript 1.1 为蓝本的建议被提交给欧洲计算机制造商协会（ECMA），该协会完成了 ECMA-262 的新脚本语言的标准，并命名为 ECMAScript。虽然 ECMAScript 成为 JavaScript 语言的标准，但是人们依然习惯地称之为 JavaScript。另外，早期各公司在发布 JavaScript 版本时，都是沿用各自的版本号，同时各个版本所支持的特性也不完全统一。下面简单列举 JavaScript 版本，如表 7-1 所示。

表 7-1 JavaScript 版本

版本	说明
JavaScript 1.0	从 Netscape Navigator 2.0 版本浏览器开始支持，目前该版本已经被废弃，它也是 JavaScript 最原始的版本
JavaScript 1.1	从 Netscape Navigator 3.0 版本浏览器开始支持，引入真正的 Array 对象，解决了 JavaScript 1.0 版本中大量的错误
JavaScript 1.2	从 Netscape Navigator 4.0 版本浏览器开始支持，引入 switch 语句、正则表达式和大量其他特性，与 ECMAScript v1 版本基本符合，但是还存在很多不兼容性问题
JavaScript 1.3	从 Netscape Navigator 4.5 版本浏览器开始支持，修正了 JavaScript 1.2 版本的不兼容性，符合 ECMAScript v1 版本标准
JavaScript 1.4	只在 Netscape 的服务器产品中支持
JavaScript 1.5	从 Netscape Navigator 6.0 版本浏览器和 Mozilla 浏览器开始支持，引入异常处理机制，符合 ECMAScript v3 版本标准

续表

版本	说明
JavaScript 1.6	包含在 Firefox 1.5 中,引入了一些新特性(如 E4X)、几个新的数组方法,还有数组和字符串的通用接口(generics)
JavaScript 1.7	包含在 Firefox 2 版本浏览器中,引入了一些新特性的语言更新,尤其是 generator、iterator、数组推导式、let 表达式和解构赋值
JavaScript 1.8.5	包含在 Firefox 4 版本浏览器中,符合 ECMAScript v5 版本标准

7.1.3　JavaScript 的特点

JavaScript 是一种属于网络的高级脚本语言,已经被广泛用于 Web 应用开发,常用来为网页添加各式各样的动态功能,为用户提供更流畅、更美观的浏览效果。通常 JavaScript 脚本通过嵌入在 HTML 中来实现其自身的功能。其特点如下:

1. 解释性

同其他脚本语言一样,JavaScript 也是一种解释性语言,它提供了一个非常方便的开发过程。JavaScript 的语法基本结构形式与 C、C++、Java 十分类似。但在使用前,不像这些语言需要先编译,而是在程序运行过程中被逐行地解释。

2. 基于对象

JavaScript 并不是严格意义上的面向对象语言,它只是基于对象的语言,这意味着 JavaScript 能运用它已经创建的对象。因此,许多功能可以来自脚本环境中对象的方法与脚本的相互作用。

3. 弱类型

弱类型语言是相对强类型语言来说的。在强类型语言中,变量类型有多种,如 int、char、float 和 boolean 等,不同类型的相互转换有时需要强制转换,而 JavaScript 并未使用严格的数据类型,它只有一种类型 var,为变量赋值时会自动判断类型并进行转换。所以 JavaScript 是弱类型语言就体现在变量定义类型 var 上了。

4. 安全性

JavaScript 作为一种安全性语言,不被允许访问本地的硬盘,且不能将数据存入服务器,不允许对网络文档进行修改和删除,只能通过浏览器实现信息浏览或动态交互,从而有效地防止数据的丢失或对系统的非法访问。

5. 事件驱动

JavaScript 对用户的响应,是以事件驱动的方式进行的。在网页中执行了某种操作所产生的动作,被称为“事件(Event)”。例如,按下鼠标、移动窗口、选择菜单等都可以被视为事件。当事件发生后,可能会引起相应的事件响应,执行某些对应的脚本,这种机制被称为“事件驱动”。

6. 跨平台性

JavaScript 依赖于浏览器本身,与操作环境无关,只要计算机能运行浏览器,该浏览器支持 JavaScript,就可正确执行。因此,JavaScript 是一种新的描述语言,可以嵌入 HTML 文件中。JavaScript 语言可以响应使用者的需求事件(例如,表单的输入),而不需要在网络上来回传输资料。所以当一位使用者输入一项资料时,此资料数据不用经过传给服务器(Server)处理再传回来的过程,而直接可以被客户端(Client)的应用程序所处理。

7.1.4 JavaScript 的使用

通常情况下,在 Web 页面中使用 JavaScript 有两种方法:一种是使用<script></script>标签,另一种是链接外部 JavaScript 文件。

1. 使用<script></script>标签

JavaScript 代码必须位于<script>与</script>标签对之间,用户可以在任意位置插入<script>标签。

● 在<head>标签中插入<script>标签,页面加载之前执行 JavaScript。

示例:

```
<!DOCTYPE html>
<html>
    <head>
        <meta charset="utf-8">
        <title></title>
        <script>
            alert("head 中的 JavaScript");
        </script>
    </head>
    <body>
    </body>
</html>
```

运行结果如图 7-1 所示。

图 7-1 <head>中的 JavaScript

● 在<body>标签中插入<script>标签,页面载入的时候 JavaScript 被执行。

示例:

```
<!DOCTYPE html>
<html>
    <head>
        <meta charset="utf-8">
        <title></title>
    </head>
    <body>
        <script>
            alert("body 中的 JavaScript");
        </script>
    </body>
</html>
```

运行结果如图 7-2 所示。

图 7-2　<body>中的 JavaScript

- 在</html>标签后插入<script>标签,页面载入完成之后 JavaScript 被执行。

示例:

```
<!DOCTYPE html>
<html>
    <head>
        <meta charset="utf-8">
        <title></title>
    </head>
    <body>
        <script>
            alert("body 中的 JavaScript");
        </script>
    </body>
</html>
```

```
<script>
    alert("html 代码已经全部载入完成");
</script>
```

运行结果先如图 7-2 所示，首先看到弹出对话框，关闭该对话框后，页面加载完成，执行</html>标签后的<script>，最后运行结果如图 7-3 所示。

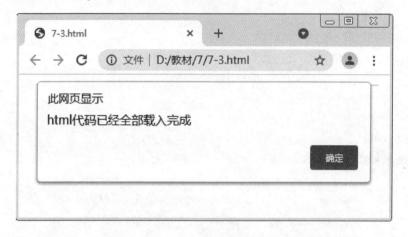

图 7-3　执行</html>标签后的 JavaScript

我们发现，浏览器在执行 html 代码时是自上而下的线性过程，而<script>作为 html 代码的一部分同样遵循这个原则。因此，在实际应用中，可根据实际需要放置 JavaScript 代码。

2. 链接外部 JavaScript 文件

当用户需要在不同页面调用 JavaScript 代码以执行不同响应的时候，可以考虑使用外部 JavaScript 文件。外部 JavaScript 文件具有维护性高、可缓存（加载一次，无须重复加载）、方便未来扩展、复用性高等特点。

外部 JavaScript 文件扩展名为".js"，它表示该文件是 JavaScript 类型的文件。外部 JavaScript 执行文件不能包含<script>标签。例如，外部 JavaScript 文件 myScript.js 代码如下：

```
alert("外部的 JavaScript");
```

如这里保存 myScript.js 文件与调用该文件的 HTML 页面位于相同目录下，则链接外部 JavaScript 文件代码如下：

```
<script type="text/JavaScript" src="myScript.js"></script>
```

运行结果如图 7-4 所示。

图 7-4　链接外部 JavaScript 文件

7.1.5　JavaScript 的输出

JavaScript 能够以不同方式输出数据,具体如下:

1. 使用 window.alert( )写入警告框

示例:

```
<script>
    window.alert("使用 window.alert( ) 输出");
</script>
```

运行结果如图 7-5 所示。

图 7-5　使用 window.alert( )写入警告框

2. 使用 document.write( )写入 HTML 输出

示例:

```
<h1>Hello,JavaScript!</h1>
<script>
    document.write("document.write( )写入 HTML 输出");
</script>
```

运行结果如图 7-6 所示。

图 7-6　使用 document.write( ) 写入 HTML 输出

注意： 在 HTML 文档完全加载后使用 document.write( ) 将删除已有的 HTML。

示例：

```
<h1>Hello,JavaScript!</h1>
<script>
    window.onload = function( ) {
        document.write("document.write( )写入 HTML 输出");
    }
</script>
```

运行结果如图 7-7 所示。

图 7-7　HTML 文档完全加载后使用 document.write( ) 将删除已有的 HTML

3. 使用 innerHTML 写入 HTML 元素

示例：

```
<p id="demo"></p>
<script>
```

document.getElementById("demo").innerHTML="使用 innerHTML 写入 HTML 元素";

    </script>

运行结果如图 7-8 所示。

图 7-8 使用 innerHTML 写入 HTML 元素

注意: 在浏览器中按 F12 键, 通过控制台查看元素, 可以看到"<p id="demo"></p>"中的文本发生了改变, 如图 7-9 所示。

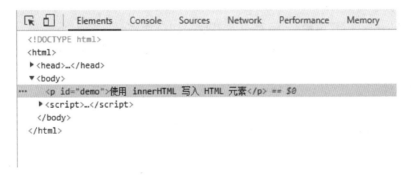

图 7-9 通过控制台查看元素

4. 使用 console.log( )写入浏览器控制台

示例:

    <script>

        console.log("使用 console.log( )写入浏览器控制台");

    </script>

运行结果如图 7-10 所示。

图 7-10　使用 console.log( ) 写入浏览器控制台

7.2　**JavaScript** 基础知识

7.2.1　JavaScript 的语法

JavaScript 的语法大量借鉴了 C 语言及其他类 C 语言(如 Java 和 Perl) 的语法。因此，熟悉这些语言的语法后再接受 JavaScript 更加宽松的语法时，一定会有一种轻松自在的感觉。具体语法如下：

1. 区分大小写

与 Java 一样，变量、函数名、运算符及其他一切东西都是区分大小写的。例如：变量 test 与 TEST 是不同的；而函数名不能使用 typeof，因为它是一个关键字，但是 typeOf 则是一个有效的函数名。

2. 标识符

所谓标识符，就是指变量、函数、属性的名字，或者函数的参数。标识符可以是按照下列规则组合起来的一个或多个字符：

① 标识符由字母、下划线、" $ "符号或数字等组成。

② 标识符不能以数字开头。

③ 标识符也可以包含扩展的 ASCII 或 Unicode 字母或字符，但我们不推荐这样做。

按照惯例，JavaScript 标识符采用驼峰式命名法，也就是第一个单词首字母小写，剩下的每个单词的首字母大写。例如，firstSecond，myCar，doSomethingImportant。

注意：用户自定义的标识符不能与 JavaScript 中的关键字或保留字相同。

3. 注释

JavaScript 使用 C 语言风格的注释，包括单行注释和多行注释。单行注释以两个斜杠开头。例如：

```
//单行注释
```

多行注释以一个斜杠和一个星号(／＊)开头，以一个星号和一个斜杠(＊／)结尾。例如：

```
／＊
    多行
```

注释

```
*/
```

4. 代码块

代码块表示一系列应该按照顺序执行的语句,这些语句被封装在左括号"{"和右括号"}"之间。在下列实例中,用"{}"包含的内容就表示一个代码块。

```
if( test == 'red' ) {
    test = 'yellow';
    alert( test ) ;
}
```

5. 分号可有可无

JavaScript 中的一个语句以一个分号结尾。如果省略分号,则由解析器确定语句的结尾。例如:

```
var sum=a+b                    //即使没有分号也是有效语句,但不推荐使用
var dif=a-b;                   //有效的语句,推荐使用
```

虽然语句结尾的分号不是必需的,但是建议任何时候都不要省略它。因为加上分号可以避免很多错误(例如,不完整输入),开发人员也可以放心地通过删除多余空格来压缩 JavaScript 代码(代码行结尾没有分号会导致压缩错误)。另外,加上分号也会在某些情况下增加代码的性能,因为这样解析器就不必再花时间推测应该在哪里插入分号了。

7.2.2　JavaScript 的关键字

每种语言都有自己规定的一些有特定用途的标识符,称为关键字。按照规则,关键字是保留的,不能用作用户自定义的标识符。如果把关键字用作变量名或函数名,可能会得到诸如"Identifier Expected"的错误信息。JavaScript 的常用关键字如表 7-2 所示。

表 7-2　**JavaScript 的常用关键字**

关键字	关键字	关键字	关键字
break	else	new	var
case	finally	return	void
catch	for	switch	while
continue	function	this	with
default	if	throw	
delete	in	try	
do	instanceof	typeof	

7.2.3　JavaScript 的变量

JavaScript 的变量是松散类型的。所谓松散类型,就是可以用来保存任何类型的数据。换句话说,每个变量仅仅是一个用于保存值的占位符而已。定义变量时要使用 var

操作符(注意 var 是一个关键字),后跟变量名(即一个标识符)。例如:

```
var message;
```

这个代码定义一个名为 message 的变量,该变量可以用来保存任何值(像这样未经过初始化的变量,会保存一个特殊的值——undefined)。JavaScript 也支持直接初始化变量。例如:

```
var message = 'hi';
```

有一点必须注意,使用 var 操作符定义的变量将成为定义该变量作用域中的局部变量。也就是说,如果在函数中用 var 定义一个变量,那么这个变量在函数退出后就会被销毁。例如:

```
function test() {
    var message = 'some string';
}
test();
alert(message);                      //错误!
```

不过可以省略 var 操作符,从而创建一个全局变量。例如:

```
function test() {
    message = 'some string';
}
test();
alert(message);                      //输出: some string
```

7.2.4　数据类型

1. 类型分类

在 JavaScript 中每个值都属于某一种数据类型。JavaScript 的数据主要分为以下两类: 值类型和引用类型。

(1) 值类型

值类型也称为原始值,值可以直接赋值给变量,并存储在变量中。未定义 (Undefined)、空(Null)、数字(Number)、字符串(String)和布尔(Boolean)都是值类型。

① Undefined 类型: Undefined 类型是未定义类型,只有一个值,即 undefined。在使用 var 声明变量但未对其初始化时,这个变量的值是 undefined。例如:

```
var message;
alert(message == undefined);         //输出: true
```

这个例子只声明了变量 message,但未对其进行初始化。比较这个变量与 undefined 直接量,结果表明它们是相等的。例如:

```
var message = undefined;
alert(message == undefined);         //输出: true
```

② Null 类型。

另一个只有一个值的类型是 Null,它只有一个值 null。从逻辑角度来看,null 表示一

个空对象指针,而这也是使用操作符 typeof 检测 null 值会返回"object"的原因。例如:

　　　　var car＝null;

　　　　alert(typeof car);　　　　　　　//输出:object

　　实际上,undefined 值派生自 null 值,因此对它们进行相等性测试将返回 true。例如:

　　　　alert(null＝＝undefined);　　　　//输出:true

　　③ Number 类型。

　　JavaScript 中定义的最特殊的类型就是 Number 类型。这种类型既可以表示 32 位的整数,也可以表示 64 位的浮点数。

　　最基本的数值直接量格式是十进制整数。例如:

　　　　var intNum＝50;

　　除了十进制以外,整数还可以通过八进制或十六进制的直接量来表示。八进制第一位必须是 0,然后是八进制的数字序列(0~7),如果字面值中的数值超出了范围,那么前导 0 将被忽略,后面的数值会被当成十进制解析。例如:

　　　　var octalNum1＝070;　　　　　　//八进制的 56

　　　　var octalNum2＝079;　　　　　　//无效的八进制数值被解析为 79

　　　　var octalNum3＝08;　　　　　　 //无效的八进制数值被解析为 8

　　十六进制字面值前两位必须是 0x,后面可跟任何十六进制数字(0~9 及 A~F)。其中,字面 A~F 可以大写,也可以小写。例如:

　　　　var hexNum1＝0xa;　　　　　　 //十六进制的 10

　　　　var hexNum2＝0x1f;　　　　　　//十六进制的 31

　　在进行算术运算时,所有八进制和十六进制表示的数值最终都将被转换为十进制数值。

　　所谓浮点数值,就是该数值中必须包含一个小数点,并且小数点后必须有一位数字。例如:

　　　　var floatNum1＝1.1;

　　　　var floatNum2＝0.1;

　　　　var floatNum3＝.1;　　　　　　 //有效,但是不推荐

　　因为保存浮点数值需要的内存是保存整数值的两倍,所以 JavaScript 会不失时机地将浮点数值转换为整数值。例如:

　　　　var floatNum1＝1.;　　　　　　 //小数点后面没有数字,解析为 1

　　　　var floatNum2＝10.0;　　　　　 //解析为 10

　　对于那些极大或极小的数值,可以用 e 或 E 表示法(即科学记数法)表示(JavaScript会将那些小数点后面带 6 个零以上的浮点数值转换为 e 表示法表示的数值)。例如:

　　　　var floatNum1＝3.14E7;　　　　 //等于 3.14×10^{7}

　　浮点数值的最高精度是 17 位小数,但是在计算时的精度远远不如整数。例如:

　　　　alert(0.1＋0.2＝＝0.3);　　　　 //输出:false

　　Number 类型有 3 个特殊的常量值,分别是 NaN、+Infinity 和 -Infinity。非数值常量NaN(Not a Number)表示一个值并不是合法的数值形式,且与自身不相等,通常可用

isNaN( )函数来判断一个值是否是合法的数值。正无穷常量+Infinity 表示一个数据表达式的计算结果是无穷大,JavaScript 规定大于或等于 2^{1024} 的数为无穷大。负无穷常量 -Infinity 与正无穷相反,但它们的数量级是相同的。例如:

```
var n=parseInt("red");          //字符串转换为整型失败
document.write(n);              //输出:NaN
document.write(NaN==NaN);       //输出:false
var m=Math.pow(2,1024);        //m 为 2^1024
document.write(m);             //输出:Infinity
var f=-Math.pow(2,1024);       //f 为 -2^1024
document.write(f);             //输出:-Infinity
```

④ String 类型。

String 类型的独特之处在于,它是唯一没有固定大小的原始类型。可以用字符串储存 0 或更多的 Unicode 字符。字符串中每个字符都有特定的位置,首个字符从 0 开始,第二个字符是 1。字符串的直接量可以用单引号或双引号声明。例如:

```
var str1='red';                //单引号
var str2="red";                //双引号
```

⑤ Boolean 类型。

Boolean 类型是 JavaScript 最常用的类型之一。它的两个值是 true 和 false(即两个 Boolean 字面量)。这两个值与数字值不是一回事,因此 true 不一定等于 1,而 false 也不一定等于 0。以下是 Boolean 类型赋值:

```
var flag=true;
var flag1=false;
```

需要注意的是,Boolean 类型的字面量 true 和 false 是区分大小写的,也就是说,True 和 False(以及其他混合大小写形式)都不是 Boolean 值,只是标识符。

在 JavaScript 中,除了 true 和 false,还有还多值可以表示"真"或"假",各种数据类型与 Boolean 类型的转换规则如表 7-3 所示。

表 7-3　各种数据类型与 Boolean 类型的转换规则

数据类型	转换为 true 的值	转换为 false 的值
Null	无	null
String	任何非空字符串	""(空字符串)
Number	任何非零数字值(包括无穷大)	0 和 NaN
Object	任何对象	null
Undefined	无	undefined

(2)引用类型

引用类型也称为引用值,值不会直接传递给变量,变量和值之间是相互分离的,它们之间是引用关系。对象(Object)、数组(Array)和函数(Function)等是引用类型。

引用类型与值类型最大的不同在于,值类型存储的是值本身,而引用类型存储的是地址值,如图 7-11 所示。

図 7-11　值类型与引用类型的区别

引用类型的具体介绍见后续小节。

2. 类型判断

在 JavaScript 中,判断一个变量类型主要有两种方式:typeof 操作符和 instanceof 操作符。

(1)typeof 操作符

typeof 操作符用来检测给定变量的数据类型。

① 对于数字类型,typeof 返回的值是 number。比如:typeof(1),返回的值就是 number。

上面举的是常规数字,对于非常规数字类型而言,其返回的值也是 number。例如,typeof(NaN),NaN 在 JavaScript 中代表的是特殊非数字值,虽然它本身是一个数字类型。在 JavaScript 中,特殊的数字类型还有几种,汇总如表 7-4 所示。

表 7-4　特殊的数字类型

数字类型	描述
+Infinity	表示正无穷大常量
−Infinity	表示负无穷大常量
NaN	表示特殊的非数值常量
Number.MAX_VALUE	表示的最大数值接近于 1.79E+308
Number.MIN_VALUE	表示的最小数值接近于 5E−324
Number.NaN	表示特殊的非数字值,与 NaN 常量相同
Number.POSITIVE_INFINITY	表示大于 Number.MAX_VALUE 的值,该值表示正无穷大+Infinity
Number.NEGATIVE_INFINITY	表示小于 Number.MIN_VALUE 的值,该值表示负无穷大−Infinity

以上特殊数字类型,在用 typeof 进行运算时,其结果都将是 number。

② 对于字符串类型,typeof 返回的值是 string。比如:typeof("123") 返回的值是 string。

③ 对于布尔类型,typeof 返回的值是 boolean。比如:typeof(true) 返回的值是 boolean。

④ 对于对象、数组和 null,typeof 返回的值是 object。比如:typeof(window)、typeof(document)、typeof(null)返回的值都是 object。

⑤ 对于函数类型,typeof 返回的值是 function。比如:typeof(eval)、typeof(Date)返回的值都是 function。

⑥ 如果运算数是没有定义的(比如:不存在的变量、函数或 undefined),typeof 将返回 undefined。比如:typeof(age)、typeof(undefined)都返回 undefined。

示例:

```
alert( typeof 13.5 );              //输出:number
alert( typeof Infinity );          //输出:number
alert( typeof 'str' );             //输出:string
alert( typeof false );             //输出:boolean
alert( typeof null );              //输出:object
alert( typeof function( ) {} );    //输出:function
alert( typeof a );                 //输出:undefined
alert( typeof typeof a );          //输出:string
```

注意: typeof 有"typeof(变量)"和"typeof 变量"两种使用方式;typeof 的返回结果若为一个字符串,对这个结果再进行 typeof 会返回 string。

(2) instanceof 操作符

instanceof 操作符用于判断一个引用类型(值类型不能用)属于哪种类型。

示例:

```
var a = new Array( );
alert( a instanceof Array );        //输出:true
var b = new Number( );
alert( b instanceof Number );       //输出:true
alert( b instanceof Object );       //输出:true
alert( b instanceof Boolean );      //输出:false
```

3. 类型转换

在实际开发中,不同类型之间的转换是非常频繁的。比如:从网页文本框中获取数值进行数学运算之前,获取的值必须进行转换,因为所有从网页中获取的文本数据都是字符串类型的,必须先转换成数值类型。

JavaScript 中数据有两种转换方式:一种是自动转换,另一种是强制转换。

(1) 自动转换

在数据运算过程中,系统会自动把参与运算的数据类型按照系统自己的逻辑进行类型转换。自动转换主要有以下几种情况:

① 其他类型转换为 Boolean 类型。

当 JavaScript 遇到预期为布尔值的地方(比如:if 语句和循环语句的条件部分,或参与逻辑运算),就会将非布尔的参数自动转换为布尔值。具体转换规则参见表 7-3,即除了 null、""(空字符串)、0、NaN 和 undefined 值外,其他都是自动转换为 true。

示例：

　　document.write(! 0) ;　　　　　　　　//输出：true

　　document.write(! 1) ;　　　　　　　　//输出：false

　　document.write(! null) ;　　　　　　　//输出：true

　　document.write(! undefined) ;　　　　//输出：true

　　document.write(! NaN) ;　　　　　　　//输出：true

　　document.write(! " ") ;　　　　　　　//输出：true

　　document.write(! [ ]) ;　　　　　　　//输出：false

　　document.write(! { }) ;　　　　　　　//输出：false

② 其他类型转换为 String 类型。

当其他数据类型与字符串进行拼接(+)运算时，JavaScript 会自动把其他类型转换为字符串。对于值类型数据，直接将值转换为字符串值；对于引用类型数据，将数组［ ］中的数据数值转换为字符串。所有对象都转换为［ object Object］，函数的所有代码内容都转换为字符串。

示例：

　　document.write(12+" ") ;　　　　//输出字符串"12"

　　document.write(true+" ") ;　　　//输出字符串"true"

　　document.write(null+" ") ;　　　//输出字符串"null"

　　document.write(NaN+" ") ;　　　//输出字符串"NaN"

　　document.write(undefined+" ") ;//输出字符串"undefined"

　　var a =［ 1,2,3］;　　　　　　　　//定义数组 a

　　document.write(a+" ") ;　　　　//输出字符串"1,2,3"

　　var o ={ x : 1 };　　　　　　　　//定义对象 o

　　document.write(o+" ") ;　　　　//输出字符串"［ object Object］"

　　document.write(Date+" ") ;　　//输出字符串"function Date( ) { ［ native code］ }"

　　var f =function( ){　　　　　　　//定义函数 f

　　　　return 1 ;

　　};

　　document.write(f+" ") ;　　　　//输出字符串"function( ){ //定义函数 f return 1; }"

③ 其他类型转换为 Number 类型。

当不同类型数据进行算术运算时，JavaScript 会自动把其他类型转换为 Number 类型。例如，布尔类型 true 转换为数值 1，false 转换为数值 0，Null 类型 null 转换为数值 0，Undefined 类型 undefined 转换为 NaN。对于 String 类型数据，当进行非拼接(+)运算时，符合数字规范的字符串(纯数字字符串/符合科学记数法的字符串)，将字符串转换为相应的数字；不符合数字规范的字符串，直接转换为 NaN；空字符串转换为 0。此外，当数组、对象、函数进行非拼接(+)运算时，都转换为 NaN。

示例：

　　document.write(10-true) ;　　//输出：9

```
document.write(10-false);          //输出:10
document.write(10-null);           //输出:10
document.write(10-undefined);      //输出:NaN
document.write(10-"");             //输出:10
document.write(10+"");             //输出字符串"10"
document.write(10-"4");            //输出:6
document.write(10-"a4");           //输出:NaN
var a=[1,2,3];                     //定义数组a
document.write(a+"");              //输出字符串"1,2,3"
document.write(a-"");              //输出:NaN
var o={x:1};                       //定义对象o
document.write(o+"");              //输出字符串"[object Object]"
document.write(o-"");              //输出:NaN
document.write(Date+"");           //输出字符串"function Date(){[native code]}"
document.write(Date-"");           //输出:NaN
var f=function(){                  //定义函数f
    return 1;
};
document.write(f+"");              //输出字符串"function(){//定义函数f return 1;}"
document.write(f-"");              //输出:NaN
```

注意:字符串、数组、对象和函数在与"+"运算符进行运算时,实现的是字符串拼接效果。

(2)强制转换

JavaScript能够根据表达式运算需要自动转换数据类型,也可以根据需要强制转换数据类型。强制转换常用的方法如表7-5所示。

表7-5　强制转换常用的方法

方法	描述
Number()	将值转化为数字类型
String()	将值转换为字符串类型
Boolean()	将值转换为布尔类型
parseInt()	将值转换为整数类型
parseFloat()	将值转换为浮点类型

① Number()方法。

示例:

```
var a="123";
var b=a+4;
```

```
var c = Number(a)+4;
document.write("a 类型为"+typeof(a)+"<br/>");          //输出：a 类型为 string
document.write("a 值为"+a+"<br/>");                    //输出：a 值为 123
document.write("b 类型为"+typeof(b)+"<br/>");          //输出：b 类型为 string
document.write("b 值为"+b+"<br/>");                    //输出：b 值为 1234
document.write("c 类型为"+typeof(c)+"<br/>");          //输出：c 类型为 number
document.write("c 值为"+c+"<br/>");                    //输出：c 值为 127
```

② String()方法。

示例：

```
var a = 123;
var b = String(a);
var c = b+4;
document.write("b 类型为"+typeof(b)+"<br/>");          //输出：b 类型为 string
document.write("b 值为"+b+"<br/>");                    //输出：b 值为 123
document.write("c 值为"+c+"<br/>");                    //输出：c 值为 1234
```

③ Boolean()方法。

示例：

```
var a = 123;
var b = Boolean(a);
var c = Boolean(0);
document.write("b 类型为"+typeof(b)+"<br/>");          //输出：b 类型为 boolean
document.write("b 值为"+b+"<br/>");                    //输出：b 值为 true
document.write("c 类型为"+typeof(c)+"<br/>");          //输出：c 类型为 boolean
document.write("c 值为"+c+"<br/>");                    //输出：c 值为 false
```

④ parseInt()方法。

使用 parseInt()方法转换时会先查看位置 0 处的字符,若该位置不是有效数字字符,则返回 NaN。若位置 0 处是数字字符,则向后查看位置 1 处的字符,直到发现非数字字符,此时把前面有效的数字字符转换为数值,并返回。

示例：

```
document.write(parseInt("123abc")+"<br/>");           //输出：123
document.write(parseInt("12.3")+"<br/>");             //输出：12
document.write(parseInt(".3")+"<br/>");               //输出：NaN
```

以 0x 开头的数字字符串,parseInt()方法会把它作为十六进制数处理,先把它转换为数值,然后再转换为十进制数返回。但以 0 开头的八进制数字字符串,parseInt()方法不会以此方式转换,因为 0 会被看作有效数字。

示例：

```
document.write(parseInt("012")+"<br/>");              //输出：12
document.write(parseInt("0x12")+"<br/>");             //输出：18
```

parseInt( )也可以传入第二个参数,表示要解析的数字的基数,该值介于 2~36 之间。若省略该参数或其值为 0,则数字将以 10 为基数来解析。如果它以"0x"或"0X"开头,将以 16 为基数来解析。如果该参数小于 2(但不等于 0)或者大于 36,parseInt( )将返回 NaN。

示例:

```
document.write( parseInt("10",2) +"<br/>") ;          //输出: 2
document.write( parseInt("10",8) +"<br/>") ;          //输出: 8
document.write( parseInt("10",16) +"<br/>") ;         //输出: 16
document.write( parseInt("10",32) +"<br/>") ;         //输出: 32
document.write( parseInt("10",40) +"<br/>") ;         //输出: NaN
```

⑤ parseFloat( )方法。

parseFloat( )方法与 parseInt( )方法的用法基本相同,但它会将第一个出现的小数点看作有效字符,且对于十六进制的数值返回 0。

示例:

```
document.write( parseFloat("123abc") +"<br/>") ;      //输出: 123
document.write( parseFloat("12.3") +" <br/>") ;       //输出: 12.3
document.write( parseFloat(".3") +"<br/>") ;          //输出: 0.3
document.write( parseFloat("010") +"<br/>") ;         //输出: 10
document.write( parseFloat("0x10") +"<br/>") ;        //输出: 0
document.write( parseFloat("a123") +"<br/>") ;        //输出: NaN
```

注意: Number( )方法的强制类型转换与 parseInt( )和 parseFloat( )方法的处理方式相似,只是它转化的是整个值,而不是部分值。

示例:

```
document.write( Number("123abc") +"<br/>") ;          //输出: NaN
document.write( parseInt("123abc") +"<br/>") ;        //输出: 123
document.write( parseFloat("12.3abc") +"<br/>") ;     //输出: 12.3
```

7.2.5　运算符

1. 运算符分类

(1) 赋值运算符

在 JavaScript 中,"="为简单的赋值运算符,如表达式为"变量名=值;",表示将值赋值给变量。

示例:

```
var s ='hello';                        //将 hello 这个字符串赋值给变量 s
```
还有一种附加的操作赋值运算符,如表 7-6 所示。

表 7-6　附加的操作赋值运算符

赋值运算符	说明	示例	等效于
+=	加法运算或连接操作并赋值	a+=b	a=a+b
-=	减法运算并赋值	a-=b	a=a-b
*=	乘法运算并赋值	a*=b	a=a*b
/=	除法运算并赋值	a/=b	a=a/b
%=	取余运算并赋值	a%=b	a=a%b

注意: 附加的操作赋值运算符是二元运算符。

(2) 算术运算符

在 JavaScript 中,算术运算符有+(加)、-(减)、*(乘)、/(除)、%(取余)、++(自增)、--(自减),其中++(自增)、--(自减)为一元运算符,其余为二元运算符。

示例:

```
var a = 1 + 3;           //加法,结果为4
var b = 3 - 1;           //减法,结果为2
var c = 1 * 3;           //乘法,结果为3
var d = 3/2;             //除法,结果为1.5
var e = 3/0;             //除法,结果为Infinity
var ee = 3%2;            //取余,结果为1
var f = 1;
alert(f ++);             //后增(先输出再++),输出1
var g = 1;
alert(++ g);             //前增(先++再输出),输出2
```

注意: 在 JavaScript 的除法中,即使两个操作数都是整数,如果无法整除,那么结果会是小数,而不是整数。此外,除数为 0 并不会引发程序错误,而是得到一个 Infinity 的结果。

(3) 比较运算符

在 JavaScript 中,比较运算符有>(大于)、>=(大于等于)、<(小于)、<=(小于等于)、==(等于)、!=(值不等于)、===(值和类型等于)及!==(值和类型不等于)。

示例:

```
alert(6>5);              //输出: true
alert(6<5);              //输出: false
alert(6>=5);             //输出: true
alert(6<=5);             //输出: false
alert(6! =5);            //输出: true
alert("1"==1);           //输出: true,将字符串转换为数字
alert(true==1);          //输出: true,将 true 转换为 1
alert(false==0);         //输出: true,将 false 转换为 0
```

```
        alert(undefined == null);      //输出：true
        alert(NaN == NaN);             //输出：false，NaN 与任何值都不相等，包括它自身
        alert(0 === "0");              //输出：false
        alert(false === 0);            //输出：false
        alert(undefined === null);     //输出：false
        var a = {};
        var b = {};
        var c = b;
        alert(a === b);                //输出：false，地址不同
        alert(b === c);                //输出：true，地址相同
```

（4）逻辑运算符

在 JavaScript 中逻辑运算符有 &&（逻辑与）、||（逻辑或）和!（逻辑取反）。&& 是两者都为 true 时返回 true，||是有一个为 true 时就返回 true，! 是为 true 时返回 false，为 false 时返回 true。

示例：

```
        var a = 1,b = 4,c = 3,d = 2;
        var e = (a<b) && (c<d);   //e 为 false
        var f = (a<b) || (c<d);   //f 为 true
        var g =! (a>b);           //g 为 true
```

（5）条件运算符

在 JavaScript 中条件运算的语法为：表达式 ？ 值 1：值 2，当表达式为真时返回值 1，为假时返回值 2。

示例：

```
        var a = 1>2 ? 1：2；
        alert(2)；                //输出：2
```

注意：条件运算符是唯一的一个三元运算符。

2. 运算符优先级

在 JavaScript 中运算优先级为：算术运算符>比较运算符>逻辑运算符>条件运算符>赋值运算符。

示例：

```
        var a = 2+1<3+5&&2>3;
        alert(a)；   //输出 false，先算 2+1 和 3+5，再判断 3<8，然后再与 2>3 进行逻辑与
```

7.3 JavaScript 语 句

7.3.1 if 语句

1. 基本 if 语句

基本 if 语句主要用于有两个分支的情况,其语法格式如下:

```
if(表达式){
    语句 1;
}
else{
    语句 2;
}
```

其含义是若表达式为真,则执行语句 1;否则执行语句 2。

示例:

```
var score = 75;
if( score>= 60 ){
    alert("及格");          //输出:及格
}
else{
    alert("不及格");
}
```

2. 多重 if 语句

多重 if 语句就是在 else 之后可以再增加 if 条件的判断,用于不止有两个分支时的情况,其语法格式如下:

```
if(表达式 1){
    语句 1;
}
else if(表达式 2){
    语句 2;
}
......
else{
    语句 n;
}
```

其含义是当 if 或 else if 语句中的表达式为真时执行其中的语句;若都为假,则执行 else 语句。

示例：

```
var score = 75;
if( score>=90) {
    alert("优");
}
else if( score>=80) {
    alert("良");
}
else if( score>=70) {
    alert("中");            //输出：中
}
else if( score>=60) {
    alert("合格");
}
else{
    alert("不合格");
}
```

3. 嵌套 if 语句

嵌套 if 语句是在 if 或 else 语句内再包含 if 语句,并且被包含的 if 或 else 语句内还可以再嵌套,其语法格式如下:

```
if(表达式 1) {
    语句 1;
    if(表达式 2) {
        语句 2;
    }
}
else{
    语句 3;
    if(表达式 3) {
        语句 4;
    }
}
```

示例：

```
var score = 95;
if( score>=60) {
    alert("合格");          //输出：合格
    if( score>=90) {
        alert("优");        //输出：优
```

```
        }
    }
    else{
        alert("不合格");
        if( score<30){
            alert("差");
        }
    }
```

7.3.2　switch 语句

switch 语句表示多条件选择，表达式的值符合哪个 case 的值就执行哪个 case 中的语句，遇到 break 关键词，它会跳出 switch 代码块，若无匹配的 case 值，则会执行 default 中的语句。其语法格式如下：

```
switch(表达式){
    case 值 1：
        代码块 1；
        break；
    case 值 2：
        代码块 2；
        break；
    ……
    default：
        代码块 n；
}
```

示例：

```
var score=75；
switch( parseInt( score/10)){
    case 10：
    case 9：
        alert("优");
        break；
    case 8：
        alert("良");
        break；
    case 7：
        alert("中");        //输出：中
        break；
    case 6：
```

```
            alert("合格");
            break;
        default:
            alert("不合格");
    }
```

7.3.3　while 语句

while 循环是基本的重复操作结构,其语法格式如下:

```
    while(表达式){
        循环体
    }
```

在 while 循环中,先计算表达式的值:若表达式的值为 false,则会跳出循环体,执行下面的语句;若表达式的值为 true,则执行循环体。然后再返回计算表达式的值,并根据表达式的值决定是否继续执行循环体,周而复始,直到表达式的值为 false 时才会停止执行循环体。

示例:

```
    var sum=0, i=1;
    while(i<=100){
        sum+=i;
        i++;
    }
    alert(sum);                    //输出:5050
```

如果没有对表达式中使用的变量进行递增,此时表达式永远成立,相当于 while(true),那么循环永远不会结束,即陷入死循环。

7.3.4　do-while 语句

do-while 循环是 while 循环的一种变体,其语法格式如下:

```
    do{
        循环体
    }while(表达式);
```

在 do-while 循环中,先执行循环体,再判断表达式的值。若表达式一开始就成立,则 do-while 循环和 while 循环实现的功能相同。

示例:

```
    var sum=0, i=1;
    do{
        sum+=i;
        i++;
    }while(i<=100);
```

```
alert( sum);                    //输出：5050
```

若表达式一开始不成立,do-while 循环的循环体将执行 1 次,而 while 循环的循环体不执行。因此,do-while 循环的循环体至少执行 1 次,while 循环的循环体至少执行 0 次。

示例:

```
var sum1 = 0, sum2 = 0, i = 1;
while( i<1) {                   //表达式不成立,循环体不执行
    sum1+=i;
    i++;
}
alert( sum1);                   //输出：0
do {
    sum2+=i;                    //先执行循环体
    i++;
} while( i<1);                  //表达式不成立
alert( sum2);                   //输出：1
```

7.3.5　for 语句

for 循环是优化的循环结构。与 while 循环相比,for 循环使用更方便、更高效。其语法格式如下:

```
for( 表达式 1;表达式 2;表达式 3) {
    循环体
}
```

在 for 循环中,先执行表达式 1,再执行表达式 2,若表达式 2 的值为 false,则会跳过循环体,执行下面的语句;若表达式 2 的值为 true,则执行循环体;然后返回执行表达式 3,接着执行表达式 2,并根据表达式 2 的值决定是否继续执行循环体;周而复始,直到表达式 2 的值为 false 才会停止执行循环体。

示例:

```
var sum = 0,i;
for( i = 1;i< = 100;i++) {
    sum+=i;
}
alert( sum);                    //输出：5050
```

7.3.6　for-in 语句

for-in 语句多用于对对象、数组等引用类型遍历。其语法格式如下:

```
for( var key in object) {
    代码块;
}
```

示例：
```
var student＝{id：1,name："张三", age：18}；     //定义一个对象
for( var x in student){
    document.write( student[ x] ＋ ""）；          //输出：1 张三 18
}
```

7.3.7　break 语句

break 语句可以用于 switch 或循环体内,其作用是跳出 switch 或循环体,用在其他地方都是非法的。berak 语句独立成句,其语法格式如下：
```
break；
```
示例：
```
for( var i＝0；i<＝10；i++){              //当 i 大于 10 时,跳出整个 for 循环
    if( i==5) break；
    document.write( i+ "")；             //输出：0 1 2 3 4
}
```

7.3.8　continue 语句

continue 语句只能用于循环体内,其作用是结束当前循环,进入下一次循环。continue 语句也可独立成句,其语法格式如下：
```
continue；
```
示例：
```
for( var i＝0；i<＝10；i++){      //当 i 大于 10 时,结束本次循环,继续下一次循环
    if( i==5) continue；
    document.write( i+ "")；   //输出：0 1 2 3 4 6 7 8 9 10
}
```

7.4　数组

7.4.1　定义数组

在 JavaScript 中定义数组一共有两种方法：一种是使用构造函数,另一种是使用直接量。

1. 使用构造函数

使用 new 关键字创建一个 Array 对象,可直接在内存中创建一个数组空间,然后向数组中添加元素。
示例：
```
var array＝new Array( )；      //空数组
var array1＝new Array(3)；   //指定数组的长度,每个元素的值为 undefined
```

使用 new 关键字创建一个 Array 对象,同时为数组赋值。

示例:

```
var array = new Array('a', 1, true);     //值可以是任意类型的数据
```

2. 使用直接量

不用 new,直接用[ ]声明一个数组,同时可以给其直接赋值。

示例:

```
var array = [ ];                  //空数组
var array1 = ['a', 1, true];     //初始值可以是任意类型的数据
```

7.4.2　使用数组

1. 访问数组

访问数组元素值主要通过数组名[下标]或数组名来实现,数组的下标从 0 开始,且下标可以是非连续的。

示例:

```
var a = [ ];
a[1] = 1;                    //给下标为 1 的元素赋值
a[10] = 10;                  //给下标为 10 的元素赋值
for( var x in a){            //遍历数组,仅读取两个元素,说明其他元素不存在
    alert( a[x]);            //输出:1,10
}
alert( a[2]);               //输出:undefined,说明没有这个元素
```

2. 数组长度

在传统语言中,数组一旦被声明,其长度是固定的,但是 JavaScript 中数组很灵活,数组长度是动态的,可以随时扩展数组的长度。JavaScript 为数组定义了一个 length 属性,该属性值不是数组元素的实际个数,而是当前数组的最大元素个数,即当前数组的最大下标值加上 1。

示例:

```
var a = [0,1,2];
alert( a.length);           //输出:3,当前数组的最大下标值加上 1
a[5] = 5;                    //给下标为 5 的元素赋值,增加数组长度
alert( a.length);           //输出:6,当前数组的最大下标值加上 1
alert( a[2]);               //输出:2
alert( a[3]);               //输出:undefined,说明没有这个元素
a.length = 2;               //缩短数组长度
alert( a[2]);               //输出:undefined,说明该元素值已丢失
```

7.4.3　操作数组

为了灵活管理和操作数组元素,JavaScript 为数组定义了很多方法,这些方法满足了

用户对数组的基本操作。JavaScript 中数组包含的方法如表 7-7 所示。

表 7-7　数组方法

方法	描述
concat( )	连接两个或更多的数组,并返回结果
join( )	把数组的所有元素放入一个字符串。元素通过指定的分隔符进行分隔
pop( )	删除并返回数组的最后一个元素
push( )	向数组的末尾添加一个或更多元素,并返回新的长度
reverse( )	颠倒数组中元素的顺序
shift( )	删除并返回数组的第一个元素
slice( )	从某个已有的数组返回选定的元素
sort( )	对数组的元素进行排序
splice( )	删除元素,并向数组添加新元素
toSource( )	返回该对象的源代码
toString( )	把数组转换为字符串,并返回结果
toLocaleString( )	把字符串转换为本地字符串,并返回结果
unshift( )	向数组的开头添加一个或更多元素,并返回新的长度
valueOf( )	返回数组对象的原始值

1. 遍历数组

在 JavaScript 中遍历数组有两种方法：for 循环和 for-in 循环。

（1）for 循环

使用 for 循环需要先知道数组的长度。

示例：

```
var array = [1,2,3];
var len = array.length;
for(var i = 0; i<len; i++){
    document.write(array[i]+" ");          //输出：1 2 3
}
```

（2）for-in 循环

使用 for-in 循环无须知道数组的长度。

示例：

```
var array = [1,2,3];
for(var i in array){
    document.write(array[i] +" ");          //输出：1 2 3
}
```

2. 添加元素

添加数组元素可以通过直接为数组的下标赋值来实现,也可以利用数组提供的 push( )、unshift( )和 splice( )方法来高效地实现。

(1) push( )方法

向数组的末尾添加一个或更多个元素,并返回新的长度。

示例:

        var a = [0,1,2,3];
        var b = a.push(4);
        document.write(a);   //输出:0,1,2,3,4
        document.write("<br/>");
        document.write(b);   //输出:5,即数组的新长度

(2) unshift( )方法

向数组的开头添加一个或更多个元素,并返回新的长度。

示例:

        var a = [0,1,2,3];
        var b = a.unshift(4);
        document.write(a);   //输出:4,0,1,2,3
        document.write("<br/>");
        document.write(b);   //输出:5,即数组的新长度

(3) splice( )方法

从指定位置删除指定个数的元素,并插入指定的元素,返回一个包含已删除项的数组。语法为:splice(下标,删除个数,插入元素 1,插入元素 2,…,插入元素 n)。

示例:

        var a = [0,1,2,3];
        var b = a.splice(1,2,"b",true);
        document.write(a);   //输出:0,b,true,3
        document.write("<br/>");
        document.write(b);   //输出:1,2,即被删除的元素

3. 删除元素

JavaScript 为数组提供了 3 种删除数组元素的方法:pop( )、shift( )和 splice( )方法。

(1) pop( )方法

从尾部删除元素,并返回被删除的元素。

示例:

        var a = [0,1,2,3];
        var b = a.pop( );
        document.write(a);   //输出:0,1,2
        document.write("<br/>");
        document.write(b);   //输出:3,即被删除的尾元素

（2）shift（）方法

从头部删除元素，并返回被删除的元素。

示例：

```
var a=[0,1,2,3];
var b=a.shift();
document.write(a);                    //输出：1,2,3
document.write("<br/>");
document.write(b);                    //输出：0,即被删除的头元素
```

（3）splice（）方法

从指定位置删除元素，并返回被删除元素，语法为：splice（索引位置，删除个数）。

示例：

```
var a=[0,1,2,3];
var b=a.splice(1,2);
document.write(a);                    //输出：0,3
document.write("<br/>");
document.write(b);                    //输出：1,2,即被删除的元素
```

4. 元素排序

JavaScript 为数组提供了两种排序数组元素的方法：sort（）和 reverse（）方法。

（1）sort（）方法

对数组进行排序，默认是按字符的 ASCII 排序。

示例：

```
var arr=["a","e","d","b","c"];
arr.sort();                           //按字符顺序进行排序
document.write(arr);                  //输出：a,b,c,d,e
```

对数值也是当成字符串进行比较，默认是升序。

示例：

```
var arr=[14,2,3,13];
arr.sort();                           //将数值转换为字符串,再逐位比较
document.write(arr);                  //输出：13,14,2,3
```

sort（）方法是按字母顺序对数组中的元素进行排序，上述输出结果中的"13"小于"2"，是因为逐位比较造成的，即第一位"1"小于"2"。因此，sort（）方法在对数值排序时会产生非预期的结果，我们可以通过一个排序函数来修正此问题。

示例：

```
function f(a,b){                       //排序函数
    return (a-b);                      //返回比较参数
}
var arr=[14,2,3,13];                   //根据数值由小到大进行排序
arr.sort(f);
```

```
        document.write(arr);                    //输出：2,3,13,14
```
如果按从大到小的顺序排序,则可以让返回值取反。

示例：
```
        function f(a,b) {                        //排序函数
            return -(a-b);                      //取反返回比较参数
        }
        var arr=[14,2,3,13];                    //根据数值由大到小进行排序
        arr.sort(f);
        document.write(arr);                    //输出：14,13,3,2
```
（2）reverse()方法

将数组元素的顺序颠倒,直接改变原来的数组,不会创建新的数组。

示例：
```
        var arr=[1,8,6];
        arr.reverse();
        document.write(arr);                    //输出：6,8,1
```

5. 合并数组

JavaScript 提供了 concat()方法用于将多个数组连接成一个新数组,并返回新的数组。语法为：concat(arr1,arr2,…,arrn),该方法并不会改变原来数组的值。

示例：
```
        var arr=[1,2,3];
        var arr1=[4,5,6];
        var arr2=[7,8,9];
        var newArr=arr.concat(arr1,arr2);
        document.write(newArr);                 //输出：1,2,3,4,5,6,7,8,9
        document.write("<br/>");
        document.write(arr);                    //输出：1,2,3
        document.write("<br/>");
        document.write(arr1);                   //输出：4,5,6
        document.write("<br/>");
        document.write(arr2);                   //输出：7,8,9
```

6. 数组转字符串

JavaScript 允许数组与字符串相互转换。其中,数组定义了 join()、toString()和 toLocaleString()方法将数组转换为字符串。

（1）join()方法

join()方法用于将数组中的元素合并成一个用指定分隔符合并起来的字符串。语法为：join(分隔符),默认用逗号分隔,该方法并不会改变原来数组的值。

示例：
```
        var arr=[1,2,3];
```

```
    var str = arr.join();
    var str1 = arr.join("-");
    document.write(str);                    //输出：1,2,3
    document.write("<br/>");
    document.write(typeof str);             //输出：string
    document.write("<br/>");
    document.write(str1);                   //输出：1-2-3
```

（2）toString() 方法

toString() 方法用于将数组转换成字符串。首先要将数组的每个元素转换成字符串，然后用逗号进行分隔。

示例：

```
    var arr = [1,2,3];
    var str = arr.toString();
    document.write(str);                    //输出：1,2,3
    document.write("<br/>");
    document.write(typeof str);             //输出：string
```

（3）toLocaleString() 方法

toLocaleString() 方法与 toString() 方法的用法基本相同，主要区别在于 toLocaleString() 方法能够使用用户所在地区特定的分隔符把生成的字符串连接起来，形成一个字符串。

示例：

```
    var arr = [1,2,3];
    var str = arr.toLocaleString();
    document.write(str);                    //输出：1,2,3
    document.write("<br/>");
    document.write(typeof str);             //输出：string
```

7.4.4　二维数组

数组可以存放任意类型的数据，其中包括数组，也就是说，数组的某个元素可以是另外一个数组。

1. 定义二维数组

在 JavaScript 中用来定义二维数组的方法有三种。

方法 1：

```
    var arr = [[1,2],[2,3]];
```

方法 2：

```
    var arr = new Array(new Array(1,2),new Array("a","b"));
```

方法 3：

```
    var arr = new Array();
    for(var i=0; i<10; i++){               //for 循环嵌套初始化二维数组
```

```
        arr[i]=new Array();
        for(var j=0; j<20; j++){
            arr[i][j]=i;
        }
    }
```

2. 遍历二维数组

示例：

```
    var arr=new Array();
    for(var i=0; i<10; i++){
        arr[i]=new Array();
        for(var j=0; j<20; j++){
            arr[i][j]=i;
        }
    }
    for(var i=0; i<arr.length; i++){
        for(var j=0; j<arr[i].length; j++){
            document.write(arr[i][j]+" ");
        }
        document.write("<br/>");
    }
```

运行结果如图 7-12 所示。

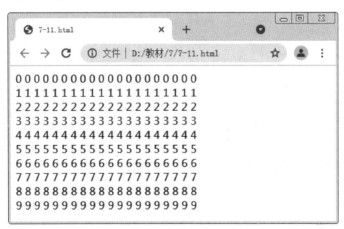

图 7-12　遍历二维数组

7.5　字符串

7.5.1　定义字符串

在 JavaScript 中定义字符串一共有两种方法：一种是使用构造函数，另一种是使用直接量。

1. 使用构造函数定义字符串

使用 new 关键字创建一个 String 对象，该函数可以接收一个参数，并把它作为初始值来初始化字符串。

示例：

```
var s = new String( ) ;                 //空字符串
var s1 = new String("Hello JavaScript") ; //字符串"Hello JavaScript"
```

2. 使用直接量定义字符串

不用 new，直接用双引号或单引号包含字符文本，同时给其直接赋值。

示例：

```
var s = "123";                 //把数值转换成字符串直接量
var s1 = "true";               //把布尔值转换成字符串直接量
var s2 = "[1,2,3]";            //把数组转换成字符串直接量
var s3 = "alert('Hello JavaScript')"; //把可执行表达式转换成字符串直接量
```

注意：双引号和单引号配合使用时，单引号可以包含双引号，双引号可以包含单引号，但是不能在单引号中包含单引号、双引号中包含双引号。

示例：

```
var s = "alert('Hello JavaScript')";   //有效字符串
var s1 = 'alert("Hello JavaScript")';  //有效字符串
var s2 = "alert("Hello JavaScript")";  //无效字符串
var s3 = 'alert('Hello JavaScript')';  //无效字符串
```

注意：使用 String 构造函数定义的字符串和使用直接量定义的字符串的类型是不同的，前者是引用类型，后者是值类型。

示例：

```
var s = new String("123") ;
var s1 = "123";
document.write( typeof s ) ;           //输出：object，说明是引用类型对象
document.write("<br/>") ;
document.write( typeof s1 ) ;          //输出：string，说明是值类型对象
```

7.5.2　使用字符串

1. 字符串访问

ECMAScript 5 允许对字符串的属性访问用"[ ]"，它让字符串看起来像是数组，其实并不是。

示例：

```
var s=new String("123");
s[0]="0";                         // 不产生错误,但不会工作
document.write(s[0]);             //输出：1
```

注意：如果用户希望按照数组的方式处理字符串，可以先把它转换为数组。

2. 字符串长度

JavaScript 为字符串定义了一个 length 属性，该属性存储当前字符串的长度，即字符串中字符的个数。

示例：

```
var s=new String("123");
var s1="123 字符串";
document.write(s.length);         //输出：3
document.write("<br/>");
document.write(s1.length);        //输出：6
```

注意：数组长度是动态的，可以改变，而字符串对象一旦被定义，其长度是固定的。

示例：

```
var s=new String("123");
var a=[1,2,3];
s.length=5;
a.length=5;
document.write(s.length);         //输出：3
document.write("<br/>");
document.write(a.length);         //输出：5
```

7.5.3　操作字符串

JavaScript 为字符串定义了很多方法，这些方法满足了用户对字符串的基本操作。JavaScript 中字符串包含的方法如表 7-8 所示。

表 7-8　字符串方法

方法	描述
anchor( )	创建 HTML 锚
big( )	用大号字体显示字符串
blink( )	显示闪动字符串

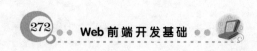

续表

方法	描述
bold( )	使用粗体显示字符串
charAt( )	返回在指定位置的字符
charCodeAt( )	返回在指定位置的字符的 Unicode 编码
concat( )	连接字符串
fixed( )	以打字机文本显示字符串
fontColor( )	使用指定的颜色来显示字符串
fontSize( )	使用指定的尺寸来显示字符串
fromCharCode( )	从字符编码创建一个字符串
indexOf( )	检索字符串
italics( )	使用斜体显示字符串
lastIndexOf( )	从后向前搜索字符串
link( )	将字符串显示为链接
localeCompare( )	用本地特定的顺序来比较两个字符串
match( )	找到一个或多个正则表达式的匹配
replace( )	替换与正则表达式匹配的子串
search( )	检索与正则表达式相匹配的值
slice( )	提取字符串的片段,并在新的字符串中返回被提取的部分
small( )	使用小字号来显示字符串
split( )	把字符串分割为字符串数组
strike( )	使用删除线来显示字符串
sub( )	把字符串显示为下标
substr( )	从起始索引号提取字符串中指定数目的字符
substring( )	提取字符串中两个指定的索引号之间的字符
sup( )	把字符串显示为上标
toLocaleLowerCase( )	把字符串转换为小写
toLocaleUpperCase( )	把字符串转换为大写
toLowerCase( )	把字符串转换为小写
toUpperCase( )	把字符串转换为大写
toSource( )	代表对象的源代码
toString( )	返回字符串
valueOf( )	返回某个字符串对象的原始值

1. 连接字符串

在 JavaScript 中连接字符串有两种方法：使用"+"连接和使用 concat( )方法。

（1）使用"+"连接

示例：

```
var str1 ="Hello";
var str2 ="JavaScript!";
var str3 =str1+" "+str2;
document.write(str3);                    //输出：Hello JavaScript!
```

（2）使用 concat( )方法

和数组使用方法类似,可以把多个参数添加到指定字符串的尾部。

示例：

```
var str1 ="Hello";
var str2 ="JavaScript!";
var str3 =" ";
var str4 =str1.concat(str3,str2);
document.write(str4);                    //输出：Hello JavaScript!
```

2. 搜索字符串

在 JavaScript 中,字符串搜索包括：charAt( )、charCodeAt( )、indexOf( )、lastIndexOf( )、search( )和 match( )方法。

（1）charAt( )方法

根据参数返回指定下标位置的字符。若下标不在有效范围内,则返回空字符串。

示例：

```
var str1 ="Hello";
var c1 =str1.charAt(1);
var c2 =str1.charAt(6);
document.write(c1);                      //输出：e
document.write("<br/>");
document.write(c2);                      //输出空字符串
```

（2）charCodeAt( )方法

根据参数返回指定下标位置的字符编码。若下标不在有效范围内,则返回 NaN。

示例：

```
var str1 ="Hello";
var c1 =str1.charCodeAt(1);
var c2 =str1.charCodeAt(6);
document.write(c1);                      //输出：101
document.write("<br/>");
document.write(c2);                      //输出：NaN
```

（3）indexOf( )方法

语法：indexOf(搜索词,起始索引位置)，返回搜索词首次出现的位置；若没有,则返回 -1,第二个参数默认为 0。

示例：

```
var str1 = "Hello";
document.write(str1.indexOf('H'));      //输出：0
document.write(str1.indexOf('l'));      //输出：2
document.write(str1.indexOf('l', 3));   //输出：3
document.write(str1.indexOf('el'));     //输出：1
document.write(str1.indexOf('Ha'));     //输出：-1
```

（4）lastIndexOf( )方法

lastIndexOf( )方法的用法和 indexOf( )一样,不过 lastIndexOf( )默认从字符串的末尾开始向起始位置搜索。

示例：

```
var str1 = "Hello";
document.write(str1.lastIndexOf('H'));     //输出：0
document.write(str1.lastIndexOf('l'));     //输出：3
document.write(str1.lastIndexOf('l',0));   //输出：-1
document.write(str1.lastIndexOf('el'));    //输出：1
```

（5）search( )方法

语法：search(搜索词)，它会返回第一个匹配字符的位置；若没有,则返回-1。

示例：

```
var str1 = 'abcDEF';
document.write(str1.search('a'));      //输出：0
document.write(str1.search('d'));      //输出：-1
```

（6）match( )方法

语法：match(搜索词)，在字符串内检索指定的值,若没有匹配到,则返回 null；否则,它会返回一个数组,该数组中的第一个元素存放的是匹配文本,其余再附加上三个属性。

① groups：一个捕获组数组或 undefined(如果没有定义命名捕获组)。

② index：匹配结果的开始位置。

③ input：进行匹配的原字符串。

示例：

```
var str1 = "abcDEF";
console.log(str1.match('a'));   /* 输出：[0："a", groups：undefined, index：0,
                                          input："abcDEF", length：1] */
console.log(str1.match('d'));   //输出：null
```

3. 截取字符串

在 JavaScript 中字符串截取方法包括：substring( )、slice( )和 substr( )方法。

（1）substring( )方法

语法：substring(截取开始位置,截取结束位置)。它会返回一个新的字符串,其内容是从原字符串的起始位置到结束位置(包括起始但不包括结束)。用这个方法传入的参数不能为负数,传入的负数会被当作 0 处理。

示例：

```
var str1 ="abcdefg";
console.log( str1.substring( 1,4 ) ) ;    //输出：bcd
console.log( str1.substring( ) ) ;        //输出：abcdefg
console.log( str1.substring( 1 ) ) ;      //输出：bcdefg
console.log( str1.substring( -1 ) ) ;     //输出：abcdefg
```

（2）slice( )方法

语法：slice(截取开始位置,截取结束位置)。slice( )和 substring( )类似,区别在于 slice( )方法参数为负数时截取的位置就等于字符串的长度加上那个负数值。

示例：

```
var str1 ="abcdefg";
console.log( str1.slice( 1,-4 ) ) ;    //输出：bc,相当于 str1.slice( 1,str1.length-4 )
console.log( str1.slice( ) ) ;         //输出：abcdefg
console.log( str1.slice( 1 ) ) ;       //输出：bcdefg
console.log( str1.slice( -1 ) ) ;      //输出：g,相当于 str1.slice( str1.length -1 )
```

（3）substr( )方法

语法：字符串.substr(截取开始位置,length)。返回一个从数组开始位置数 length 个的字符。

示例：

```
var str1 ="abcdefg";
console.log( str1.substr( 1 ) ) ;      //输出：bcdefg
console.log( str1.substr( 1,3 ) ) ;    //输出：bcd
console.log( str1.substr( -4,4 ) ) ;   //输出：defg,相当于 str1.substr( str1.length -4,4 )
```

4. 替换字符串

在 JavaScript 中使用 replace( )方法对字符串进行替换。语法：replace(要被替换的字符串,被替换字符)。replace( )方法会替换第一个匹配到的字符,其余不变。

示例：

```
var str1 ="aaabbbccc";
console.log( str1.replace( 'a','r' ) ) ;    //输出：raabbbccc
```

5. 切割字符串

在 JavaScript 中使用 split( )方法对字符串进行切割并返回一个数组。语法：字符串.split(用于分割的字符串,返回的最大长度)。

示例：

```
var str="a|b|c|d|e";
```

```
console.log( str.split( ) );          //输出：["a|b|c|d|e"]
console.log( str.split( '|' ) );        //输出：["a", "b", "c", "d", "e"]
console.log( str.split( '|', 2 ) );     //输出：["a", "b"]
```

7.6 正则表达式

正则表达式是构成搜索模式的字符序列。正则表达式可以是单字符或更复杂的模式，可用于执行所有类型的文本搜索和文本替换等操作。

7.6.1 定义正则表达式

定义正则表达式有两种方法：一种是使用直接量方式，另一种是使用构造函数方式。

1. 使用直接量方式

  var reg=/表达式/修饰符；

其中，"表达式"为一个字符串，代表了某种规则，可以使用某些特殊字符来代表特殊的规则，后面会详细说明；"修饰符"用来扩展表达式的含义，目前主要有三个参数：g（代表可以进行全局匹配）、i（代表不区分大小写匹配）和 m（代表可以进行多行匹配），这三个参数，可以任意组合，代表复合含义，当然也可以不加参数。

  示例：

    var reg=/a * b/；

    var reg=/abc+f/g；

2. 使用构造函数方式

  var reg=new RegExp("表达式","修饰符")；

其中，"表达式"与"修饰符"的含义与上面直接量定义方式中的含义相同。

  示例：

    var reg=new RegExp("a * b")；

    var reg=new RegExp("abc+f","g")；

7.6.2 正则表达式的组成

正则表达式是由一个字符序列形成的搜索模式。正则表达式包括匹配符、元字符、限定符和定位符等。

1. 匹配符

匹配符用于查找某个范围内的字符，具体见表 7-9。

表 7-9 匹配符

匹配符	描述
［abc］	查找方括号之间的任何字符
［^abc］	查找任何不在方括号之间的字符

续表

匹配符	描述
[0-9]	查找任何从 0 至 9 的数字
[a-z]	查找任何从小写 a 到小写 z 的字符
[A-Z]	查找任何从大写 A 到大写 Z 的字符
[A-z]	查找任何从大写 A 到小写 z 的字符
[adgk]	查找给定集合内的任何字符
[^adgk]	查找给定集合外的任何字符
(red|blue|green)	查找任何指定的选项

其中"^"是脱字节,脱字节在字符串中表示取反的意思。

示例:

  var str = '123i132123';

  var reg = /[^0-9]/;　　　　　　//查找数字以外的字符

  console.log(str.search(reg));　　//输出:3。若找到,则返回位置;否则返回-1

2. 元字符

元字符是拥有特殊含义的字符,具体见表 7-10。

表 7-10　元字符

元字符	描述
.	查找单个字符,除了换行和行结束符
\w	查找单词字符
\W	查找非单词字符
\d	查找数字
\D	查找非数字字符
\s	查找空白字符
\S	查找非空白字符
\b	匹配单词边界
\B	匹配非单词边界
\0	查找 NUL 字符
\n	查找换行符
\f	查找换页符
\r	查找回车符
\t	查找制表符
\v	查找垂直制表符

续表

元字符	描述
\xxx	查找以八进制数 xxx 规定的字符
\xdd	查找以十六进制数 dd 规定的字符
\uxxxx	查找以十六进制数 xxxx 规定的 Unicode 字符

示例：

  var str='我的电话是：123132123'；

  var reg=/[\d]/；

  console.log(str.search(reg))；   //输出：6

3. 限定符

限定符指定正则表达式的一个给定组件必须要出现多少次才能满足匹配,具体见表 7-11。

表 7-11 限定符

限定符	描述
n+	匹配任何至少包含一个 n 的字符串
n*	匹配任何包含零个或多个 n 的字符串
n?	匹配任何包含零个或一个 n 的字符串
n{X}	匹配包含 X 个 n 的序列的字符串
n{X,Y}	匹配包含 X 至 Y 个 n 的序列的字符串
n{X,}	匹配包含至少 X 个 n 的序列的字符串
n$	匹配任何结尾为 n 的字符串
^n	匹配任何开头为 n 的字符串
?=n	匹配任何其后紧接指定字符串 n 的字符串
?!n	匹配任何其后没有紧接指定字符串 n 的字符串

示例：

  var str='我的电话是：11111111111'；

  var reg=/[\d]{11}/；

  console.log(str.search(reg))；

      //输出：6。若符合,则返回字符串的起始位置;否则返回-1

4. 定位符

定位符可以将一个正则表达式固定在一行的开始或结尾,也可以创建只在单词内或只在单词的开始或结尾处出现的正则表达式,具体见表 7-12。

表 7-12　定位符

定位符	描述
^	匹配输入字符串的开始位置
$	匹配输入字符串的结束位置
\\b	匹配一个单词边界,也就是单词和空格间的位置
\\B	匹配非单词边界

示例:

```
var str='2020-1-112';
var reg=/^[\d]{4}-[\d]{1,2}-[\d]{1,2}$/;
document.write(reg.test(str));          //输出:false
```

7.6.3　正则表达式的常用方法

在 JavaScript 中正则表达式有两种使用方法,即字符串方法和正则对象方法。

1. 字符串方法

前面介绍过的 search()、match()、replace() 和 split() 方法的参数也可以为正则表达式,如表 7-13 所示。

表 7-13　字符串方法

方法	描述
search()	检索与字符串或正则表达式相匹配的值
match()	在字符串内检索指定的值,或找到一个或多个正则表达式的匹配
replace()	替换与字符串或正则表达式匹配的子串
split()	把字符串分割为字符串数组

(1) search() 方法

search() 方法使用正则表达式作为搜索参数,执行字符串中“JavaScript”的大小写不敏感的搜索。

示例:

```
var str="Hello JavaScript!";
var n=str.search(/JavaScript/i);
document.write(n);                      //输出:6
```

(2) match() 方法

match() 方法使用正则表达式作为匹配参数,如使用全局匹配的正则表达式来检索字符串中的所有数字。

示例:

```
var str="1 plus 2 equal 3"
document.write(str.match(/\d+/g));      //输出:1,2,3
```

（3）replace（）方法

replace（）方法使用正则表达式作为搜索参数，执行字符串中"JavaScript"的大小写不敏感的替换。

示例：

```
var str="Hello JavaScript!";
var res=str.replace(/JavaScript/i,"World");
document.write(res);                    //输出：Hello World!
```

（4）split（）方法

split（）方法可以使用正则表达式作为分隔参数。

示例：

```
var str="Hello JavaScript!";
var s=str.split(/\s+/);
console.log(s);                    //输出：["Hello","JavaScript!"]
```

2. 正则对象方法

正则对象 RegExp 定义了用于执行模式匹配操作的方法，如表 7-14 所示。

表 7-14 正则对象 RegExp 的方法

方法	描述
exec（）	检索字符串中指定的值。返回找到的值或 null
test（）	检索字符串中指定的值。返回 true 或 false
compile（）	编译正则表达式

（1）exec（）方法

exec（）方法用于检索字符串中的指定值，若找到，则返回被找到的值；否则返回 null。

示例：

```
var patt=/e/;
var patt1=/aa/;
var b=patt.exec("Hello JavaScript!");
var b1=patt1.exec("Hello JavaScript!");
document.write(b);                    //输出：e
document.write("<br/>");
document.write(b1);                    //输出：null
```

（2）test（）方法

test（）方法用于检索字符串中的指定值，若找到，则返回 true；否则返回 false。

示例：

```
var patt=/e/;
var patt1=/aa/;
var b=patt.test("Hello JavaScript!");
var b1=patt1.test("Hello JavaScript!");
```

```
document.write( b ) ;                              //输出：true
document.write( "<br/>" ) ;
document.write( b1 ) ;                             //输出：false
```

（3）compile( )方法

compile( )方法可以编译指定的正则表达式,编译之后的正则表达式的执行速度将会提高。如果正则表达式多次被调用,那么调用 compile( )方法可以有效地提高代码的执行速度;如果该正则表达式只能被使用一次,那么不会有明显的效果。

示例：

```
var patt =/e/ ;
document.write( patt.test( "Hello JavaScript!" ) ) ;   //输出：true
document.write( "<br/>" ) ;
patt.compile( "x" ) ;
document.write( patt.test( "Hello JavaScript!" ) ) ;   //输出：false
```

7.7 对象

7.7.1 定义对象

在 JavaScript 中,创建单个对象有三种方法：使用对象字面量、new 构造函数和 Object. create( )方法。

1. 使用对象字面量

通过大括号"{}"直接定义对象。这种方法简单明了,给人一种数据封装的感觉,是深受开发人员青睐的创建对象的方法。要注意,如果使用对象字面量的方法来定义对象,属性名会自动转换成字符串。

示例：

```
var people = {                            //创建对象,并引用该对象给变量 people
    name：'张三',                          //对象属性
    sex：'男',
    saySex： function( ) {
        console.log( this.sex ) ;          //对象方法
    }
} ;
console.log( people.name ) ;              //输出：张三
people.saySex( ) ;                        //输出：男
```

2. 使用 new 构造函数

使用 new 运算符可以创建对象。new 运算符后面必须是一个构造函数,用于初始化对象实例。

使用 Object 构造函数创建的对象是一个不包含任何属性和方法的空对象,而使用内

置构造函数创建的对象将会继承该构造函数的属性和方法。

示例：

```
var doll = new Object();                //创建一个空对象
doll.name = 'Nicholas';
doll.age = 29;
var a = new Array();                    //创建一个空的数组对象
alert(a.length);                        //输出：0
alert(a.push(1,2,3));                   //输出：3
```

当然，也可通过 function 创建一个自定义构造函数，然后通过 new 实例化。

示例：

```
var People = function(name,sex){
    this.name = name;
    this.sex = sex;
    this.saySex = function(){
        console.log(this.sex);
    }
}
var people = new People('张三','男');    //创建一个自定义类对象
console.log(people.name);               //输出：张三
people.saySex();                        //输出：男
```

3. 使用 Object.create() 方法

ECMAScript 5 定义了一个名为 Object.create() 的方法。它创建一个新对象：第一个参数就是这个对象的原型，第二个可选参数用以对对象的属性进行进一步描述。

示例：

```
var o1 = Object.create({x: 1,y: 1});    //o1 继承了属性 x 和 y
console.log(o1.x);                      //输出：1
```

可以通过传入参数 null 来创建一个没有原型的新对象，但通过这种方式创建的对象不会继承任何东西，甚至不包括基础方法。比如：toString() 和 valueOf()。

示例：

```
var o2 = Object.create(null);           //o2 不继承任何属性和方法
var o1 = {};
console.log(Number(o1));                //输出：NaN
console.log(Number(o2));                /* Uncaught TypeError：Cannot convert
                                           object to primitive value */
```

如果想创建一个普通的空对象（比如通过"{}"或 new Object() 创建的对象），需要传入 Object.prototype。

示例：

```
var o3 = Object.create(Object.prototype);  //o3 与"{}"和 new Object() 一样
```

```
    var o1 = { } ;
    console.log( Number( o1 ) ) ;              //输出：NaN
    console.log( Number( o3 ) ) ;              //输出：NaN
```
Object.create( )方法的第二个参数是属性描述符。

示例：
```
    var o1 = Object.create( { z：3 } , {
        x：{ value：1,writable：false,enumerable：true,configurable：true } ,
        y：{ value：2,writable：false,enumerable：true,configurable：true }
    } ) ;
    console.log( o1.x,o1.y,o1.z ) ;           //输出：1 2 3
```

7.7.2　对象的属性

1. 添加属性

可以使用"对象名.属性名＝值"或"对象名['属性名']＝值"的方法添加属性。

示例：
```
    var people = { } ;
    people.name = '张三' ;
    people[ 'sex' ] = '男' ;
    console.log( people.name ) ;              //输出：张三
    console.log( people.sex ) ;               //输出：男
```

2. 删除属性

使用"delete 对象名.属性"或"delete 对象名['属性名']"的方法删除对象属性。

示例：
```
    var people = { } ;
    people.name = '张三' ;
    people[ 'sex' ] = '男' ;
    console.log( people.name ) ;              //输出：张三
    console.log( people.sex ) ;               //输出：男
    delete people[ 'sex' ] ;
    console.log( people.sex ) ;               //输出：undefined
```

3. 检测属性

判断某个属性是否在对象中存在，可以使用 in 来判断，也可以通过"对象.hasOwnProperty(属性名)"来检测该属性在对象中是否存在。propertyIsEnumerable( )是 hasOwnProperty( )的增强版，只有检测到是自有属性且这个属性的可枚举性为 true 时才能返回 true,否则返回 false。

示例：
```
    var people = { } ;
    people.name = '张三' ;
```

```
people['sex'] = '男';
console.log(people.name);                          //输出：张三
console.log(people.sex);                            //输出：男
console.log('sex' in people);                       //输出：true
console.log(people.hasOwnProperty("name"));         //输出：true
console.log(people.propertyIsEnumerable("age"));    //输出：false
```

7.7.3 对象的方法

在 JavaScript 中对象不仅可以拥有属性,还可以拥有方法。
示例:

```
var people = {};
people.name = '张三';
people['sex'] = '男';
people.say = function() {                           //定义方法
    console.log('我叫' + this.name + ',性别' + this.sex);
}
people.say();                    /*访问方法,输出：我叫张
                                   三,性别男*/
```

7.7.4 对象的遍历

JavaScript 中提供了 for-in 循环遍历出对象的所有键,然后通过键访问对象的所有属性和方法。
示例:

```
var people = {};
people.name = '张三';
people['sex'] = '男';
people.say = function() {
    console.log('我叫' + this.name + ',性别'+ this.sex);
}
for(var key in people) {
    console.log(key + '' + people[key]);
}
```

运行结果如图 7-13 所示。

图 7-13　对象的遍历

7.8　函数

函数是一组延迟动作的定义,可以通过事件触发或在其他脚本中进行调用。在 JavaScript 中函数是由函数名、参数、函数体和返回值4个部分组成的。其中参数可有可无,返回值也可有可无,具体格式如下:

```
function 函数名([参数]){
    函数体
    [return 返回值;]
}
```

7.8.1　定义函数

JavaScript 定义函数的方法主要有三种:使用 function 语句、使用 Function( )构造函数和使用函数表达式。

1. 使用 function 语句

示例:

```
function myFunction(y) {
    return y * y;
}
```

2. 使用 Function( )构造函数

```
var 函数名=new Function('参数1','参数2','参数3',…,'函数体');
```

示例:

```
var fun=new Function('x','y','var z=x + y; return z;');
```

3. 使用函数表达式

示例:

```
var add=function(a,b){
    return a + b;
}
```

对于函数来说,参数可以没有,可以有一个或多个,也可以有变长参数。

示例:

```
var fun = function("···pa"){
    var len = pa.length;
    for( var i = 0; i<len;i++){
        document.write( pa[i] + "");
    }
}
fun(1,2,3);                              //输出:1 2 3
fun(1,2,3,4,5,6);                        //输出:1 2 3 4 5 6
```

7.8.2　函数的返回值

一个函数可以有返回值,也可以没有返回值。函数的返回值可以是任意类型,如果函数没有设置返回值,那么会返回 undefined。

示例:

```
function fun1( a, b ){
    return a + b;
}
function fun2( ){
}
console.log( fun1(1,2));                 //输出:3
console.log( fun2( ));                   //输出:undefined
```

7.8.3　函数的调用

在 JavaScript 中函数的调用分为传值调用、传址调用、传函数调用等。

1. 传值调用

传值调用就是给函数传入值类型数据,不会影响原始值。

示例:

```
function fun1( str ){
    str = '你好';
}
var a = 'hello';
fun1( a );
console.log( '传值调用 a = '+ a );        //输出:传值调用 a = hello
```

2. 传址调用

给函数传入的值为引用类型时会将内存地址传给函数调用,当此参数在函数内改变时,原址也会改变。

示例：

```
function fun1(person){
    person.name='张三';
}
var b={name：'李四'};
fun1(b);
//输出：传址调用 person.name=张三
console.log('传址调用 person.name=' +b.name);
```

3. 传函数调用

可以根据不同的场景传入不同的函数调用。

示例：

```
function add(a,b){
    return a+b;
}
function mul(a,b){
    return a*b;
}
function operation(a,b,fun){
    return fun(a,b);
}
console.log(operation(1,2,add));            //输出：3
console.log(operation(1,2,mul));            //输出：2
```

7.8.4　闭包函数

当一个函数被返回时,就会产生一个闭包。一个闭包就是指当一个函数返回时,一个没有释放资源的栈区。

示例：

```
function myFun(i){
    return function(){
        return ++i;
    }
}
var fun=myFun(0);
for(var i=0; i<5; i++){
    document.write(fun() +" ");             //输出：1 2 3 4 5
}
```

注意：

① 由于闭包会使得函数中的变量都被保存在内存中,导致内存消耗很大,不能滥用

闭包,否则会降低网页的性能,在 IE 中可能导致内存泄漏。解决方法是,在退出函数之前,将不使用的局部变量全部删除。

② 闭包会在父函数外部改变父函数内部变量的值。如果你把父函数当作对象 (Object)使用,把闭包当作它的公用方法(Public Method),把内部变量当作它的私有属性(Private Value),那么一定要小心,不要随便改变父函数内部变量的值。

7.8.5 内置函数

JavaScript 内置函数除了字符串函数和数组函数外,还有数学函数、日期函数和定时器函数等。

1. 数学函数(Math)

常用数学函数如表 7-15 所示。

表 7-15　常用数学函数

函数	描述
ceil(x)	返回 x 的上取整
floor(x)	返回 x 的下取整
max(x,y)	返回 x 和 y 中的最大值
min(x,y)	返回 x 和 y 中的最小值
pow(x,y)	返回 x 的 y 次幂
random()	返回 0(含)~1(不含)之间的随机数
round(x)	返回 x 四舍五入为最接近的整数
sqrt(x)	返回 x 的平方根
abs(x)	返回 x 的绝对值

示例:

```
var a=2.1;
var b=2.9;
document.write(Math.ceil(a)+"<br/>");        //输出:3
document.write(Math.floor(a)+"<br/>");       //输出:2
document.write(Math.min(a,b)+"<br/>");       //输出:2.1
document.write(Math.max(a,b)+"<br/>");       //输出:2.9
document.write(Math.round(a)+"<br/>");       //输出:2
document.write(Math.round(b)+"<br/>");       //输出:3
document.write(Math.pow(3,2)+"<br/>");       //输出:9
document.write(Math.abs(-2)+"<br/>");        //输出:2
document.write(Math.sqrt(4)+"<br/>");        //输出:2
document.write(Math.random()+"<br/>");       /*输出随机生成的 0(含)~1(不
                                               含)之间的数*/
```

2. 日期函数 (Date)

常用日期函数如表 7-16 所示。

表 7-16 常用日期函数

函数	描述
getDate( )	从 Date 对象返回一个月中的某一天(1~31)
getDay( )	从 Date 对象返回一周中的某一天(0~6)
getMonth( )	从 Date 对象返回月份(0~11)
getFullYear( )	从 Date 对象以四位数字返回年份
getHours( )	返回 Date 对象的小时数(0~23)
getMinutes( )	返回 Date 对象的分钟数(0~59)
getSeconds( )	返回 Date 对象的秒数(0~59)
getTime( )	返回 1970 年 1 月 1 日至今的毫秒数
toLocaleString( )	根据本地时间格式,把 Date 对象转换为字符串
toLocaleTimeString( )	根据本地时间格式,把 Date 对象的时间部分转换为字符串
toLocaleDateString( )	根据本地时间格式,把 Date 对象的日期部分转换为字符串

示例:

```
var mydate = new Date("2018-12-28 16:30:25");
document.write("年:" + mydate.getFullYear( ) + "<br/>");
document.write("月:" + (mydate.getMonth( ) + 1) + "<br/>");
document.write("日:" + mydate.getDate( ) + "<br/>");
document.write("星期:" + mydate.getDay( ) + "<br/>");
document.write("时间戳:" + mydate.getTime( ) + "<br/>");
document.write("小时:" + mydate.getHours( ) + "<br/>");
document.write("分钟:" + mydate.getMinutes( ) + "<br/>");
document.write("秒:" + mydate.getSeconds( ) + "<br/>");
document.write("日期:" + mydate.toLocaleDateString( ) + "<br/>");
document.write("时间:" + mydate.toLocaleTimeString( ) + "<br/>");
document.write("日期与时间:" + mydate.toLocaleString( ) + "<br/>");
```

运行结果如图 7-14 所示。

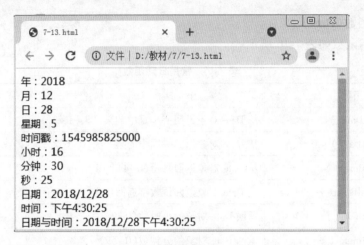

图 7-14　日期函数的应用

3. 定时器函数

定时器是 JavaScript 的重点部分,在以后的很多实战项目里都会用到。JavaScript 定时器有以下两个函数:

(1) setInterval( )

setInterval( ):按照指定的周期(以毫秒计)来调用函数或计算表达式,该方法会不停地调用函数,直到 clearInterval( )被调用或窗口被关闭。

示例:

```
function clock( ){
    var d=new Date( );
    var t=d.toLocaleTimeString( );
    console.log(t);
}
var int=self.setInterval("clock( )",1000);      /*结果就是控制台每隔 1s 显示本
                                                   地时间*/
```

(2) setTimeout( )

setTimeout( ):在指定的毫秒数后调用函数或计算表达式。setTimeout( )是延迟执行的意思,语法和用法同 setInterval( )一样,它把函数延迟一段时间之后执行一次。如果想提前结束,执行 clearTimeout( )即可。

示例:

```
function myFunction( ){
    setTimeout(function( ){alert("Hello")},3000);
}
myFunction( );                                  /*结果就是页面加载完 3s 后弹出
                                                   提示框*/
```

7.9　本章小结

本章首先介绍了 JavaScript 基础知识,然后全面介绍了 JavaScript 语句,以及数组、字符串和正则表达式,最后重点介绍了对象与函数。这些内容是 JavaScript 编程的基础,只有掌握这些知识,才能顺利地进行 Web 前端开发。

7.10　本章练习

一、单选题

1. 在 HTML 页面上编写 JavaScript 代码时,应编写在(　　)标签中间。

A. <JavaScript>和</JavaScript>　　　　B. <script>和</script>

C. <head>和</head>　　　　D. <body>和</body>

2. 需要在 HTML 页面上引用脚本文件 myScript.js,下列语句正确的是(　　)。

A. <script type="text/JavaScript" src="myScript.js"/>

B. <script type="text/JavaScript" href="myScript.js"/>

C. <script type="text/JavaScript" src="myScript.js"></script>

D. <script type="text/JavaScript" href="myScript.js"></script>

3. 下列变量命名方式符合要求的是(　　)。

A. var cc　　　　　B. var 2str　　　　　C. var while　　　　　D. var 6_a

4. 下列表达式将返回 false 的是(　　)。

A. !(3<=1)　　　　　　　　B. (4>=4)&&(5<=2)

C. ("a"=="a")&&("c"!="d")　　　　D. (2<3)||(3<2)

5. 下列代码的输出结果是(　　)。

```
var s1=parseInt("101 中学");
document.write(s1);
```

A. NaN　　　　　　　　　B. 101 中学

C. 101　　　　　　　　　D. 出现脚本错误

6. 下列代码的输出结果是(　　)。

```
var str="abc";
var b=new Boolean(str);
document.write(b);
```

A. true　　　　　B. abc　　　　　C. false　　　　　D. 0

7. 语句"console.log(NaN==NaN);"的输出结果是(　　)。

A. true　　　　　B. undefined　　　　　C. false　　　　　D. 0

8. 下列代码的输出结果是(　　)。

```
var a;
```

```
var b = a * 0;
if (b == b) {console.log(b * 2 + "2" - 0 + 4);}
else {console.log(!b * 2 + "2" - 0 + 4);}
```

A. 0 　　　　　　 B. 224 　　　　　 C. NaN 　　　　　 D. 26

9. 下列代码的输出结果是(　　　)。

```
for(var i = 1; i <= 10; i++) {
    if(i == 6) { break; }
    document.write(i);
}
```

A. 12345 　　　　 B. 123456 　　　　 C. false 　　　　 D. true

10. 下列代码的输出结果是(　　　)。

```
var sum = 0;
var attr = [1,2,3,4,5];
for(var i = 1; i < attr.length; i++) {
    sum = sum + attr[i];
}
document.write(sum);
```

A. 15 　　　　　 B. 14 　　　　　 C. 10 　　　　　 D. 9

11. 有如下代码:

```
var arr = new Array(9);
arr[0] = 1;
arr[2] = 2;
```

该数组的 length 属性值为(　　　)。

A. 2 　　　　　　 B. 10 　　　　　 C. 8 　　　　　 D. 9

12. JavaScript 的数组方法中, pop() 方法的作用是(　　　)。

A. 头部删除元素 　　　　　　　　　 B. 尾部增添元素
C. 尾部删除元素 　　　　　　　　　 D. 头部增添元素

13. 下列代码的输出结果是(　　　)。

```
var arr = [0,1,2,3,4,5,6];
var arr2 = arr.slice(2,5);
alert(arr2);
```

A. 1,2,3 　　　　 B. 1,2,3,4 　　　　 C. 2,3,4 　　　　 D. 2,3,4,5

14. 匹配符[2-4]表示的意思是(　　　)。

A. 匹配 2 　　　　　　　　　　　　 B. 匹配 2~4 中的任意一个数字
C. 匹配 4 　　　　　　　　　　　　 D. 匹配 2 和 4

15. 下列正则表达式符号的描述正确的是(　　　)。

A. * 等同于{1,} 　　　　　　　　　 B. + 等同于{0,}
C. ? 等同于{0,1} 　　　　　　　　　 D. \W 等同于[0-9A-Za-z]

16. 如果想创建一个普通的空对象,类似于"{}"或 new Object( )的方法是( )。

A. Object.create(null)　　　　　　　　B. Object.create(Object.prototype)

C. Object.create( )　　　　　　　　　　D. Object.create(undefined)

17. 在 JavaScript 中,通过下面的( )运算符访问对象的属性和方法。

A. +　　　　　　　　B. .　　　　　　　　C. *　　　　　　　　D. 不能访问

18. JavaScript 中用户自定义函数使用的关键字是( )。

A. new　　　　　　　B. this　　　　　　　C. function　　　　　　D. fn

19. 下列( )将产生一个 0~7 之间(含 0 和 7)的随机整数。

A. Math.floor(Math.random( ) * 6)　　　　　B. Math.floor(Math.random( ) * 7)

C. Math.floor(Math.random( ) * 8)　　　　　D. Math.ceil(Math.random( ) * 8)

20. 在 JavaScript 中,可以使用 Date 对象的( )函数返回一个月中的每一天。

A. getDate( )　　　　B. getYear ( )　　　　C. getMonth( )　　　　D. getTime( )

二、多选题

1. JavaScript 具有的特性有( )。

A. 解释型的程序设计语言　　　　　　　B. 具有基于对象特性

C. 需要在特定的语言环境下运行　　　　D. 客户端脚本语言

2. JavaScript 的基本数据类型包括( )。

A. 字符串　　　　　　B. 数组　　　　　　C. 数值　　　　　　D.布尔

3. 下列属于分支语句的关键字的是( )。

A. if　　　　　　　　B. else　　　　　　C. switch　　　　　D. for

4. continue 语句能用在( )语句中。

A. while　　　　　　B. do-while　　　　C. for　　　　　　D. if

5. 下列关于字符串的说法正确的是( )。

A. 使用 charAt( )返回指定位置的字符

B. 使用 charCodeAt( )返回指定位置的字符的 Unicode 编码

C. 使用 indexOf( )返回指定字符串在字符串中首次出现的位置,若匹配不到,则返回 0

D. 使用 concat( )方法连接字符串

6. 正则对象 RegExp 的方法有( )。

A. find( )　　　　　　B. exec( )　　　　　C. compile( )　　　　D. test( )

三、操作题

1. 利用数组、分支循环语句和字符串方法,遍历数组内容并输出到动态生成的表格中。具体效果如图 7-15 所示。

2. 设计如图 7-16 所示的计算器页面,利用自定义函数实现点击不同按钮执行相关操作。

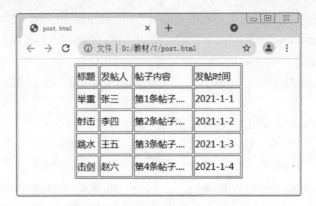

图 7-15　效果图 1

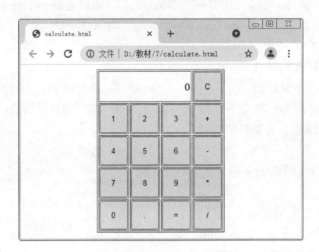

图 7-16　效果图 2

第 8 章

JavaScript 对象模型

本章介绍 BOM 和 DOM 对象。BOM 是浏览器对象模型。浏览器对象模型把浏览器的各个部分都用了一个对象进行描述,我们如果要操作浏览器的一些属性,就可以通过浏览器对象模型的对象进行操作。DOM 是文档对象模型。一个网页运行在浏览器中,它就是一个文档对象。"对象"是一种自足的数据集合。与某个特定对象相关联的变量被称为这个对象的属性,只能通过某个对象调用的函数被称为这个对象的方法。

 学习内容

➢ BOM 对象。
➢ BOM 操作。
➢ DOM 对象。
➢ DOM 操作。

 思维导图

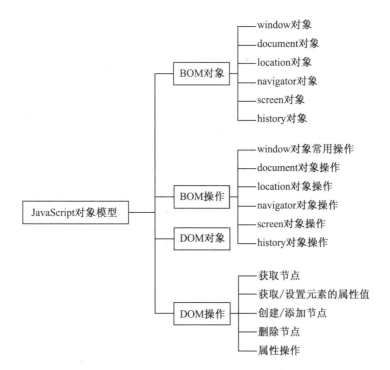

8.1　BOM 对象

浏览器对象模型（Browser Object Model，BOM）是 JavaScript 的组成之一，它提供了独立于内容与浏览器窗口进行交互的对象。使用浏览器对象模型可以实现与 HTML 的交互。它的作用是将相关的元素组织包装起来，提供给程序设计人员使用，从而减少开发人员的工作量，提高其设计 Web 页面的能力。BOM 是一个分层结构，以 window 对象为核心，如图 8-1 所示。

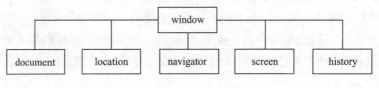

图 8-1　BOM 结构

8.1.1　window 对象

window 对象表示一个浏览器窗口或一个框架。在客户端 JavaScript 中，window 对象是全局对象，所有的表达式都在当前的环境中计算。也就是说，要引用当前窗口根本不需要特殊的语法，可以把该窗口的属性当作全局变量来使用。例如，可以只写 document，而不必写 window.document。

1. window 对象属性

window 对象常用属性如表 8-1 所示。

表 8-1　window 对象常用属性

属性	描述
innerHeight	返回窗口的文档显示区的高度
innerWidth	返回窗口的文档显示区的宽度
closed	返回窗口是否已被关闭
defaultStatus	设置或返回窗口状态栏中的默认文本（仅 Opera 支持）
document	对 document 对象的只读引用
length	设置或返回窗口中的框架数量
name	设置或返回窗口的名称（设置该窗口的 name，新建的窗口若没有设置 name，则 name 默认为""）
opener	返回对创建此窗口的引用
outerHeight	返回窗口的外部高度
outerWidth	返回窗口的外部宽度
pageXOffset	设置或返回当前页面相对于窗口显示区左上角的 X 位置（可被赋值，但是没有效果）

属性	描述
pageYOffset	设置或返回当前页面相对于窗口显示区左上角的 Y 位置(可被赋值,但是没有效果)
parent	返回父窗口
self	返回对当前窗口的引用。等价于 window 属性
status	设置窗口状态栏的文本(默认只支持 Opera)
top	返回最顶层的窗口(无论嵌套多少层窗口,使用 window.top 会返回最外面的那一个窗口)
screenLeft	返回窗口相对于屏幕的 X 坐标
screenTop	返回窗口相对于屏幕的 Y 坐标
screenX	返回窗口相对于屏幕的 X 坐标
screenY	返回窗口相对于屏幕的 Y 坐标

2. window 对象方法

window 对象常用方法如表 8-2 所示。

表 8-2　window 对象常用方法

方法	描述
alert( )	显示带有一段信息和一个"确认"按钮的警告框
confirm( )	显示带有一段消息及"确认"按钮和"取消"按钮的对话框(单击"确认"按钮,返回 true;单击"取消"按钮,返回 false)
prompt( )	显示可提示用户输入的对话框(单击"确认"按钮,返回输入的值)
setInterval( )	按照指定的周期(以毫秒计)来调用函数或计算表达式(通俗来讲,就是设置几毫秒运行一次程序)
setTimeout( )	在指定的毫秒后调用函数或计算表达式(设置几毫秒后再执行程序)
clearInterval( )	停止 setInterval( )
clearTimeout( )	停止 setTimeout( )
close( )	关闭当前浏览器窗口
blur( )	把键盘焦点从顶层窗口移开
createPopup( )	创建一个弹出窗口。只有 IE 支持(不包括 IE 11)
focus( )	把键盘焦点给予一个窗口
open( )	打开一个新的浏览器窗口或查找一个已命名的窗口
print( )	打印当前窗口的内容
resizeBy( )	按照指定的像素调整窗口的大小
resizeTo( )	把窗口的大小调整到指定的宽度和高度
scrollBy( )	按照指定的像素值滚动窗口中的内容(第一个参数是滚动条向右滚动,第二个参数是滚动条向下滚动,方法重复执行,值会累加)
scrollTo( )	将内容滚动到指定的坐标

8.1.2 document 对象

document 对象代表浏览器当前窗口或标签中载入的页面。

1. document 对象属性

document 对象常用属性如表 8-3 所示。

表 8-3 document 对象常用属性

属性	描述
URL	文档完整的 URL
cookie	设置或返回与当前文档有关的所有 cookie
bgColor	设置页面背景色
fgColor	设置前景色（文本颜色）
scripts	文档中所有脚本的集合
body	指定文档主体的开始和结束，等价于 \<body>\</body>
title	当前文档的标题
referer	载入当前文档的 URL
readyState	返回文档状态（载入中……）
links	返回对文档中所有 Area 和 Link 对象的引用
inputEncoding	返回用于文档的编码方式（在解析时）（IE 8 不支持）
lastModified	返回文档被最后修改的日期和时间
images	返回对文档中所有 Image 对象的引用
forms	返回对文档中所有 Form 对象的引用
documentElement	返回文档的根节点
documentMode	返回用于通过浏览器渲染文档的模式，只支持 IE
domain	返回当前文档的域名
doctype	返回与文档相关的文档类型声明（DTD）
anchors	返回对文档中所有 Anchor 对象的引用。该属性只能返回包含了 name 属性的 a 元素创建的锚，而不能返回只包含 id 属性的 a 元素创建的锚
activeElement	返回当前获取的焦点元素

2. document 对象方法

document 对象常用方法如表 8-4 所示。

表 8-4 document 对象常用方法

方法	描述
write( )	动态地向页面写入内容
writeln( )	与 write( )方法作用相同，此方法在每个表达式之后写一个换行符

续表

方法	描述
querySelector( )	返回文档中匹配指定的 CSS 选择器的第一元素
querySelectorAll( )	HTML5 中引入的新方法,返回文档中匹配的 CSS 选择器的所有元素节点列表
importNode(node, deep)	把一个节点从另一个文档复制到该文档以便应用(IE 8 不支持)
getElementsByClassName( )	返回文档中所有指定类名的元素集合,作为 NodeList 对象(IE 8 不支持)
createAttribute( )	创建一个属性节点
createComment( )	创建注释节点
createElement( )	创建元素节点
createTextNode( )	创建文本节点
normalize( )	删除空文本节点,并连接相邻节点
adoptNode( )	用于从另外一个文档中获取一个节点,节点可以是任何节点类型

8.1.3　location 对象

location 对象表示载入窗口的 URL,此外,它还可以解析 URL。location 对象常用属性如表 8-5 所示。

表 8-5　location 对象常用属性

属性	描述
href	设置或返回完整的 URL
protocol	设置或返回当前 URL 的协议
host	设置或返回主机名和当前 URL 的端口号
hostname	设置或返回当前 URL 的主机名
port	设置或返回当前 URL 的端口号。默认情况下,大多数 URL 没有端口信息(默认为 80 端口)
pathname	设置或返回当前 URL 的路径部分
hash	设置或返回从"#"开始的 URL(锚)
search	设置或返回从"?"开始的 URL(查询部分)
origin	返回协议名、主机名和端口号

8.1.4　navigator 对象

navigator 对象包含的属性描述了正在使用的浏览器。可以使用这些属性进行平台专用的配置。虽然这个对象的名称显而易见的是 Netscape 的 Navigator 浏览器,但其他实现了 JavaScript 的浏览器也支持这个对象。

1. navigator 对象属性

navigator 对象常用属性如表 8-6 所示。

表 8-6　navigator 对象常用属性

属性	描述
appCodeName	返回浏览器的代码名。以 Netscape 代码为基础的浏览器中,它的值是"Mozilla"
appMinorVersion	返回浏览器的次级版本(IE 4、Opera 支持)
appName	返回浏览器的名称(历史遗留问题,返回都是 Netscape)
appVersion	返回浏览器的平台和版本信息(建议使用 userAgent,userAgent 比 appVersion 多了一个参数)
browserLanguage	返回当前浏览器的语言(只有 IE 和 Opera 支持)
cookieEnabled	返回指明浏览器中是否启用 cookie 的布尔值(cookie 用来记录登录账号和密码等信息,如在登录邮箱的时候,浏览器会提示你是否保存该账号和密码)
cpuClass	返回浏览器系统的 CPU 等级(只有 IE 支持)
onLine	返回声明系统是否处于脱机模式的布尔值
platform	返回运行浏览器的操作系统平台
systemLanguage	返回当前操作系统的默认语言(只有 IE 支持)
userAgent	返回浏览器用于 HTTP 请求的 user-agent 头部的值
userLanguage	返回操作系统设定的自然语言(IE 和 Opera 支持)
plugins	返回包含客户端安装的所有插件的数组

2. navigator 对象方法

navigator 对象常用方法如表 8-7 所示。

表 8-7　navigator 对象常用方法

方法	描述
javaEnabled( )	规定浏览器是否支持并启用 Java
taintEnabled( )	规定浏览器是否启用了数据污点(data tainting)

8.1.5　screen 对象

　　screen 对象包含有关客户端显示屏幕的信息。每个 window 对象的 screen 属性都引用一个 screen 对象。screen 对象中存放着有关显示浏览器屏幕的信息。JavaScript 程序将利用这些信息来优化它们的输出,以达到用户的显示要求。例如,一个程序可以根据显示器的尺寸选择是使用大图像还是使用小图像,它还可以根据显示器的颜色深度选择是使用 16 位色还是使用 8 位色的图形。另外,JavaScript 程序还能根据屏幕尺寸的信息将新的浏览器窗口定位在屏幕中间。

　　screen 对象常用属性如表 8-8 所示。

表 8-8　screen 对象常用属性

属性	描述
availHeight	返回显示屏幕的高度(除 Windows 任务栏之外)
availWidth	返回显示屏幕的宽度(除 Windows 任务栏之外)
bufferDepth	设置或返回调色板的比特深度(仅 IE 支持)
colorDepth	返回目标设备或缓冲器上的调色板的比特深度
deviceXDPI	返回显示屏幕的每英寸水平点数(仅 IE 支持)
deviceYDPI	返回显示器屏幕的每英寸垂直点数(仅 IE 支持)
fontSmoothingEnabled	返回用户是否在显示控制面板中启用了字体平滑(仅 IE 支持)
height	返回显示屏幕的高度
width	返回显示屏幕的宽度
logicalXDPI	返回显示屏幕每英寸的水平方向的常规点数(仅 IE 支持)
logicalYDPI	返回显示屏幕每英寸的垂直方向的常规点数(仅 IE 支持)
pixelDepth	返回显示屏幕的颜色分辨率(比特每像素)
updateInterval	设置或返回屏幕的刷新率(仅 IE 11 以下支持)

8.1.6　history 对象

history 对象包含用户(在浏览器窗口中)访问过的 URL。

1. history 对象属性

history 对象常用属性如表 8-9 所示。

表 8-9　history 对象常用属性

属性	描述
length	返回浏览器历史列表中的 URL 数量

2. history 对象方法

history 对象常用方法如表 8-10 所示。

表 8-10　history 对象常用方法

方法	描述
back( )	加载 history 列表中的前一个 URL
forward( )	加载 histroy 列表中的下一个 URL
go( )	加载 history 列表中的某个具体页面(参数既可为负数又可为正数,负数表示往后跳转,正数表示往前跳转)

8.2　BOM 操作

8.1 节对 BOM 对象进行了介绍,同时阐述了相关对象的搭档属性和方法。本节将运用实例对上述对象的常用操作进行介绍。

8.2.1　window 对象常用操作

1. 获取浏览器窗口内部的高度和宽度

变量 a 引用 innerHeight 属性获取页面高度,变量 b 引用 innerWidth 属性获取页面宽度,通过 alert 方法使用弹框的方法显示高度和宽度。

示例:

```
var a＝window.innerHeight;
var b＝window.innerWidth;
window.alert("height："+a+";"+"width："+b);
```

运行结果如图 8-2 所示。

height:777;width:1238

确定

图 8-2　获取浏览器窗口内部的高度和宽度

前面说过引用当前窗口根本不需要特殊的语法,可以把当前窗口的属性当作全局变量来使用。这里 window 可以省略。

示例:

```
var a＝innerHeight;
var b＝innerWidth;
alert("height："+a+";"+"width："+b);
```

2. 在浏览器内部弹出一个新窗口

利用 open 方法访问并弹出"http：∥172.16.1.153/js1.html"页面。

示例:

```
window.open(http：∥172.16.1.153/js1.html);
```

下面是 js1.html 的源码,通过 alert 方法弹出 123、close 方法关闭窗口(只能关闭被 js 打开的窗口)。

```
<html>
    <head>
        <meta charset＝'utf-8'>
    </head>
    <body>
        <script>
```

```
                window.alert('123');
                window.close();
            </script>
        </body>
    </html>
```

运行结果如图 8-3 所示。

图 8-3　在浏览器内部弹出一个新窗口

单击"确定"按钮,关闭弹出的窗口并返回原窗口。

8.2.2　document 对象操作

1. 设置背景色和前景色

使用 document 对象属性设置背景色为黑色、前景色为白色。

示例:

```
    document.bgColor="000000";
    document.fgColor="FFFFFF";
    document.write('123');
```

运行结果如图 8-4 所示。

图 8-4　设置背景色和前景色

2. 输出 cookie、referer 和 URL 的值

document 对象可直接使用属性 cookie、referer 和 URL,并用 write()方法输出它们

的值。

示例：

```
document.cookie='123';
document.referer='123';
document.write(document.referer+'<br/>');
document.write(document.cookie+'<br/>');
document.write(document.URL);
```

运行结果如图 8-5 所示。

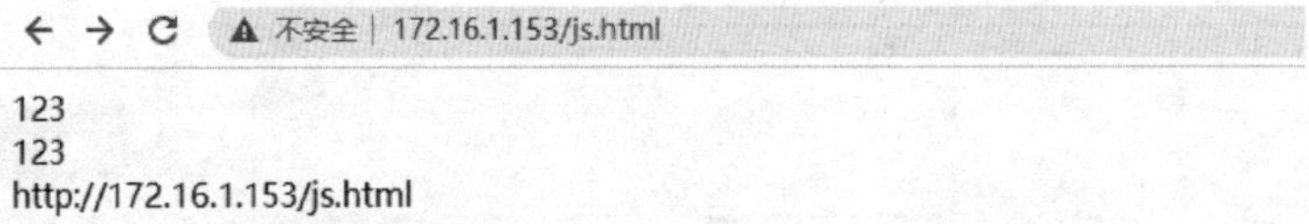

```
←  →  C   ▲ 不安全 | 172.16.1.153/js.html

123
123
http://172.16.1.153/js.html
```

图 8-5   输出 cookie、referer 和 URL 的值

8.2.3   location 对象操作

location 对象可以使用 href、protocol、host、pathname 和 origin 属性直接在页面输出 URL、协议、主机名和文件路径等。

示例：

```
document.write(location.href+'<br/>');
document.write(location.protocol+'<br/>');
document.write(location.host+'<br/>');
document.write(location.pathname+'<br/>');
document.write(location.origin+'<br/>');
```

运行结果如图 8-6 所示。

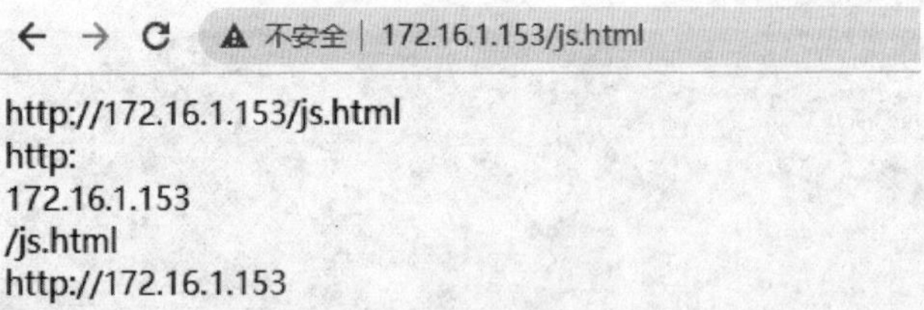

```
←  →  C   ▲ 不安全 | 172.16.1.153/js.html

http://172.16.1.153/js.html
http:
172.16.1.153
/js.html
http://172.16.1.153
```

图 8-6   获取 URL、协议、主机名和文件路径

8.2.4   navigator 对象操作

navigator 对象使用 appCodeName、appName 和 appVersion 属性可以直接将浏览器的代码名、浏览器名及浏览器平台和版本信息输出到页面上。

示例：

```
document.write(navigator.appCodeName+'<br/>');
```

```
document.write(navigator.appName+'<br/>');
document.write(navigator.appVersion+'<br/>');
```

运行结果如图 8-7 所示。

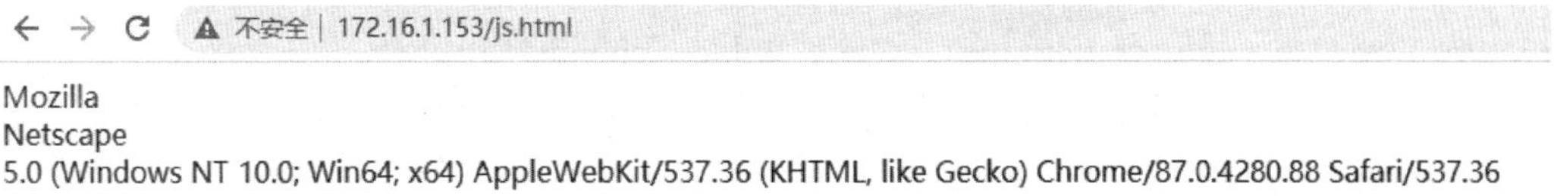
不安全 | 172.16.1.153/js.html
Mozilla
Netscape
5.0 (Windows NT 10.0; Win64; x64) AppleWebKit/537.36 (KHTML, like Gecko) Chrome/87.0.4280.88 Safari/537.36

图 8-7　获取浏览器的代码名、浏览器名及浏览器平台和版本信息

8.2.5　screen 对象操作

使用 screen 的属性可以将窗口的高度和宽度、屏幕的高度和宽度直接输出到页面上。

示例：

```
document.write(screen.height+'<br/>');
document.write(screen.width+'<br/>');
document.write(screen.availHeight+'<br/>');
document.write(screen.availWidth+'<br/>');
```

运行结果如图 8-8 所示。

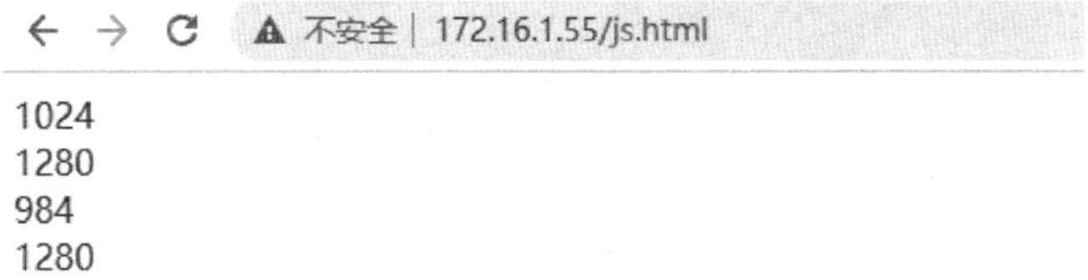
不安全 | 172.16.1.55/js.html
1024
1280
984
1280

图 8-8　获取窗口的高度和宽度及屏幕的高度和宽度

8.2.6　history 对象操作

使用 history 的属性和方法可弹出访问过的网页链接长度，并返回上次访问的网页，并从上一次访问的网页回到该网页。

示例：

```
<html>
    <head>
        <script>
            alert(history.length);
            history.back();
            alert(123);
            history.forward();
        </script>
    </head>
```

```
<body>
    <form action="mysql.php" method="post">
        username：<input type="text" name="usernm"/>
        password：<input type="text" name="passwd"/>
        <input type="submit" value="submit"/>
    </form>
</body>
</html>
```

运行结果如图 8-9 所示。

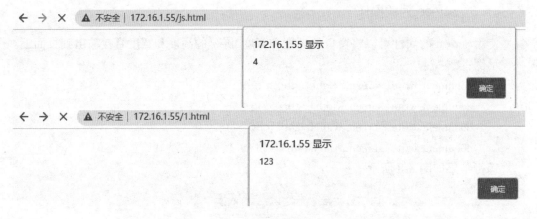

图 8-9　利用 history 对象实现跳转

8.3　DOM 对象

HTML DOM(Document Object Model,文档对象模型)是 W3C 标准。HTML DOM 定义了用于 HTML 的一系列标准的对象,以及访问和处理 HTML 文档的标准方法。通过 DOM,可以访问所有的 HTML 元素,连同它们所包含的文本和属性,可以对其中的内容进行修改和删除,同时也可以创建新的元素。HTML DOM 独立于平台和编程语言,它可被任何编程语言诸如 Java、JavaScript 和 VBScript 使用。

DOM 树如图 8-10 所示。

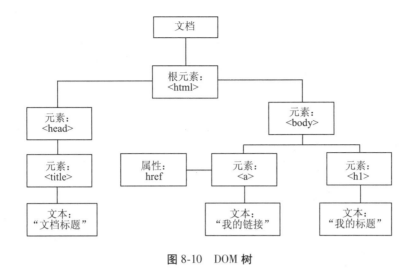

图 8-10 DOM 树

8.4 DOM 操作

上节介绍了 DOM 树,本节通过 JavaScript 的 DOM 编程接口操作 DOM 树。

DOM 操作主要包括获取节点、获取/设置元素的属性值、创建/添加节点、删除节点、属性操作等。

8.4.1 获取节点

获取节点的常用方式:

● document.getElementById(元素 id):通过元素 id 找到节点。

● document.getElementsByClassName(元素类名 className):通过 class 类名找到节点,返回的是一个集合。

● document.getElementsByTagName(标签名):通过标签名找到节点,返回一个集合标签名,如<a>、<p>、<div>等。

● document.getElementsByName(name 名):通过带有 name 属性的标签元素找到节点并返回一个集合。

示例:

通过 id 获取 div 标签,并在里面添加 1;通过 name 获取多个 div,并在里面添加 2;通过 class 类名获取多个 div,并在里面添加 3;通过标签名获取 span 标签,并在里面添加 4。具体代码如下:

```
<!DOCTYPE html>
<html>
    <head>
        <meta charset='utf-8'>
        <title></title>
```

```
<script>
    window.onload = function( ) {
        mydiv = document.getElementById( 'mydiv' ) ;
        mydiv.innerText = '1' ;
        namedivs = document.getElementsByName( 'namediv' ) ;
        len = namedivs.length ;
        for( i = 0 ; i<len ; i++ ) {
            namedivs[ i ].innerText = '2' +i ;
        }
        dclass = document.getElementsByClassName( 'dclass' ) ;
        len = dclass.length ;
        for( i = 0 ; i<len ; i++ ) {
            dclass[ i ].innerText = '3' +i ;
        }
        tagDs = document.getElementsByTagName( 'span' ) ;
        len = tagDs.length ;
        for( i = 0 ; i<len ; i++ ) {
            tagDs[ i ].innerText = '4' +i ;
        }
    }
</script>
</head>
<body>
    <div id="mydiv"></div>
    <hr/>
    <div name="namediv"></div>
    <div name="namediv"></div>
    <div name="namediv"></div>
    <hr/>
    <div class="dclass"></div>
    <div class="dclass"></div>
    <div class="dclass"></div>
    <hr/>
    <span></span><br/>
    <span></span><br/>
    <span></span><br/>
</body>
</html>
```

运行结果如图 8-11 所示。

```
1

2 0
2 1
2 2

3 0
3 1
3 2

4 0
4 1
4 2
```

图 8-11　获取节点

8.4.2 获取/设置元素的属性值

1. 获取节点的属性值

举例:

```
myNode.getAttribute('src');                 //传入属性名,返回对应属性的属性值
```

2. 设置节点的属性值

方式 1 举例:

```
myNode.src="./images/2.jpg";               //修改 src 的属性值
myNode.className="image2-box";             //修改类名
```

方式 2 举例:

```
myNode.setAttribute("src","./images/3.jpg");             //传入属性名和属性值
myNode.setAttribute("class","image3-box");
myNode.setAttribute("id","你好");
```

示例:

获取 table 标签的属性,设置 tr 标签的属性。具体代码如下:

```
<html>
    <head>
        <meta charset='utf-8'>
        <title></title>
        <script>
            window.onload=function(){
                mytable=document.getElementById('mytable');
                trs=mytable.getElementsByTagName("tr");
                len=trs.length;
                for(i=0;i<len;i++){
                    trs[i].setAttribute('bgColor','#cccccc');
                }
                w=mytable.getAttribute('width');
                alert(w);
```

```
            }
        </script>
    </head>
    <body>
        <table id="mytable" align="center" width="80%" border="1">
            <tr><td>a</td><td>aa</td><td>aaa</td></tr>
            <tr><td>b</td><td>bb</td><td>bbb</td></tr>
            <tr><td>c</td><td>cc</td><td>ccc</td></tr>
        </table>
    </body>
</html>
```

运行结果如图 8-12 所示。

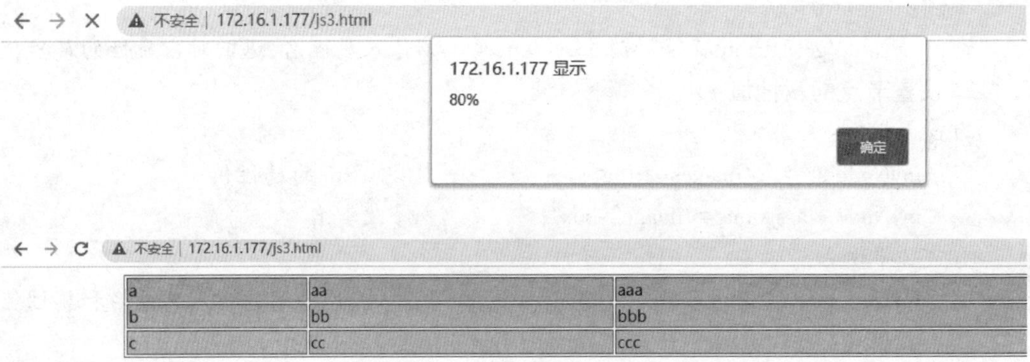

图 8-12　获取/设置属性值

8.4.3　创建/添加节点

1. 创建节点

格式：

新的标签(元素节点)=document.createElement('标签名')；

属性名称=document.createAttribute('class')；　　　　　　　//创建属性节点

\<div class="hehehe"\>\</div\>

文本名称=document.createTextNode(文本内容)；　　　　　　//创建文本节点

2. 添加节点

添加元素节点有两种方式，它们的含义是不同的。

方式1：

父节点.appendChild(新的子节点)；//在父节点的最后插入一个新的子节点

方式2：

父节点.insertBefore(新的子节点,作为参考的子节点)；

　　　　　　　　　/*在参考节点前插入一个新的节点。如果

参考节点为 null,那么它将在父节点的最
后插入一个子节点。 */

示例:

通过 id 获得空的 table 标签,在 table 表中创建 tr 和 td 标签,然后通过 appendChild( )
将创建的节点添加到表格中。具体代码如下:

```html
<html>
    <head>
        <meta charset = 'utf-8'>
        <title></title>
        <style>
            .bg{
                Background: #00ff00;
            }
        </style>
        <script>
            window.onload = function( ){
                mytable = document.getElementById('mytable');
                tr = document.createElement('tr');
                td = document.createElement('td');
                text = document.createTextNode('text');
                text.innerText = 'text';
                class1 = document.createAttribute('class');
                class1.value = 'bg';
                td.setAttributeNode(class1);
                td.appendChild(text);
                tr.appendChild(td);
                mytable.appendChild(tr);
            }
        </script>
    </head>
    <body>
        <table id = 'mytable' align = 'center' width = '80%' border = '1'/>
    </body>
</html>
```

运行结果如图 8-13 所示。 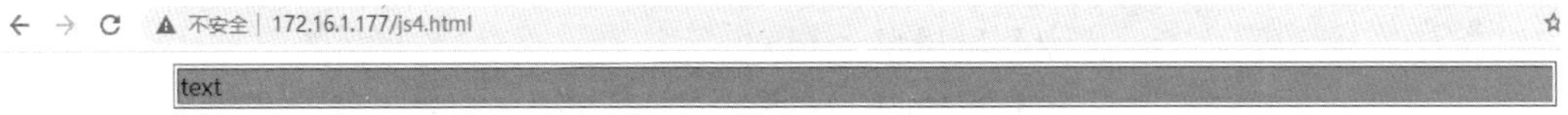

图 8-13 创建/添加节点

8.4.4 删除节点

格式如下:

// 用父节点删除子节点。必须要指定是删除哪个子节点。

父节点.removeChild(子节点);

示例:

单击表格右侧的"删除",可以将该行的单元格删除,其中用到了返回当前元素父节点对象的属性 parentNode。首先,需要获取超链接的父对象 td 标签;其次,获得 td 标签的父对象 tr 标签;再次,获得表单 table 标签;最后,利用节点删除方法将超链接所在行删除。

具体代码如下:

```html
<!DOCTYPE html>
<html lang="en">
    <head>
        <meta charset="utf-8">
        <title>Document</title>
        <script>
            function del(thisa){
                tr=thisa.parentNode.parentNode;
                table=tr.parentNode;
                table.removeChild(tr);
            }
        </script>
    </head>
    <body>
        <table id="mytable" align="center" width="80%" border="1">
            <tr>
                <td>aaaaaa</td>
                <td>aaaaaa</td>
                <td>aaaaaa</td>
                <td>aaaaaa</td>
                <td><a href="#" onclick="del(this)">删除</a></td>
            </tr>
            <tr>
                <td>bbbbbb</td>
                <td>bbbbbb</td>
                <td>bbbbbb</td>
                <td>bbbbbb</td>
                <td><a href="#" onclick="del(this)">删除</a></td>
```

```
            </tr>
            <tr>
                <td>cccccc</td>
                <td>cccccc</td>
                <td>cccccc</td>
                <td>cccccc</td>
                <td><a href="#" onclick="del(this)">删除</a></td>
            </tr>
            <tr>
                <td>dddddd</td>
                <td>dddddd</td>
                <td>dddddd</td>
                <td>dddddd</td>
                <td><a href="#" onclick="del(this)">删除</a></td>
            </tr>
            <tr>
                <td>eeeeee</td>
                <td>eeeeee</td>
                <td>eeeeee</td>
                <td>eeeeee</td>
                <td><a href="#" onclick="del(this)">删除</a></td>
            </tr>
        </table>
    </body>
</html>
```

运行结果如图 8-14 所示。

aaaaaa	aaaaaa	aaaaaa	aaaaaa	删除
bbbbbb	bbbbbb	bbbbbb	bbbbbb	删除
cccccc	cccccc	cccccc	cccccc	删除
dddddd	dddddd	dddddd	dddddd	删除
eeeeee	eeeeee	eeeeee	eeeeee	删除

图 8-14　删除节点

8.4.5　属性操作

1. 获取父节点

一个节点只有一个父节点，调用方式就是：节点.parentNode。

（1）nextSibling

nextSibling 指的是下一个节点（包括标签、空文档和换行节点）。

（2）nextElementSibling

nextElementSibling 指的是下一个元素节点（标签）。

2. Previous

（1）previousSibling

previousSibling 指的是前一个节点（包括标签、空文档和换行节点）。

（2）previousElementSibling

previousElementSibling 指的是前一个元素节点（标签）。

为了获取前一个元素节点，我们可以这样做：在 IE 6/7/8 中用 previousSibling，在火狐、谷歌、IE 9 及以上版本中用 previousElementSibling。于是，综合这两个属性，可以这样写：

前一个兄弟节点 = 节点.previousElementSibling ‖ 节点.previousSibling；

3. 补充

获得任意一个兄弟节点：

节点自己.parentNode.children[index]；　　　//随机得到兄弟节点

（1）获取单个子节点

① 第一个子节点或第一个子元素节点。

a. firstChild。

火狐、谷歌、IE 9 及以上版本：指的是第一个子节点（包括标签、空文档和换行节点）。

IE 6/7/8 版本：指的是第一个子元素节点（标签）。

b. firstElementChild。

火狐、谷歌、IE 9 及以上版本：指的是第一个子元素节点（标签）。

为了获取第一个子元素节点，我们可以这样做：在 IE 6/7/8 中用 firstChild，在火狐、谷歌、IE 9 及以上版本中用 firstElementChild。于是，综合这两个属性，可以这样写：

第一个子元素节点 = 节点.firstElementChild ‖ 节点.firstChild；

② 最后一个子节点或最后一个子元素节点。

a. lastChild。

火狐、谷歌、IE 9 及以上版本：指的是最后一个子节点（包括标签、空文档和换行节点）。

IE 6/7/8 版本：指的是最后一个子元素节点（标签）。

b. lastElementChild。

火狐、谷歌、IE 9 及以上版本：指的是最后一个子元素节点（标签）。

为了获取最后一个子元素节点，我们可以这样做：在 IE 6/7/8 中用 lastChild，在火狐、谷歌、IE 9 及以上版本中用 lastElementChild。于是，综合这两个属性，可以这样写：

最后一个子元素节点 = 节点.lastElementChild ‖ 节点.lastChild；

（2）获取所有子节点

① childNodes：标准属性。返回的是指定元素的子节点的集合（包括元素节点、所有属性、文本节点）。

火狐、谷歌等浏览器的高版本会把换行也看作子节点。用法如下：

子节点数组＝父节点．childNodes；　　//获取所有子节点

　　② children：非标准属性。返回的是指定元素的子元素节点的集合。它只返回 HTML 节点，不返回文本节点。

　　在 IE 6/7/8 中包含注释节点(注释节点不要写在里面)。

　　children 虽然不是标准的 DOM 属性，但它和 innerHTML 方法一样，得到了几乎所有浏览器的支持。用法如下：

　　　　子节点数组＝父节点．children；　　　　//获取所有子节点

　　示例：

　　实现对下拉列表的操作：当单击"导航一"时，若下拉列表存在，则隐藏起来；若下拉列表不存在，则将下拉列表显示出来。具体代码如下：

```html
<!DOCTYPE html>
<html lang="en">
    <head>
        <meta charset="utf-8">
        <title>Document</title>
        <style>
            .menu{
                cursor: pointer;
            }
        </style>
        <script>
            function dian(thisa){
                nextNode = thisa.nextElementSibling;
                if(nextNode.style.display=='none'){
                    nextNode.style.display='block';
                }
                else{
                    nextNode.style.display='none';
                }
            }
        </script>
    </head>
    <body>
        <ul>
            <li class='menu' onclick="dian(this)">导航一</li>
            <li style='display: none;'>
                <a href='JavaScript: void();'>菜单 1</a><br/>
                <a href='JavaScript: void();'>菜单 2</a><br/>
```

```
                <a href='JavaScript：void()；'>菜单 3</a><br/>
                <a href='JavaScript：void()；'>菜单 4</a><br/>
                <a href='JavaScript：void()；'>菜单 5</a><br/>
            </li>
            <li class='menu' onclick="dian(this)">导航二</li>
            <li style='display：none；'>
                <a href='JavaScript：void()；'>菜单 6</a><br/>
                <a href='JavaScript：void()；'>菜单 7</a><br/>
                <a href='JavaScript：void()；'>菜单 8</a><br/>
                <a href='JavaScript：void()；'>菜单 9</a><br/>
                <a href='JavaScript：void()；'>菜单 10</a><br/>
            </li>
            <li class='menu' onclick="dian(this)">导航三</li>
            <li style='display：none；'>
                <a href='JavaScript：void()；'>菜单 11</a><br/>
                <a href='JavaScript：void()；'>菜单 12</a><br/>
                <a href='JavaScript：void()；'>菜单 13</a><br/>
                <a href='JavaScript：void()；'>菜单 14</a><br/>
                <a href='JavaScript：void()；'>菜单 15</a><br/>
            </li>
        </ul>
    </body>
</html>
```

运行结果如图 8-15 所示。

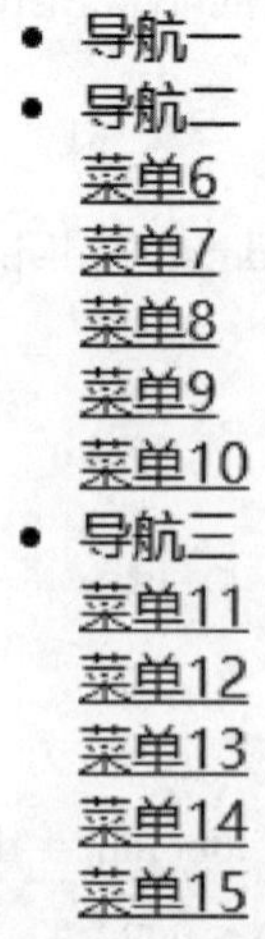

- 导航一
- 导航二
  菜单6
  菜单7
  菜单8
  菜单9
  菜单10
- 导航三
  菜单11
  菜单12
  菜单13
  菜单14
  菜单15

图 8-15 属性操作示例效果

8.5　本章小结

本章介绍了 JavaScript 的内置对象，包括 window 对象、document 对象、location 对象、navigator 对象、screen 对象和 history 对象，这些都是 Web 前端开发必须了解的为浏览器提供服务的内置对象，能帮助开发者获取客户浏览器的信息，为开发提供数据支撑。另外，本章还介绍了 JavaScript 的 DOM 操作，包括获取节点、获取/设置元素的属性值、创建/增添节点、删除节点、属性操作等。学习完本章后，就可以在 Web 页面上动态地增减节点并为节点动态设置相关属性，从而更加灵活地操作页面元素。

8.6　本章练习

1. 如果 checkbox 的 id 为 checkAll，那么 JavaScript 将一个 checkbox 设为无效的方法是（　　）。

   A. document.getElementById("checkAll").enabled=false;

   B. document.getElementById("checkAll").disabled=true;

   C. document.getElementById("checkAll").enabled=true;

   D. document.getElementById("checkAll").disabled="disabled";

2. 下列属于 location 对象的方法中，可以实现页面重新加载的是（　　）。

   A. reload　　　　　　B. hostname　　　　　　C. host　　　　　　D. replace

3. 打印本浏览器当前的 URL 地址。

4. 编写一个 div，根据浏览器的宽度和高度，将 div 设置在屏幕的中心位置。

第9章

JavaScript 事件处理

事件(Event)是 JavaScript 应用跳动的心脏,当我们与浏览器中的 Web 页面进行某些类型的交互时,事件就发生了。事件可能是用户在某些内容上的点击、鼠标经过某个特定元素或按下键盘上的某些按键等。通过使用 JavaScript 事件处理机制,你可以监听特定事件的发生,并规定让某些事件发生,以及对这些事件做出响应。

 学习内容

➤ 事件介绍。
➤ 窗口事件。
➤ 鼠标事件。
➤ 键盘事件。
➤ 事件冒泡与捕获。

 思维导图

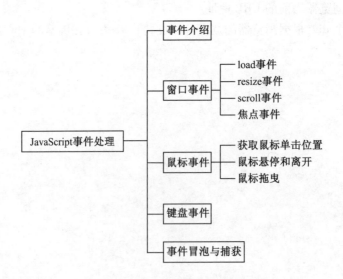

9.1　事件介绍

事件可以被认为是 JavaScript 侦测到的一种行为。网页中的每个元素都可以产生可以触发 JavaScript 函数的事件。比如,我们可以在用户点击某按钮时产生一个 onClick 事件来触发某个函数。事件在 HTML 页面中定义。

当我们在某个元素上添加一个事件时,根据事件执行的先后顺序可以把它当成一个事件流。例如,在 DOM 中规定事件流包括三个阶段:事件捕获阶段、处于目标阶段和事件冒泡阶段。首先发生的是事件捕获,然后是实际的目标接收到事件,最后是冒泡阶段,可以在这个阶段对事件做出响应。

事件处理程序可以通过返回一个适当的值、调用事件对象的某个方法或设置事件对象的某个属性来阻止默认操作的发生。

常见的事件方法如表 9-1 所示。

表 9-1　常见的事件方法

方法	描述
onabort	图像加载被中断
onblur	元素失去焦点
onchange	用户改变域的内容
onclick	鼠标点击某个对象
ondblclick	鼠标双击某个对象
onerror	当加载文档或图像时发生某个错误
onfocus	元素获得焦点
onkeydown	某个键盘的键被按下
onkeypress	某个键盘的键被按下或按住
onkeyup	某个键盘的键被松开
onload	某个页面或图像被加载完成
onmousedown	某个鼠标按键被按下
onmousemove	鼠标被移动
onmouseout	鼠标从某元素移开
onmouseover	鼠标被移到某元素之上
onmouseup	某个鼠标按键被松开
onreset	重置按钮被点击
onresize	窗口或框架的尺寸被调整
onselect	文本被选定
onsubmit	"提交"按钮被点击
onunload	用户退出页面

9.2　窗口事件

窗口事件是指当前用户与其他页面的元素交互时触发的事件,常见的有 load、resize、scroll、upload、abort、error、select 等。

9.2.1　load 事件

当指定的元素(及子元素)已加载时,会发生 load( )事件。该事件适用于任何带有 URL 的元素(如图像、脚本、框架、内联框架)。对于不同的浏览器(Firefox 和 IE),若图像已被缓存,则可能不会触发 load 事件。

关于 load 事件的使用,常见的方法有两种:一种是在标签中添加 onload 属性执行指定 JavaScript 代码段,另一种是在 JavaScript 代码中添加监听事件的代码。

示例一:

```
<!DOCTYPE html>
<html lang="en">
    <head>
        <meta charset="utf-8">
        <title>Document</title>
        <script type="text/JavaScript">
            function loaded( )
            {
                alert("本页面加载完成!");
            }
        </script>
    </head>
    <body onload="loaded( )">
        <h1>Load Event Test Page</h1>
        <hr/>
    </body>
</html>
```

程序运行效果如图 9-1 所示。

图 9-1　页面加载(在标签中添加 onload 属性)

示例二:

```
<!DOCTYPE html>
<html lang="en">
    <head>
        <meta charset="utf-8">
```

```
<title>Document</title>
<script type="text/JavaScript">
    //当页面完全加载完之后执行的匿名函数
    window.onload=function(){
        alert("本页面加载完成!");
    }
</script>
</head>
<body>
    <h1>Load Event Test Page</h1>
    <hr/>
</body>
</html>
```

程序运行效果如图 9-2 所示。

图 9-2　页面加载(在 js 代码中添加监听事件)

同样地,这些事件也可以是针对某个标签的加载事件的监听,如常见的 img 图片标签。
示例:

```
<!DOCTYPE html>
<html lang="en">
    <head>
        <meta charset="utf-8">
        <title>Document</title>
        <script type="text/JavaScript">
            function loaded(){
                alert("本图片加载完成!");
            }
        </script>
    </head>
    <body>
        <h1>Load Event Test Page</h1>
        <hr/>
        <img src="null.png" onload="loaded()">
```

```
    </body>
  </html>
```

程序运行效果如图 9-3 所示。

图 9-3　图片加载效果

9.2.2　resize 事件

在 JavaScript 中，resize 事件是在浏览器窗口被重置时触发的，如当用户调整窗口大小，或者最大化窗口、最小化窗口、恢复窗口大小显示时触发 resize 事件。利用该事件可以跟踪窗口大小的变化，以便动态调整页面元素的显示大小。

示例：

```
<!DOCTYPE html>
<html lang="en">
  <head>
    <meta charset="utf-8">
    <title>Document</title>
    <script type="text/JavaScript">
      window.onload = function() {
        document.getElementById('width').innerText = document.body.
          clientWidth + 'px';
        //当前页面全部加载完后执行的匿名函数
        document.getElementById('height').innerText = document.body.
          clientHeight + 'px';
      }
      function windowresize() {
        document.getElementById('width').innerText = document.body.
          clientWidth + 'px';
        document.getElementById('height').innerText = document.body.
          clientHeight + 'px';
      }
    </script>
  </head>
  <body onresize="windowresize()">          //当窗口大小发生变化时执行的函数
```

```
        <h1>Resize Event Test Page</h1>
        <hr/>
        当前宽：<span id="width"></span><br/>
        当前高：<span id="height"></span>
    </body>
</html>
```

程序运行效果如图 9-4 和图 9-5 所示。

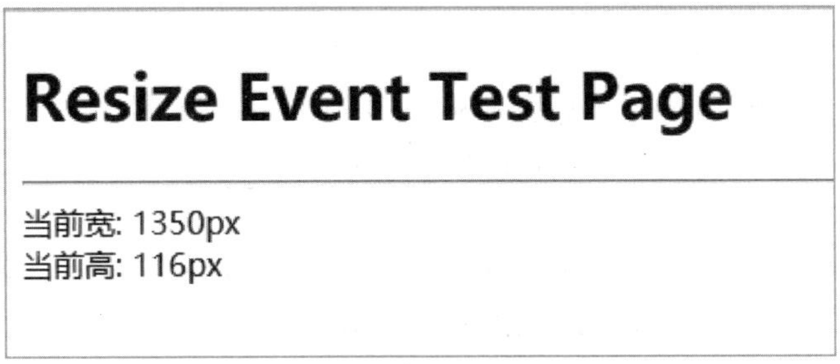

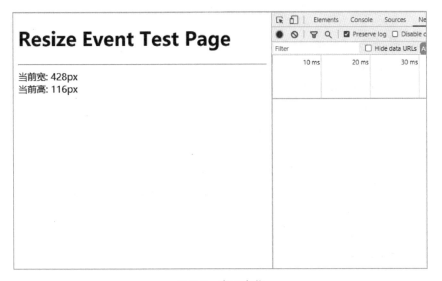

图 9-4　默认窗口大小预览

图 9-5　窗口变化

9.2.3　scroll 事件

在 JavaScript 中，当用户在浏览器窗口内移动文档的位置时会触发 scroll 事件，如通过键盘上的箭头键、翻页键或空格键移动文档的位置，或者通过滚动条滚动文档的位置。利用该事件可以跟踪文档位置变化，及时调整某些元素的显示位置，确保它始终显示在屏幕可见区域内。

示例：

```
<!DOCTYPE html>
<html lang="en">
```

```
<head>
    <meta charset="utf-8">
    <title>Document</title>
    <style type="text/css">
        html,body{
            width: 100%;
            height: 100%;
        }
    </style>
    <script type="text/JavaScript">
        function scrolling()
        {
            document.getElementById('currentposition').innerText = document.
                documentElement.scrollTop;
            document.getElementById('positiondiv').style.top = document.
                documentElement.scrollTop + 'px';
        }
    </script>
</head>
<body onscroll="scrolling()">
    <div style="height: 300%;">
        <h1>Scroll Event Test Page</h1>
        <hr/>
        <div id="positiondiv" style="position: relative">
            当前位置: <span id="currentposition"></span>
        </div>
    </div>
</body>
</html>
```

程序运行效果如图 9-6 和图 9-7 所示。

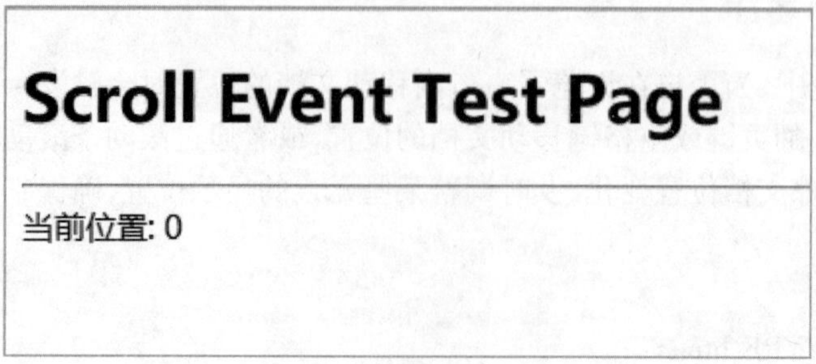

Scroll Event Test Page

当前位置: 0

图 9-6 未滚动效果

当前位置: 258

图 9-7　滚动中效果

9.2.4　焦点事件

焦点事件主要是指页面元素对焦点的获得与失去,如对于文本框,当鼠标单击时可以在文本框内输入文字,这就是文本框获得了焦点。焦点事件主要是获得焦点触发事件和失去焦点触发事件。焦点事件的方法如表 9-2 所示。

表 9-2　焦点事件的方法

方法	描述
blur	在元素失去焦点时触发
focus	在元素获得焦点时触发

以下示例对两个文本框的焦点的获得和失去进行判断。

```
<!DOCTYPE html>
<html lang="en">
    <head>
        <meta charset="utf-8">
        <title>Document</title>
        <style type="text/css">
            html,body{
                width:100%;
                height:100%;
            }
        </style>
        <script type="text/JavaScript">
            function getfocus(id)
```

```
                {
                    document.getElementById(id).innerText='获得焦点';
                }
                function getblur(id)
                {
                    document.getElementById(id).innerText='失去焦点';
                }
        </script>
    </head>
    <body>
        <div>
            <h1>Focus Test Page</h1>
            <hr/>
            <input onfocus="getfocus('input1')" onblur="getblur('input1')"/>
            <span id="input1">失去焦点</span>
            <br/>
            <input onfocus="getfocus('input2')" onblur="getblur('input2')"/>
            <span id="input2">失去焦点</span>
        </div>
    </body>
</html>
```

程序运行结果如图 9-8 所示。

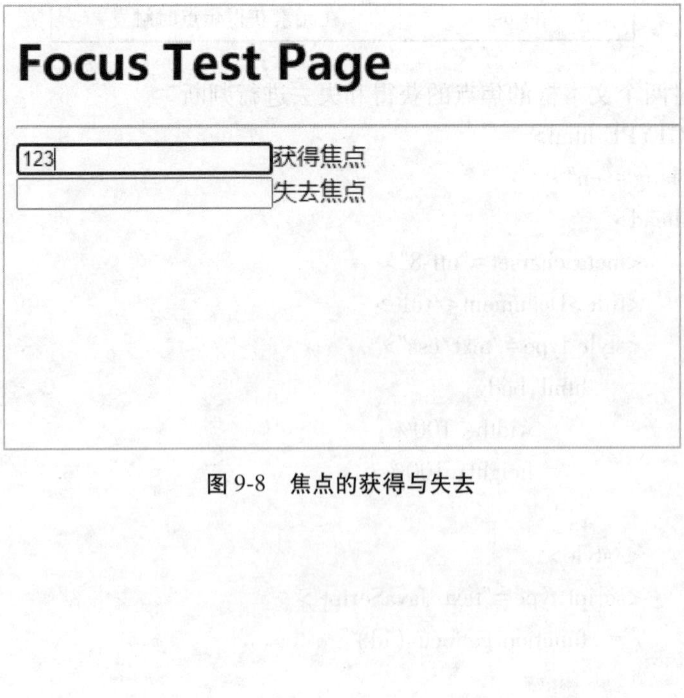

Focus Test Page

| 123 | 获得焦点 |
| | 失去焦点 |

图 9-8　焦点的获得与失去

9.3 鼠标事件

鼠标事件主要是鼠标操作所触发的事件,如鼠标单击、双击、单击按下、单击抬起及鼠标滑过等状态都有相应的触发事件。鼠标事件常用于定位设备,具体事件如表 9-3 所示。

表 9-3 鼠标事件方法

方法	描述
click	用户单击鼠标左键或按 Enter 键时触发
dbclick	用户双击鼠标左键时触发
mousedown	用户按下任意鼠标按钮时触发
mouseenter	在鼠标光标从元素外部首次移动到元素范围内时触发,不冒泡
mouseleave	元素上方的光标移动到元素范围之外时触发,不冒泡
mousemove	光标在元素的内部不断移动时触发
mouseover	鼠标指针位于一个元素外部,然后用户首次移动到另一个元素的边界之内时触发
mouseout	用户将光标从一个元素上方移动到另一个元素时触发
mouseup	在用户释放鼠标按钮时触发
mousewheel	鼠标滚轮滚动时触发

9.3.1 获取鼠标单击位置

鼠标在浏览器窗口内移动,有时需要对鼠标在浏览器中的位置进行定位。以浏览器左上角为坐标原点,横向为 x 轴,纵向为 y 轴,通过事件对象中的 ClientX 和 ClientY 属性可以获得鼠标的坐标位置。以下示例对鼠标单击的位置进行获取,输出其横坐标和纵坐标。

```
<!DOCTYPE html>
<html lang="en">
    <head>
        <meta charset="utf-8">
        <title>Document</title>
        <style type="text/css">
            html,body{
                width: 100%;
                height: 100%;
            }
            #dd{
                width: 120px;
                height: 120px;
```

```
                    background：#00ff00；
                    position：absolute；
                }
            </style>
            <script type="text/JavaScript">
                function clicked(e){
                    document.getElementById("x").innerText=e.clientX；
                    document.getElementById("y").innerText=e.clientY；
                }
            </script>
        </head>
        <body onclick="clicked(event)">
            <div>x：<span id="x">0</span>，y：<span id="y">0</span></div>
        </body>
    </html>
```

程序运行后点击鼠标，效果如图 9-9 所示。

x:135,y:69

图 9-9　鼠标点击效果

9.3.2　鼠标悬停和离开

鼠标的悬停和离开是指鼠标停在某个 HTML 元素上或离开某个 HTML 元素。当出现这两种状态时都可以触发事件：鼠标悬停时触发 onmouseover，鼠标离开时触发 onmouseout。

以下示例对鼠标悬停和离开进行了判断。

```
<!DOCTYPE html>
<html lang="en">
    <head>
        <meta charset="utf-8">
        <title>Document</title>
```

```
        <style type="text/css">
            html,body{
                width: 100%;
                height: 100%;
            }
        </style>
        <script type="text/JavaScript">
            function displaymenu(menu)
            {
                menu.style.height='180px';
            }
            function hiddenmenu(menu)
            {
                menu.style.height='30px';
            }
        </script>
    </head>
    <body>
        <div>
            <h1> Test Page</h1>
            <hr/>
            <div onmouseover="displaymenu(this)" onmouseout="hiddenmenu
                (this)" style="width: 120px; height: 30px; border: 1px solid
                blue; overflow: hidden; background: #cccccc;">
              <table>
                    <tr><td>下拉菜单</td></tr>
                    <tr><td>菜单一</td></tr>
                    <tr><td>菜单二</td></tr>
                    <tr><td>菜单三</td></tr>
                    <tr><td>菜单四</td></tr>
                    <tr><td>菜单五</td></tr>
                </table>
            </div>
        </div>
    </body>
</html>
```

程序运行效果如图 9-10 和图 9-11 所示。

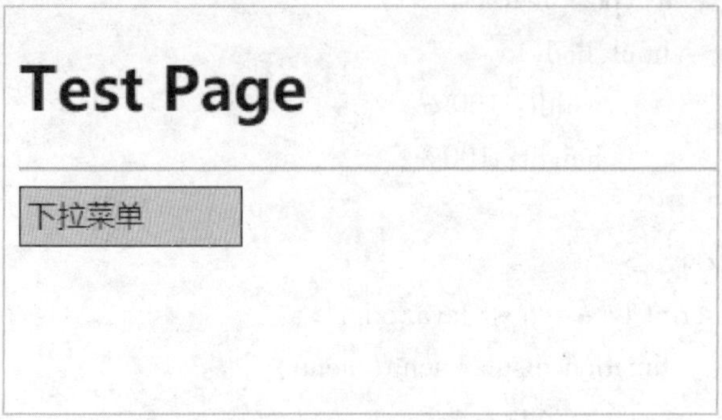

图 9-10　鼠标未悬停效果

图 9-11　鼠标悬停效果

9.3.3　鼠标拖曳

首先分析一下需求,这个需求就是单击鼠标并按住你才能移动并改变 div 在页面中的位置。松开鼠标你就不能再移动了。所以这里鼠标的状态有三个,分别是点击时 (onmousedown 事件)、移动时(onmousemove 事件)、松开时(onmouseup 事件),所以 js 部分有三个事件,这三个事件的使用顺序不能颠倒。

在下面的示例中,为鼠标绑定 onmousedown( )、onmousemove( )、onmouseup( )事件。当按下鼠标时,将元素移动的 flag 设置为 true,通过 id 获取 div 元素;当移动鼠标时,根据鼠标的位置设置 div 的 left 和 top,使其位置发生变化,以达到移动的效果;当松开鼠标时,将元素移动的 flag 设置为 false,元素不能移动。

```
<!DOCTYPE html>
<html lang="en">
    <head>
        <meta charset="utf-8">
        <title>Document</title>
        <style type="text/css">
```

```css
html,body{
    width: 100%;
    height: 100%;
}
#dd{
    width: 120px;
    height: 120px;
    background: #00ff00;
    position: absolute;
}
</style>
```

```html
<script type="text/JavaScript">
    var dd;
    var mflag=false;
    function ondown(){
        dd=document.getElementById('dd');
        mflag=true;
    }
    function onmove(e){
        if(mflag){
            dd.style.left=e.clientX-60+"px";
            dd.style.top=e.clientY-60+"px";
        }
    }
    function onup(){
        mflag=false;
    }
</script>
</head>
<body onmousemove="onmove(event)">
    <div id="dd" onmousedown="ondown()" onmouseup="onup()" style="
        left: 80px; top: 120px;">
    </div>
</body>
</html>
```

程序运行效果如图 9-12 所示。

图 9-12　鼠标拖曳效果

9.4　**键盘事件**

在 JavaScript 中，用户操作键盘会触发键盘事件，键盘事件主要包括表 9-4 所示的 3 种类型。

表 9-4　键盘事件

事件	描述
keydown	在键盘上按下某个键时触发。如果按住某个键，会不断触发该事件，但是 Opera 浏览器不支持这种连续操作。该事件处理函数返回 false 时，会取消默认的动作（如输入的键盘字符，在 IE 和 Safari 浏览器中还会禁止 keypress 事件响应）
keypress	按下键盘某个键并释放时触发。如果按住某个键，会不断触发该事件。该事件处理函数返回 false 时，会取消默认的动作（如输入的键盘字符）
keyup	释放键盘某个键时触发。该事件仅在松开键盘时触发一次，不是一个持续的响应状态

当获取用户正按下键码时，可以使用 keydown、keypress 和 keyup 事件获取这些信息。其中 keydown 和 keypress 事件基本上是同义事件，它们的表现也完全一致，不过一些浏览器不允许使用 keypress 事件获取按键信息。所有元素都支持键盘事件，但键盘事件多被应用在表单输入中。以下示例对 A、W、S、D 键的状态进行判断。

```
<!DOCTYPE html>
<html lang="en">
    <head>
        <meta charset="utf-8">
        <title>Document</title>
        <style type="text/css">
```

```
            html, body {
                width: 100%;
                height: 100%;
            }
        </style>
        <script type="text/JavaScript">
            function keydown(e) {
                state = document.getElementById("state");
                movepx = 8;
                switch(e.keyCode) {
                    case 87:
                    case 119: state.innerText = "正在向北移动"; break;
                    case 83:
                    case 115: state.innerText = "正在向南移动"; break;
                    case 65:
                    case 97: state.innerText = "正在向西移动"; break;
                    case 68:
                    case 100: state.innerText = "正在向东移动"; break;
                }
            }
            function keyup() {
                state = document.getElementById("state");
                state.innerText = "停止移动";
            }
        </script>
    </head>
    <body onkeydown="keydown(event)" onkeyup="keyup()">
        <div>当前角色状态：<span id="state"></span></div>
    </body>
</html>
```

程序运行后按下 W 键的效果如图 9-13 所示。

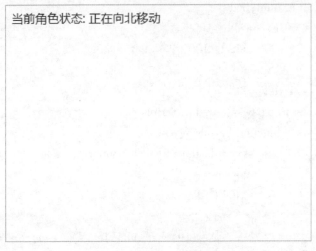

图 9-13　按下 W 键的效果

9.5　事件冒泡与捕获

　　事件发生会产生事件流。DOM 结构是一个树形结构,当一个 HTML 元素产生一个事件时,该事件会在元素节点与根节点之间按特定的顺序传播,路径所经过的节点都会收到该事件,这个传播过程可以称为 DOM 事件流。

　　事件顺序有两种类型:事件冒泡(Bubbling Phase)和事件捕获(Capturing Phase),如图 9-14 所示。

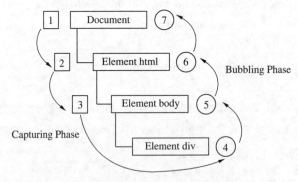

图 9-14　事件冒泡与捕获

　　事件冒泡是指从叶子节点沿祖先节点一直向上传递到根节点,其基本思路是:事件按照从特定的事件目标开始到最不特定的事件目标,子级元素先触发,父级元素后触发。事件捕获则与事件冒泡相反:由 DOM 树最顶层元素一直到最精确的元素,父级元素先触发,子级元素后触发。事件的触发方式如下:

　　　　addEventListener("click", "doSomething", "true");

　　其中:若第三个参数为 true,则采用事件捕获;若第三个参数为 false,则采用事件冒泡。

以下示例对 d1、d2、d3 的 div 标签进行了事件捕获。

```html
<!DOCTYPE html>
<html lang="en">
    <head>
        <meta charset="utf-8">
        <title>Document</title>
        <style type="text/css">
            html,body{
                width: 100%;
                height: 100%;
            }
        </style>
        <script type="text/JavaScript">
            window.onload=function(){
                d1=document.getElementById("d1");
                d2=document.getElementById("d2");
                d3=document.getElementById("d3");
                //true 表示在捕获阶段响应,顺序为 d1→d2→d3
                //false 表示在冒泡阶段响应,顺序为 d3→d2→d1
                d1.addEventListener("click", function(event){
                    alert('d1 响应');}, "true");
                d2.addEventListener("click", function(event){
                    alert('d2 响应');}, "true");
                d3.addEventListener("click", function(event){
                    alert('d3 响应');}, "true");
            }
        </script>
    </head>
    <body>
        <div id="d1" style="background: #0000ff; width: 800px; height: 600px;">
            <div id="d2" style="background: #00ff00; width: 400px; height:
            300px">
                <div id="d3" style="background: #ff0000; width: 200px;
                height: 150px;">
                </div>
            </div>
        </div>
    </body>
```

</html>

程序运行效果如图 9-15 所示,用鼠标点击色块后,弹出如图 9-16 所示的对话框。

图 9-15　页面预览

图 9-16　点击色块后的效果

9.6　本章小结

　　本章主要介绍了 JavaScript 事件处理,如窗口事件(包括 load 事件、resise 事件、scroll 事件、焦点事件)、鼠标事件、键盘事件,以及事件的冒泡与捕获,使读者对 Web 前端开发过程中的各种事件和事件机制有一个系统的了解,并能灵活运用。

9.7　本章练习

1. 指定按下或释放的键是下列(　　)属性。
   A. altKey　　　　　　B. metaKey　　　　　　C. keyCode　　　　　　D. shiftKey
2. 下列关于 mouseenter 事件的表述正确的是(　　)。
   A. 当用户按下或释放鼠标按键时

B. button 属性指定了按下的鼠标键是哪个

　　C. mouseenter 会冒泡直到文档最顶层

　　D. 指明当时是否有任何辅助键按下

　　3. 在页面上写一个 text 输入框,响应焦点离开事件,要求:当焦点离开时,判别输入框中输入的是否是数字,如果不是,则弹出提示框"只能输入数字"。

第 10 章

jQuery 基础

jQuery 是目前最流行的 JavaScript 框架之一，它将 JavaScript 的常用操作进行了封装。jQuery 的语法比 JavaScript 更加简单，且兼容目前绝大多数的浏览器。jQuery 的引入使开发人员可更方便地对网页文档内容进行增、删、改、查的操作，还能进行事件处理、动画运行及 AJAX 的操作。jQuery 是一个完全免费的 JavaScript 函数库，它有大量丰富多彩的插件可供选择，开发人员不必了解 jQuery 文件内部的代码，就能开发出功能强大的前端页面。

 学习内容

➢ jQuery 的引入和语法。
➢ jQuery 选择器。
➢ jQuery 中的 DOM 操作。

 思维导图

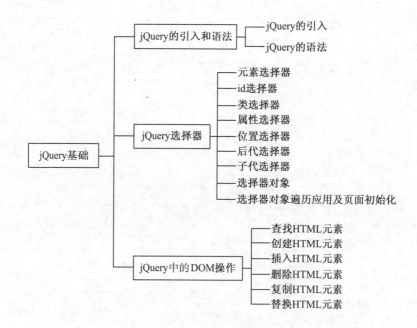

10.1　jQuery 的引入和语法

要使用 jQuery 就必须在网页中引入 jQuery 文件,并用正确的语法去选择相应的元素进行操作。

10.1.1　jQuery 的引入

jQuery 的引入一般有两种方法:一种是从 jquery.com 网站下载 jQuery 文件后引入网页中;另一种是直接从 CDN 中载入 jQuery 文件到网页中。

1. 从 jquery.com 网站下载 jQuery 文件并引入

进入 jQuery 的官方网站(http://jquery.com),如图 10-1 所示。在网站的菜单中单击"Download"进入下载页面。

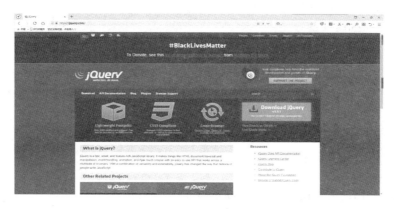

图 10-1　jQuery 的官方网站

找到 "Download the compressed, production jQuery 3. 5. 1" 或 "Download the uncompressed, development jQuery 3.5.1"超链接(版本可能会更新),如图 10-2 所示。

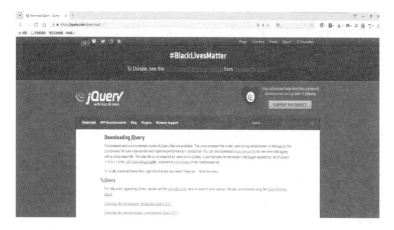

图 10-2　jQuery 下载页面

其中 production jQuery 是生产版,主要用在实际的网站开发中,已被压缩和精简,文件较小;development jQuery 则是开发版,主要用于测试和开发,是没有被压缩和精简的版本,文件相对大一些。点击相应的超链接后即可下载 jQuery 文件。下载下来的生产版的文件名为 jquery-3.5.1.min.js,开发版的文件名为 jquery-3.5.1.js。对于一般的使用者来说,下载生产版就足够了。

以下载的生产版为例,在网页的<head>标签中使用如下代码即可将 jQuery 文件引入页面:

```
<script type="text/JavaScript" src="./js/jquery-3.5.1.min.js"></script>
```

也可以简写成如下形式:

```
<script src="./js/jquery-3.5.1.min.js"></script>
```

示例:

```
<!DOCTYPE html>
<html>
    <head>
        <meta charset="utf-8">
        <title>jQuery 的引入</title>
        <script type="text/JavaScript" src="./js/jquery-3.5.1.min.js"></script>
    </head>
    <body>
    </body>
</html>
```

2. 从 CDN 中载入 jQuery 文件到网页中

如果不希望把 jQuery 文件放到自己的网站中,那么也可以通过 CDN(内容分发网络)引用它。很多网站,如 Staticfile CDN、百度、新浪等的服务器都存有 jQuery 文件。开发者只需要在网页中引用相应的 jQuery 文件的网络地址即可。部分网站 CDN 的 jQuery 地址如下:

(1) Staticfile CDN

```
<head>
    <script src="https://cdn.staticfile.org/jquery/1.10.2/jquery.min.js">
    </script>
</head>
```

(2) 百度 CDN

```
<head>
    <script src="https://apps.bdimg.com/libs/jquery/2.1.4/jquery.min.js">
    </script>
</head>
```

(3) 新浪 CDN

```
<head>
```

```
<script src="https://lib.sinaapp.com/js/jquery/2.0.2/jquery-2.0.2.min.js">
</script>
</head>
```

通过以上两种方法中的任意一种引入 jQuery 文件后,就可以对网页进行 jQuery 的相关操作了。

10.1.2　jQuery 的语法

jQuery 的语法可以看成两部分:选择器和操作。写法上都以"$"符号开头。基础语法如下:

　　$(selector).action()

其中 selector 为选择器,action() 为需要执行的操作。举例如下:

- $(this).hide():隐藏当前元素。
- $("table").hide():隐藏所有的<table>元素。
- $("table.test").hide():隐藏所有 class 为 test 的<table>元素。
- $("#test").hide():隐藏 id 为 test 的元素。

要执行 jQuery 的语句,还需要把 jQuery 的代码放入 ready 函数中,写法如下:

```
$(document).ready(function(){
    //这里写需要执行的代码
});
```

此代码的含义是:当页面文档(document)已经准备好(ready)时,就执行 ready 函数里面的代码。以上代码还可以简写为以下两种形式:

```
$().ready(function(){
    //这里写需要执行的代码
});
```

或者

```
$(function(){
    //这里写需要执行的代码
});
```

10.2　jQuery 选择器

jQuery 选择器是 jQuery 语法中最重要的部分之一,因为在做任何操作前必须先选中相应的元素。jQuery 中所有选择器都以"$"符号开头: $()。

jQuery 选择器可以分为元素选择器、类选择器、id 选择器、属性选择器、位置选择器、后代选择器、子代选择器、兄弟选择器,如表 10-1 所示。

表 10-1　jQuery 选择器的种类

选择器	语法	描述	举例
元素选择器	$("element")	根据给定的元素名匹配所有元素	$("p")：选取所有的\<p>元素
类选择器	$(".class")	根据给定的类匹配元素	$(".c1")：选取所有 class 为 c1 的元素
id 选择器	$("#id")	根据给定的 id 匹配一个元素	$("#p1")：选取 id 为 p1 的元素
属性选择器	$("element[attribute]")	匹配包含给定属性的元素	$("div[title='test']")：匹配 div 中 title 属性值等于 test 的元素
位置选择器	$(element：position)	匹配符合标签中相应位置的元素	$("div：first")：匹配所有 div 中的第一个\<div>元素
后代选择器	$("ancestor descendant")	匹配给定的祖先元素的所有后代元素	$("#ul1 li")：匹配 id 为 ul1 的所有\<li>元素
子代选择器	$("parent>child")	匹配所有给定 parent 元素中指定 child 的直接子元素	$("#ul1>li")：匹配 id 为 ul1 下元素名为\<li>的子元素
兄弟选择器	$(element+brother)	匹配紧随其后的一个兄弟元素	$("#p1 +p")：匹配 id 为 p1 的下一个兄弟元素
	$(element~brother)	匹配紧随其后的所有兄弟元素	$("#p1 ~p")：匹配 id 为 p1 之后的所有兄弟元素

10.2.1　元素选择器

元素选择器又称为标签选择器，是根据给定的 HTML 元素名选择所有元素。jQuery 使用 JavaScript 的原生 getElementsByTagName( )实现。元素选择器的语法如下：

$("标签名称")

在下面的实例中有 3 个\<p>标签，现在通过元素选择器将\<p>标签的边框加上红色。

```
<div>div-1</div>
<p class="c1">P-1</p>
<p class="c1" id="p2">P-2</p>
<p class="c2" id="p3">P-3</p>
```

下面是通过元素找相应的标签：

$("p")　　　　　　　　　　　　　　　　//找到所有的 p 标签

示例：

```
<!DOCTYPE html>
    <html>
        <head>
            <meta charset="UTF-8">
            <title>jQuery-元素选择器</title>
            <script type="text/JavaScript" src="./js/jquery-3.5.1.js"></script>
        </head>
        <body>
            <p class="c1">P-1</p>
            <p class="c1" id="p2">P-2</p>
            <p class="c2" id="p3">P-3</p>
        </body>
    </html>
    <script type="text/JavaScript">
        $("p").css("border", "5px solid red");
    </script>
```

运行结果如图 10-3 所示。

图 10-3　元素选择器的应用

10.2.2　id 选择器

id 选择器是基本的选择器。jQuery 中的 id 选择器通过 HTML 元素的 id 属性选取指定的元素，根据给定的 id 匹配一个元素。jQuery 使用 JavaScript 的原生 getElementsById( ) 实现。id 选择器的语法如下：

$("#标签 id 值")

在下面的 HTML 代码中含有 3 个<p>标签，可以通过 id 找到相应的<p>标签：

```
<p id="p1">P-1</p>
<p id="p2">P-2</p>
<p id="p3">P-3</p>
```

下面是通过 id 找相应的标签：

$("#p1")   //找到的是一个 p1 标签
$("#p2")   //找到的是一个 p2 标签
$("#p3")   //找到的是一个 p3 标签

注：id 是唯一的，每个 id 值在一个页面中只能使用一次。如果多个元素分配了相同的 id，将只匹配该 id 选择集合的第一个 DOM 元素。但这种行为不应该发生，有超过一个元素的页面使用相同的 id 是无效的。

在下面的示例中，通过 JavaScript 原生的语法及 jQuery 提供的 id 选择器为 div 加边框，其中蓝色的边框是通过原生方法处理的，红色的边框是通过 id 选择器处理的，两个 id 相同时只匹配第一个 div。

示例：

```html
<! DOCTYPE html>
<html>
    <head>
        <meta charset="utf-8">
        <title>jQuery-id 选择器</title>
        <style>
            div{
                width: 100px;
                height: 90px;
                float: left;
                padding: 5px;
                margin: 5px;
                background-color: #EEEEEE;
            }
        </style>
        <script type="text/JavaScript" src="./js/jquery-3.4.1.js"></script>
    </head>
    <body>
        <div id="test0">
            <p>id="test0"</p>
            <p>选中</p>
        </div>
        <div id="test1">
            <p>id="test1"</p>
            <p>jQuery 选中</p>
        </div>
        <div id="test1">
            <p>id="test1"</p>
```

```
                <p>jQuery 未选中</p>
            </div>
        </body>
    </html>
    <script type="text/JavaScript">
        //通过原生方法处理
        var div = document.getElementById('test0');
        div.style.border = "3px solid blue";
    </script>
    <script type="text/JavaScript">
        //通过 jQuery 直接传入 id
        $("#test1").css("border", "3px solid red");
    </script>
```

运行结果如图 10-4 所示。

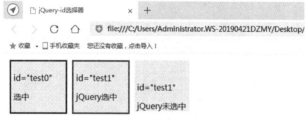

图 10-4　id 选择器的应用

10.2.3　类选择器

类选择器,顾名思义就是通过类别选择 HTML 元素,也就是通过 class 样式类名寻找与类匹配的元素。相对于 id 选择器来说,类选择器效率相对低一点,其优势是可以多选。jQuery 使用 JavaScript 的原生方法 getElementsByClassName( )实现。没有 id 属性时可以通过类选择器获得 HTML 元素。类选择器的语法如下:

　　$(".class 属性值")

在下面的示例中,有 3 个<p>标签,前两个的类名是相同的。现在通过类选择器将类名 c1 的<p>标签加上蓝色边框,将类名 c2 的<p>标签加上绿色边框。

```
    <p class="c1">P-1</p>
    <p class="c1" id="p2">P-2</p>
    <p class="c2" id="p3">P-3</p>
```

下面是通过类别查找相应的标签:

```
    $(".c1")                              //找到的是第一个 p 标签
    $(".c2")                              //找到的是第二个 p 标签
```

示例：

```
<!DOCTYPE html>
<html>
    <head>
        <meta charset="utf-8">
        <title>jQuery-类选择器</title>
        <script type="text/JavaScript" src="./js/jquery-3.4.1.js"></script>
    </head>
    <body>
        <p class="c1">P-1</p>
        <p class="c1" id="p2">P-2</p>
        <p class="c2" id="p3">P-3</p>
    </body>
</html>
<script type="text/JavaScript">
    $(".c1").css("border", "3px solid blue");
    $(".c2").css("border", "3px solid green");
</script>
```

运行结果如图 10-5 所示。

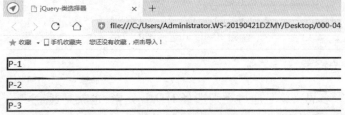

图 10-5　类选择器的应用

10.2.4　属性选择器

属性选择器基于属性来定位元素。它可以只指定该元素的某个属性，这样所有使用该属性的元素都将被定位；也可以更加明确并定位在这些属性上使用特定值的元素，这就是属性选择器展示它们用途的地方。常用的属性选择器如表 10-2 所示。

表 10-2　常用的属性选择器

选择器	描述
$("[属性名]")	匹配所有具有指定属性的元素
$("[属性名='值']")	匹配与值相等的元素
$("[属性名!='值']")	匹配与值不相等的元素

续表

选择器	描述
$("[属性名^='值']")	匹配以值开头的元素
$("[属性名 $ ='值']")	匹配以值结尾的元素
$("[属性名 * ='值']")	匹配包含值的元素

在下面的示例中,先测试表 10-2 中的前三个选择器: $("[属性名]")将具有 name 属性的 div 的背景设置成黄色; $("[属性名='值']")将 name 属性值等于 p1 的 div 元素加上红色框; $("[属性名!='值']")将 name 属性值不等于 p1 的 div 元素加上蓝色框。

示例:

```html
<!DOCTYPE html>
<html>
    <head>
        <meta charset="utf-8">
        <title>jQuery-属性选择器</title>
        <script type="text/JavaScript" src="./js/jquery-3.4.1.js"></script>
    </head>
    <body>
        <h2>属性选择器</h2>
        <h3>[属性名]、属性名='值'、[属性名!='值']</h3>
        <div class="div" testattr="true" name='p1'>
            <a>[属性名='值']</a>
        </div><br/>
        <div class="div" testattr="true" name='p2'>
            <a>[属性名!='值']</a>
        </div><br/>
        <div class="div" testattr="true" name='p3'>
            <a>[属性名!='值']</a>
        </div><br/>
        <div class="div" testattr="true" >
            <a>没有 name 属性</a>
        </div>
    </body>
</html>
<script type="text/JavaScript">
    //查找所有 div 中属性 name=p1 的 div 元素,加红色框
    $("div[name='p1']").css("border", "5px groove red");
</script>
```

```
<script type="text/JavaScript">
    //查找所有 div 中属性 name!=p1 的 div 元素,加蓝色框
    $("div[name!='p1']").css("border", "5px groove blue");
</script>
<script type="text/JavaScript">
    //查找所有 div 中有 name 属性的 div 元素,将背景变为黄色
    $("div[name]").css("background", "yellow");
</script>
```

运行结果如图 10-6 所示。

图 10-6　属性选择器的应用 1

在下面的示例中,测试表 10-2 中的后三个选择器: $("[属性名^='值']")将以"en"开头的 name 属性值的 div 元素加上红色框; $("[属性名 $ ='值']")将以"html"结尾的 name 属性值的 div 元素加上蓝色框; $("[属性名 * ='值']")将包含"o"的 name 属性值的 div 元素的背景设置成黄色。

示例:

```
<!DOCTYPE html>
<html>
    <head>
        <meta charset="utf-8">
        <title>jQuery-属性选择器</title>
        <script type="text/JavaScript" src="./js/jquery-3.4.1.js"></script>
    </head>
    <body>
        <h2>属性选择器</h2>
        <h3>[属性名^='值']、[属性名 $ ='值']、[属性名 * ='值']</h3>
        <div class="div" testattr="true" name='enpenc'>
            <a>[属性名^='值']</a>
        </div><br/>
        <div class="div" testattr="true" name='show.html'>
```

```
            <a>[属性名 $='值']</a>
        </div><br/>
        <div class="div" testattr="true" name="hideo">
            <a>[属性名*='值']</a>
        </div>
    </body>
</html>
<script type="text/JavaScript">
    //匹配 name 属性值以"en"开头的 div 元素,加红色框
    $("div[name^='en']").css("border", "5px groove red");
</script>
<script type="text/JavaScript">
    //匹配 name 属性值以"html"结尾的 div 元素,加蓝色框
    $("div[name $ ='html']").css("border", "5px groove blue");
    //匹配 name 属性值包含"o"的 div 元素,背景变为黄色
    $("div[name * ='o']").css("background","yellow");
</script>
```

运行结果如图 10-7 所示。

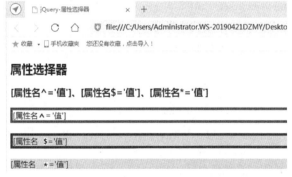

图 10-7　属性选择器的应用 2

10.2.5　位置选择器

位置选择器是 jQuery 提供的一系列筛选选择器,通过位置选择器可以更快捷地找到所需的 DOM 元素。位置选择器很多都不符合 CSS 的规范,而是 jQuery 为了开发者的便利延展出来的选择器。位置选择器的用法与 CSS 中的伪元素的用法类似,选择器用冒号(:)开头。常用的位置选择器如表 10-3 所示。

表 10-3　常用的位置选择器

选择器	描述
$("selector：first")	匹配第一个元素
$("selector：last")	匹配最后一个元素
$("selector：odd")	匹配索引值为奇数的元素,从 0 开始计数
$("selector：even")	匹配索引值为偶数的元素,从 0 开始计数
$("selector：eq(n)")	匹配集合中索引值为 n 的元素
$("selector：gt(n)")	匹配集合中索引值大于 n 的元素
$("selector：lt(n)")	匹配集合中索引值小于 n 的元素

　　注：jQuery 集合都是从 0 开始索引的；gt 是一个段落筛选,从指定索引的下一个开始,如 gt(1)实际是从 2 开始的。

　　在下面的示例中,选择第一个 div,将里面的汉字颜色设置为蓝色;选择最后一个 div,将里面的汉字颜色设置为红色;选择索引值为偶数的 div,将其背景设置为粉色;选择索引值为奇数的 div,将其背景设置为黄色。

　　示例：

```html
<!DOCTYPE html>
<html>
    <head>
        <meta charset="utf-8">
        <title>jQuery-位置选择器</title>
        <script type="text/JavaScript" src="./js/jquery-3.4.1.js"></script>
    </head>
    <body>
        <h2>位置选择器</h2>
        <h3> $("selector：first")、$("selector：last")、$("selector：odd")、
            $("selector：even") </h3>
        <div class="div">
            <p>第一个：first</p>
            <p>偶数：even</p>
        </div>
        <div class="div">
            <p>奇数：odd</p>
        </div>
        <div class="div">
            <p>偶数：even</p>
        </div>
        <div class="div">
            <p>奇数：odd</p>
```

```
            </div>
            <div class="div">
                <p>偶数：even</p>
            </div>
            <div class="div">
                <p>最后一个：last</p>
                <p>奇数：odd</p>
            </div>
        </body>
</html>
<script type="text/JavaScript">
    //找到第一个 div
    $(".div：first").css("color", "blue")；
</script>
<script type="text/JavaScript">
    //找到最后一个 div
    $(".div：last").css("color", "red")；
</script>
<script type="text/JavaScript">
    //：even 选择索引值为偶数的元素，从 0 开始计数
    $(".div：even").css("background", "pink")；
</script>
<script type="text/JavaScript">
    //：odd 选择索引值为奇数的元素，从 0 开始计数
    $(".div：odd").css("background", "yellow")；
</script>
```

运行结果如图 10-8 所示。

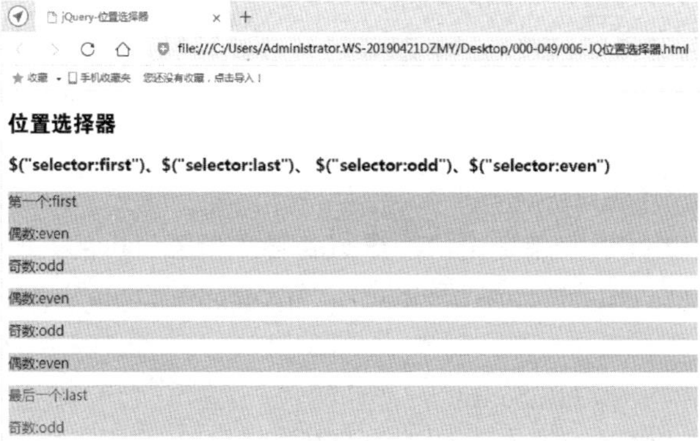

图 10-8　位置选择器的应用 1

在下面的示例中,选择索引值等于 2 的 div,将其加上绿色边框;选择索引值小于 3 的div,将其背景色设置为粉色;选择索引值大于 3 的 div,将其背景色设置为红色。

示例:

```
<!DOCTYPE html>
<html>
    <head>
        <meta charset="utf-8">
        <title>jQuery-位置选择器</title>
        <script type="text/JavaScript" src="./js/jquery-3.4.1.js"></script>
    </head>
    <body>
        <h2>位置选择器</h2>
        <h3> $("selector: eq(n)")、$("selector: gt(n)")、$("selector: lt(n)")
          </h3>
        <div class="test">
            <p>索引值为 0: lt(3)</p>
        </div>
        <div class="test">
            <p>索引值为 1: lt(3)</p>
        </div>
        <div class="test">
            <p>索引值为 2: eq(2)和 lt(3)</p>
        </div>
        <div class="test">
            <p>索引值为 3: eq(3)</p>
        </div>
        <div class="test">
            <p>索引值为 4: gt(3)</p>
        </div>
    </body>
</html>
<script type="text/JavaScript">
    //: eq 选择匹配集合中所有索引值等于给定 index 参数的元素
    $(".test: eq(2)").css("border", "5px groove green");
</script>
<script type="text/JavaScript">
    //: gt 选择匹配集合中所有索引值大于给定 index 参数的元素
    $(".test: gt(3)").css("background", "red");
```

```
</script>
<script type="text/JavaScript">
    //：lt 选择匹配集合中所有索引值小于给定 index 参数的元素
    $(".test：lt(3)").css("background", "pink")；
</script>
```

运行结果如图 10-9 所示。

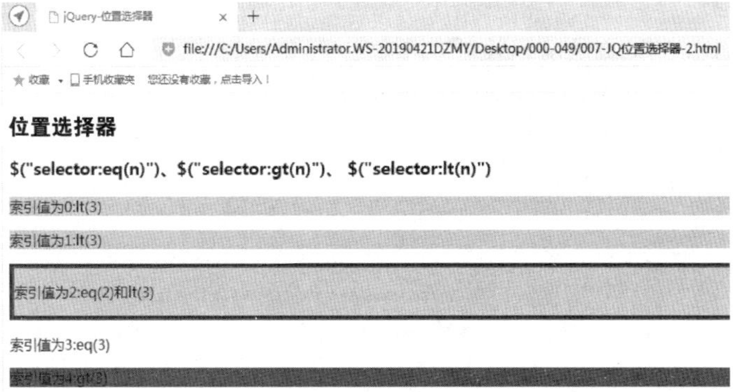

图 10-9　位置选择器的应用 2

10.2.6　后代选择器

后代选择器用于在给定祖先元素下匹配所有的后代元素。一个元素的后代可能是该元素的一个孩子元素、孙子元素、曾孙元素等。后代选择器中间是空格,它的语法如下：

　　　$("选择器 1　　选择器 2 ......")

在下面的示例中,找到 id 为 test 的<ul>匹配所有后代的<li>标签,包括 id 为 test 的<ul>标签里<li>中的<li>标签,将<li>加上红色边框。

示例：

```
<!DOCTYPE html>
<html>
    <head>
        <meta charset="utf-8">
        <title>jQuery-后代选择器</title>
        <script type="text/JavaScript" src="./js/jquery-3.4.1.js"></script>
    </head>
    <body>
        <ul id="test">
            <li>Li-1</li>
            <li>Li-2</li>
            <li>Li-3
                <ul>
                    <li>Li-3-1</li>
```

```
                    <li>Li-3-2</li>
                    <li>Li-3-3</li>
                </ul>
            </li>
        </ul>
    </body>
</html>
<script type="text/JavaScript">
    $("#test li").css("border", "2px solid red");
</script>
```

运行结果如图 10-10 所示。

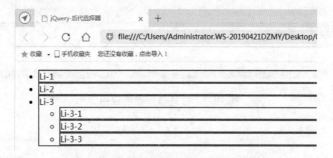

图 10-10　后代选择器的应用

10.2.7　子代选择器

子代选择器用于在给定父元素下匹配所有的子元素。这里的子元素只能是自己的孩子元素,而不能是孙子、曾孙里面的元素。后代选择器得到的内容包含子代选择器所选择的内容。子代选择器的语法如下:

$("选择器 1>选择器 2>......")

在下面的示例中,找到 id 为 test 的<ul>匹配所有子代的<li>标签(不包括<li>标签中的<li>标签),将<li>加上红色边框。

示例:

```
<!DOCTYPE html>
<html>
    <head>
        <meta charset="utf-8">
        <title>jQuery-子代选择器</title>
        <script type="text/JavaScript" src="./js/jquery-3.4.1.js"></script>
    </head>
    <body>
        <ul id="test">
```

```
            <li>Li-1</li>
            <li>Li-2</li>
            <li>Li-3
                <ul>
                    <li>Li-3-1</li>
                    <li>Li-3-2</li>
                    <li>Li-3-3</li>
                </ul>
            </li>
        </ul>
    </body>
</html>
<script type="text/JavaScript">
    $("#test>li").css("border", "2px solid red");
</script>
```

运行结果如图 10-11 所示。

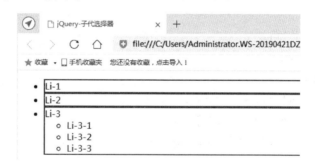

图 10-11　子代选择器的应用

10.2.8　选择器对象

选择器对象找到的是页面元素,选择器中存放的是一个个 HTML 节点元素。

选择器对象常用的方法如表 10-4 所示。

表 10-4　选择器对象常用的方法

方法	描述
$("选择器").each(function(index){this})	选择器对象的遍历
$("选择器").find()	查找前面选择器匹配到的元素的子元素
$("选择器").not()	在前面选择器匹配到的元素中去除某个或某几个
$("选择器").add()	在前面选择器中追加节点
$("选择器").children()	取得一个包含匹配的元素集合中每一个元素的所有子元素的元素集合

方法	描述
$("选择器").next( )	取得一个包含匹配的元素集合中每一个元素紧邻的后面同辈元素的元素集合
$("选择器").nextall( )	查找当前元素之后所有的同辈元素
$("选择器").parent( )	取得一个包含所有匹配元素的唯一父元素的元素集合
$("选择器").parents( )	取得一个包含所有匹配元素的祖先元素的元素集合(不包含根元素)。可以通过一个可选的表达式进行筛选
$("选择器").prey( )	取得一个包含匹配的元素集合中每一个元素紧邻的前一个同辈元素的元素集合
$("选择器").preyall( )	查找当前元素之前所有的同辈元素
$("选择器").siblings( )	取得一个包含匹配的元素集合中每一个元素的兄弟元素集合

在下面的示例中,通过类选择器 $(.c1)找到两个\<p\>标签,然后遍历,会出现两次弹框,弹框的内容是 HTML 节点对象。

示例:

```
<!DOCTYPE html>
<html>
    <head>
        <meta charset="utf-8">
        <title>jQuery-选择器对象</title>
        <script type="text/JavaScript" src="./js/jquery-3.4.1.js"></script>
    </head>
    <body>
        <p class="c1">段落 1</p>
        <p class="c1" id="p2">
            <a href="" id="a1">段落 2.1</a>
        </p>
        <p class="c2">段落 3</p>
    </body>
</html>
<script type="text/JavaScript">
    $(".c1").each(function( ){
        a lert(this);
    });        //选择器中存放的是节点对象
</script>
```

运行结果如图 10-12 所示。

图 10-12　选择器对象的应用 1

在下面的示例中,通过类选择器 $(.c1)找到两个<p>标签,然后通过 find( )找到 id 为 a1 的子元素,并加上红色边框;通过类选择器 $(.c1)找到两个<p>标签,然后通过 not( )去除 id 为 p2 的第二个<p>标签,将第一个<p>标签加上蓝色边框;通过类选择器 $(.c2)找到一个<p>标签,然后通过 add( )将类别名为 c3 的<p>标签追加上,将这两个<p>标签加上绿色边框。

示例:

```html
<!DOCTYPE html>
<html>
    <head>
        <meta charset="utf-8">
        <title>jQuery-选择器对象</title>
        <script type="text/JavaScript" src="./js/jquery-3.4.1.js"></script>
    </head>
    <body>
        <p class="c1">段落 1</p>
        <p class="c1" id="p2">
            <a href=" " id="a1">段落 2.1</a>
            <a href=" ">段落 2.2</a>
        </p>
        <p class="c2">段落 3</p>
        <p class="c3">段落 4</p>
    </body>
</html>
<script type="text/JavaScript">
    //find( ),查找前面选择器匹配到的元素的子元素
    $(".c1").find("#a1").css("border", "2px solid red");
    //not( ),在前面选择器匹配到的元素中去除某个元素
    $(".c1").not("#p2").css("border", "2px solid blue");
    //add( ),在前面选择器中追加节点
    $(".c2").add(".c3").css("border", "2px solid green");
</script>
```

运行结果如图 10-13 所示。

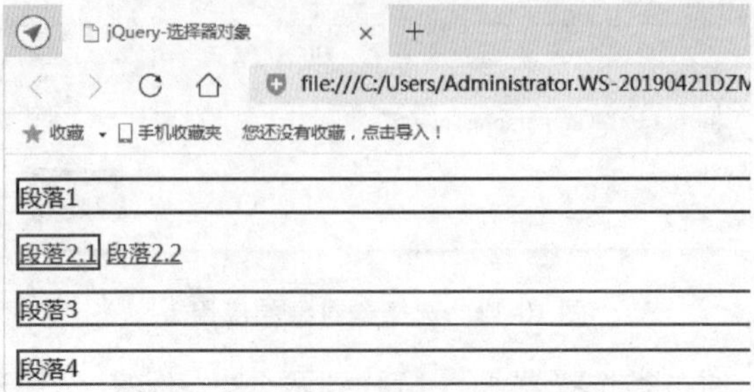

图 10-13　选择器对象的应用 2

10.2.9　选择器对象遍历应用及页面初始化

1. 选择器对象遍历应用

例如,有 5 个<li>标签,为每个<li>标签加上 title 属性(title 属性的效果是将鼠标放在<li>标签上会出现提示语)。

这就需要先遍历上述 5 个<li>标签,再追加 title 属性。可以通过以下代码自行测试,将鼠标分别放在<li>上看是否会出现提示语。

示例:

```html
<!DOCTYPE html>
<html>
    <head>
        <meta charset="UTF-8">
        <title>为每个 li 加 title 属性</title>
        <script type="text/JavaScript" src="./js/jquery-3.4.1.js"></script>
    </head>
    <body>
        <ul id="test">
            <li>段落 1</li>
            <li>段落 2</li>
            <li>段落 3</li>
            <li>段落 4</li>
            <li>段落 5</li>
        </ul>
    </body>
</html>
<script type="text/JavaScript">
    $("#test li").each(function(index){
        this.title="我是第"+(index+1)+"个";
    });
</script>
```

2. 页面初始化

将 jQuery 的函数放在程序的最下方,是为了等页面加载结束之后再运行函数代码,其实也可以将函数代码放在<head>标签中。

示例:

```
<!DOCTYPE html>
<html>
    <head>
        <meta charset="UTF-8">
        <title>页面初始化</title>
        <script type="text/JavaScript" src="./js/jquery-3.4.1.js"></script>
        <script type="text/JavaScript">
            $(function(){
                //一定会在页面加载完成后运行
            })
        </script>
    </head>
</html>
```

10.3　jQuery 中的 DOM 操作

DOM 是一种与浏览器、平台、语言无关的接口,使用该接口能够很容易地访问页面中全部的组件。jQuery 中的 DOM 操作就是对 HTML 元素进行操作的。对 HTML 元素的操作有查找、创建、插入、删除、复制及替换等。

10.3.1　查找 HTML 元素

1. 查找元素节点

在下面的示例中,可获取<p>标签元素,并将它的文本内容"床前明月光"打印出来。

示例:

```
<!DOCTYPE html>
<html>
    <head>
        <meta charset="utf-8">
        <title>jQuery-查找 HTML 元素</title>
        <script type="text/JavaScript" src="./js/jquery-3.4.1.js"></script>
        <script type="text/JavaScript">
            $(document).ready(function(){
                $("#btn1").click(function(){
                    alert("文本内容:" + $("#test0").text());
```

```
                      });
                  });
              </script>
          </head>
          <body>
              <p id="test0">床前明月光</p>
              <button id="btn1">显示文本 text( )</button>
          </body>
      </html>
```

运行结果如图 10-14 所示。

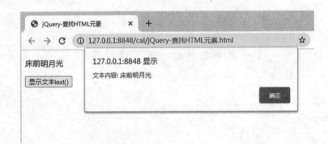

图 10-14　查找元素节点

2. 查找元素属性

利用选择器查找到所需的元素之后,就可以通过 attr( )获取它的各种属性的值。在下面的示例中,<p>标签含有 title 属性,单击"显示 title 属性的值"按钮,会弹框显示 title 属性值。

示例:

```
      <!DOCTYPE html>
      <html>
          <head>
              <meta charset="utf-8">
              <title>jQuery-查找 HTML 元素</title>
              <script type="text/JavaScript" src="./js/jquery-3.4.1.js"></script>
              <script type="text/JavaScript">
                  $(document).ready(function( ){
                      $("button").click(function( ){
                          alert($("p").attr("title"));
                      });
                  });
              </script>
          </head>
          <body>
              <p title="标签<p>的属性">锄禾日当午</p>
```

```
        <button>显示 title 属性的值</button>
    </body>
</html>
```

运行结果如图 10-15 所示。

图 10-15　查找元素属性

10.3.2　创建 HTML 元素

在 DOM 操作中,有时候常常需要动态地创建 HTML 元素,使文档在浏览器中呈现出不同的效果。例如,在<ul>标签中需要动态添加两个<li>标签,这就需要先创建两个<li>元素,然后添加到<ul>标签中。

创建<li>元素可以使用 jQuery 的工厂函数 $() 完成,格式如下:

　　$(html);

$(html)方法会根据传入的 HTML 标记字符串,创建一个 DOM 对象,并将这个 DOM 对象包装成一个 jQuery 对象后返回。创建两个<li>元素之后,再用 jQuery 中的 append(),将这两个新元素插入文档中。在下面的示例中,单击"增加两个 HTML 元素"按钮后,就会创建 HTML 元素并添加到文档中,将古诗的后两句补充完整。

示例:

```
<!DOCTYPE html>
<html>
    <head>
        <meta charset="utf-8">
        <title>jQuery-创建 HTML 元素</title>
        <script type="text/JavaScript" src="./js/jquery-3.4.1.js"></script>
        <script type="text/JavaScript">
            $(document).ready(function(){
                var $li1="<li>谁知盘中餐</li>";
                var $li2="<li>粒粒皆辛苦</li>";
                $("button").click(function(){
                    $("ul").append($li1);
                    $("ul").append($li2);
                });
            });
        </script>
```

```
    </head>
    <body>
        <ul>
            <li>锄禾日当午</li>
            <li>汗滴禾下土</li>
        </ul>
        <button>增加两个 HTML 元素</button>
    </body>
</html>
```

运行结果如图 10-16 所示。

图 10-16 创建 HTML 元素

10.3.3 插入 HTML 元素

动态地创建 HTML 元素其实是为了创建之后插入文档中。插入 HTML 元素最简单的方法就是将新创建的 HTML 元素插入文档中某个元素的子元素中,即前面介绍的 append()。其实,将新创建的元素插入文档中的方法不止一种,常用插入 HTML 元素的方法如表 10-5 所示。

表 10-5 常用插入 HTML 元素的方法

方法	描述
append()	向每个匹配的元素内部追加内容
appendTo()	将所有匹配的元素追加到另一个指定的元素集合中。实际上,该方法颠倒了常规的 $(A).append(B) 的操作,即不是将 B 追加到 A 中,而是将 A 追加到 B 中
prepend()	向每个匹配的元素内部前置内容
prependTo()	将所有匹配的元素前置到另一个指定的元素集合中。实际上,该方法颠倒了常规的 $(A).prepend(B) 的操作,即不是将 B 前置到 A 中,而是将 A 前置到 B 中
after()	在每个匹配的元素之后插入内容
insertAfter()	将所有匹配的元素插入另一个指定的元素集合的后面。实际上,该方法颠倒了常规的 $(A).after(B) 的操作,即不是将 B 插入 A 的后面,而是将 A 插入 B 的后面
before()	在每个匹配的元素之前插入内容
insertBefore()	将所有匹配的元素插入另一个指定的元素集合的前面。实际上,该方法颠倒了常规的 $(A).before(B) 的操作,即不是将 B 插入 A 的前面,而是将 A 插入 B 的前面

下面对表 10-5 中的部分方法进行解释说明。

（1）append( )：在被选元素的结尾插入内容

在下面的示例中，单击"添加目录"按钮，在原来目录 3 的后面新增目录 4，再单击"添加目录"按钮，在目录 4 的后面新增目录 4，即总是在最后一个的后面新增。

示例：

```html
<!DOCTYPE html>
<html>
    <head>
        <meta charset="utf-8">
        <title>jQuery-插入 HTML 元素</title>
        <script type="text/JavaScript" src="./js/jquery-3.4.1.js"></script>
        <script type="text/JavaScript">
            $(document).ready(function(){
                $("#btn1").click(function(){
                    $("ol").append("<li>追加目录 4</li>");
                });
            });
        </script>
    </head>
    <body>
        <ol>
            <li>目录 1</li>
            <li>目录 2</li>
            <li>目录 3</li>
        </ol>
        <button id="btn1">添加目录</button>
    </body>
</html>
```

运行结果如图 10-17 所示。

图 10-17　利用 append( )方法插入 HTML 元素

（2）prepend()：在被选元素的开头插入内容

在下面的示例中，单击"添加目录"按钮，在原来目录 1 的前面新增追加目录 4，再单击"添加目录"按钮，在追加目录 4 的前面新增追加目录 4，即总是在第一个的前面新增。

示例：

```
<!DOCTYPE html>
<html>
    <head>
        <meta charset="utf-8">
        <title>jQuery-插入 HTML 元素</title>
        <script type="text/JavaScript" src="./js/jquery-3.4.1.js"></script>
        <script type="text/JavaScript">
            $(document).ready(function(){
                $("#btn1").click(function(){
                    $("ol").prepend("<li>追加目录 4</li>");
                });
            });
        </script>
    </head>
    <body>
        <ol>
            <li>目录 1</li>
            <li>目录 2</li>
            <li>目录 3</li>
        </ol>
        <button id="btn1">添加目录</button>
    </body>
</html>
```

运行结果如图 10-18 所示。

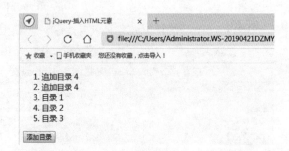

图 10-18　利用 prepend() 方法插入 HTML 元素

（3）after()：在被选元素之后插入内容

在下面的示例中，单击"之后插入"按钮，在标题 2 的后面（也就是标题 2 和标题 3 之间)插入"之后"二字,再单击"之后插入"按钮,再在标题 2 的后面插入"之后"二字。
after( )和 append( )的区别在于：append( )是在被选中元素里面的后面插入,而 after( )是
在被选中元素的后面插入。

示例：

```
<!DOCTYPE html>
<html>
    <head>
        <meta charset="utf-8">
        <title>jQuery-插入 HTML 元素</title>
        <script type="text/JavaScript" src="./js/jquery-3.4.1.js"></script>
        <script type="text/JavaScript">
            $(document).ready(function(){
                $("#btn2").click(function(){
                    $("h2").after("<b>之后</b>");
                });
            });
        </script>
    </head>
    <body>
        <h1>标题 1</h1>
        <h2>标题 2</h2>
        <h3>标题 3</h3>
        <button id="btn2">之后插入</button>
    </body>
</html>
```

运行结果如图 10-19 所示。

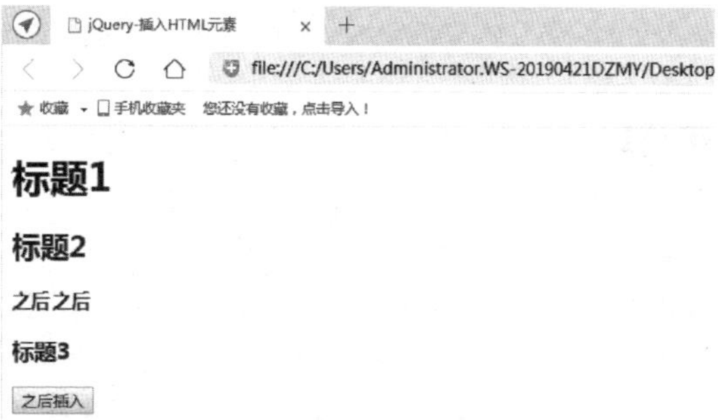

图 10-19　利用 after( )方法插入 HTML 元素

（4）before( )：在被选元素之前插入内容

在下面的示例中,单击"之前插入"按钮,在标题 2 的前面(也就是标题 1 和标题 2 之
间)插入"之前"二字,再单击"之前插入"按钮,再在标题 2 的前面插入"之前"二字。

before( )和 prepend( )的区别在于：prepend( )是在被选中元素的开头(位于内部)插入,而 before( )是在被选中元素的前面插入。

示例：

```
<!DOCTYPE html>
<html>
    <head>
        <meta charset="utf-8">
        <title>jQuery-插入 HTML 元素</title>
        <script type="text/JavaScript" src="./js/jquery-3.4.1.js"></script>
        <script type="text/JavaScript">
            $(document).ready(function(){
                $("#btn1").click(function(){
                    $("h2").before("<b>之前</b>");
                });
            });
        </script>
    </head>
    <body>
        <h1>标题 1</h1>
        <h2>标题 2</h2>
        <h3>标题 3</h3>
        <button id="btn1">之前插入</button>
    </body>
</html>
```

运行结果如图 10-20 所示。

图 10-20   利用 before( )方法插入 HTML 元素

10.3.4   删除 HTML 元素

如果文档中某一个元素多余,那么应该将其删除。通过 jQuery 可以很容易地删除已有的 HTML 元素。删除 HTML 元素一般使用 jQuery 的 remove( )和 empty( ),下面分别介绍这两种方法。

1. remove( )

remove( )的作用是从 DOM 中删除被选元素及其子元素。也就是说,如果某个 HTML 元素被删除,那么它的后代 HTML 元素也都被删除。在下面的示例中,<div>标签中含有文字和两个<p>标签,单击"移除 div 元素"按钮后,<div>中的文字及它里面的<p>标签都将被删除。

示例:

```
<!DOCTYPE html>
<html>
    <head>
        <meta charset="utf-8">
        <title>jQuery-删除 HTML 元素</title>
        <script type="text/JavaScript" src="./js/jquery-3.4.1.js"></script>
        <script type="text/JavaScript">
            $(document).ready(function(){
                $("button").click(function(){
                    $("#div1").remove();
                });
            });
        </script>
    </head>
    <body>
        <div id="div1" style="height: 100px; width: 300px; border: 1px solid
            black; background-color: yellow;">这是 div 中的一些文本
            <p title="1">div 中的段落一</p>
            <p title="2">div 中的段落二</p>
        </div>
        <br/>
        <button>移除 div 元素</button>
    </body>
</html>
```

运行结果如图 10-21 所示。

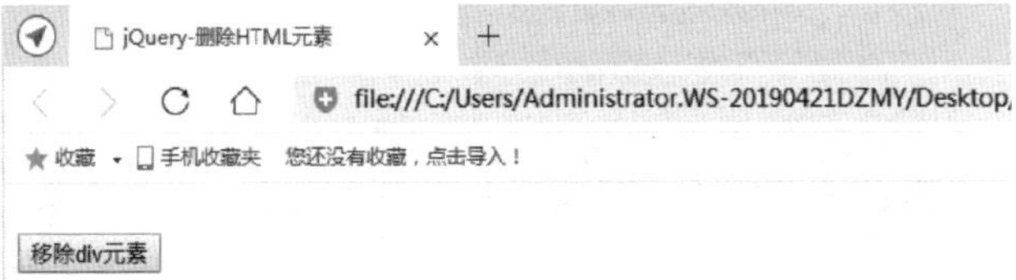

图 10-21　利用 remove( )方法删除 HTML 元素

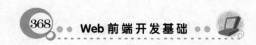

2. empty( )

empty( )的作用并不是删除 HTML 元素,而是清空 HTML 元素。它能够清空选中的 HTML 元素中所有后代 HTML 元素。在下面的示例中,<div>标签中含有文字和两个<p>标签,当单击"清空 div 元素"按钮时,<div>中的文字内容和<p>标签将被删除。

示例:

```html
<!DOCTYPE html>
<html>
    <head>
        <meta charset="utf-8">
        <title>jQuery-删除 HTML 元素</title>
        <script type="text/JavaScript" src="./js/jquery-3.4.1.js"></script>
        <script type="text/JavaScript">
            $(document).ready(function(){
                $("button").click(function(){
                    $("#div1").empty();
                });
            });
        </script>
    </head>
    <body>
        <div id="div1" style="height：100px；width：300px；border：1px solid
            black；background-color：yellow；">这是 div 中的一些文本
            <p title="1">div 中的段落一</p>
            <p title="2">div 中的段落二</p>
        </div>
        <br/>
        <button>清空 div 元素</button>
    </body>
</html>
```

运行结果如图 10-22 所示。

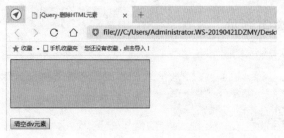

图 10-22　利用 empty( )方法清空 HTML 元素

10.3.5 复制 HTML 元素

clone( ) 的作用是复制 HTML 元素, 换句话说, 就是克隆匹配 DOM 元素并且选中这些克隆的副本。如果想把 DOM 文档中元素的副本添加到其他位置上, 那么这个函数就非常有用。在下面的示例中, 单击 <button> 按钮, 会将 <p> 标签复制后插入 <body> 里面的最后位置; 如果再单击 <button> 按钮, 会将之前的 <p> 标签及上次复制的 <p> 标签再复制一次并插入 <body> 里面的最后位置。

示例:

```
<!DOCTYPE html>
<html>
    <head>
        <meta charset="utf-8">
        <title>jQuery-复制 HTML 元素</title>
        <script type="text/JavaScript" src="./js/jquery-3.4.1.js"></script>
        <script type="text/JavaScript">
            $(document).ready(function() {
                $("button").click(function() {
                    $("body").append($("p").clone());
                });
            });
        </script>
    </head>
    <body>
        <p>二月春风似剪刀</p>
        <button>复制 p 元素,然后追加到 body 元素中</button>
    </body>
</html>
```

运行结果如图 10-23 所示。

图 10-23　复制 HTML 元素

10.3.6 替换 HTML 元素

想要替换 HTML 元素, jQuery 提供了 replaceWith( )和 replaceAll( )两种方法。

- replaceWith( ): 将所有匹配的元素替换成指定的 HTML 元素或 DOM 元素。
- replaceAll(selector): 用匹配的元素替换所有 selector 匹配到的元素。

其实上述两种方法的作用是一样的, 它们只是用法不同。如果将 A 元素替换成 B 元素, replaceWith( )的写法是 A.replaceWith("B"), replaceAll( )的写法是 B.replaceAll("A")。在下面的示例中, 将古诗"锄禾日当午"替换成"苹果爱上大鸭梨", 单击"替换 HTML 元素"按钮, 触发 click( )函数, 执行 replaceWith( )方法。

示例:

```
<!DOCTYPE html>
<html>
    <head>
        <meta charset="utf-8">
        <title>jQuery-替换 HTML 元素</title>
        <script type="text/JavaScript" src="./js/jquery-3.4.1.js"></script>
        <script type="text/JavaScript">
            $(document).ready(function(){
                $("button").click(function(){
                    $("ul li: eq(0)").replaceWith("<li>苹果爱上大鸭梨</li>")
                });
            });
        </script>
    </head>
    <body>
        <ul>
            <li>锄禾日当午</li>
            <li>汗滴禾下土</li>
            <li>谁知盘中餐</li>
            <li>粒粒皆辛苦</li>
        </ul>
        <button>替换 HTML 元素</button>
    </body>
</html>
```

运行结果如图 10-24 所示。

图 10-24　替换 HTML 元素

注意： 如果在替换之前已经为元素绑定了事件，那么替换后原先为元素绑定的事件将消失，需要在新的元素上重新绑定事件。

10.4　本章小结

本章主要介绍了 jQuery 的基础，描述了 jQuery 的优势、安装方法及其语法，重点介绍了 jQuery 的多种选择器（包括元素选择器、id 选择器、类选择器、属性选择器、位置选择器、后代选择器、子代选择器）和 jQuery 中的 DOM 操作（包括 HTML 元素的查找、创建、插入、删除、复制、替换）。jQuery 的引入简化了 JavaScript 编程，使我们编写的代码更加简洁。

10.5　本章练习

1. 在 jQuery 中被誉为工厂函数的是(　　)。

A. ready( )　　　　　　　B. function( )　　　　　C. $( )　　　　　　　D. next( )

2. 假如需要选择页面中唯一一个 DOM 元素，则(　　)是最快、最高效的选择器。

A. 后代选择器　　　B. 类选择器　　　　C. id 选择器　　　D. 属性选择器

3. 下列代码中使用的选择器名称分别为(　　)。

　　　$("parent>child")

　　　$("ancestor descendant")

A. 后代选择器、子代选择器　　　　　　B. 后代选择器、一般兄弟选择器

C. 子代选择器、相邻兄弟选择器　　　　D. 子代选择器、后代选择器

4. 在 jQuery 中，想要从 DOM 中删除所有匹配的元素，(　　)是正确的。

A. delete( )　　　　　　　　　　　　B. empty( )

C. remove( )　　　　　　　　　　　　D. removeAll( )

5. 利用 jQuery 制作一个可以动态生成的无序列表，如图 10-25 所示。要求：当用户在文本框中输入关键词，并单击"添加"按钮时，关键词被插入无序列表的末尾。

- 富强
- 民主
- 文明

| 和谐 | 添加 |

图 10-25　效果图

第 11 章

jQuery 事件

　　页面对不同访问者的响应称为事件。jQuery 事件的处理方法是 jQuery 中的核心函数。事件处理程序指的是当 HTML 中发生某些事件时所调用的方法。术语"由事件'触发'（或'激发'）"经常会被使用。常见的事件包括鼠标事件、键盘事件、表单事件和窗口事件等。

 学习内容

- ➢ jQuery 事件绑定。
- ➢ jQuery 鼠标事件。
- ➢ jQuery 键盘事件。
- ➢ jQuery 表单事件。
- ➢ jQuery 窗口事件。
- ➢ jQuery 事件冒泡。
- ➢ jQuery 事件解除。

 思维导图

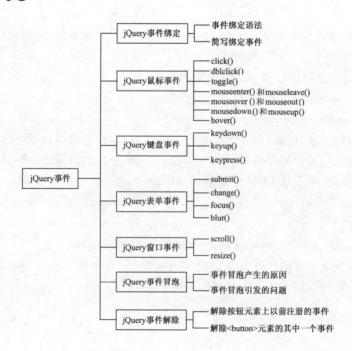

11.1　jQuery 事件绑定

11.1.1　事件绑定语法

在文档装载完成后,如果打算为元素绑定事件完成某些操作,那么可以使用 bind( ) 方法对匹配元素进行特定事件的绑定。bind( ) 方法的格式如下:

bind(type,[data],fn) ;

bind( ) 有 3 个参数,简要说明如下:

- type:含有一个或多个事件类型的字符串,由空格分隔多个事件。例如,"click"或者"submit",还可以是自定义事件名。事件方法包括 click( )、blur( )、focus( )、mouseover( )、mouseout( )、mousemove( )、mousedown( )、mouseup( )、mouseenter( )、mouseleave( )、resize( )、scroll( )、keydown( )、keyup( )、keypress( )等。
- data:作为 event.data 属性值传递给事件对象的额外数据对象。
- fn:绑定到每个匹配元素的事件上面的处理函数。

在下面的示例中,文本框绑定 focus 事件,当文本框获得焦点时会触发事件,将"请输入你的电话号码!"这句话显示出来。按照这个示例,需要完成以下几个步骤:

① 等待 DOM 装载完毕。

② 找到文本框元素,绑定 focus 事件。

③ 找到文字内容,将文字内容元素显示出来。

示例:

```html
<!DOCTYPE html>
<html>
    <head>
        <meta charset="utf-8">
        <title>jQuery-事件绑定</title>
        <script type="text/JavaScript" src="./js/jquery-3.4.1.js"></script>
        <script type="text/JavaScript">
            $(document).ready(function(){
                $("input").bind("focus",function(){
                    $("span").show();
                });
            });
        </script>
        <style>
            span{
                display: none;
            }
```

```
        </style>
    </head>
    <body>
        <input/>
        <p>单击输入框获取焦点。</p>
        <span>请输入你的电话号码！</span>
    </body>
</html>
```

运行结果如图 11-1 所示。

图 11-1　利用 bind( )方法绑定事件

11.1.2　简写绑定事件

click( )、mouseover( )和 focus( )在程序中经常会被使用，jQuery 为此也提供了一套简写的方法。其简写方法和 bind( )的使用类似，实现效果也相同，区别是前者只能绑定一个事件，但代码量少。下面将上面绑定事件的例子改写成简写的绑定事件代码。

示例：

```
<script type="text/JavaScript">
    $(document).ready(function(){
        $("input").focus(function(){
            $("span").show();
        });
    });
</script>
```

11.2　**jQuery 鼠标事件**

11.2.1　click( )

当单击事件被触发时会调用一个函数，该函数在用户单击 HTML 元素时执行。在下面的示例中，当单击事件在<p>元素上触发时，就会产生弹框操作。

示例：
```
<!DOCTYPE html>
<html>
    <head>
        <meta charset="utf-8">
        <title>初识 jQuery</title>
        <script type="text/JavaScript" src="./js/jquery-3.4.1.js"></script>
        <script type="text/JavaScript">
            $(document).ready(function(){
                $("p").click(function(){
                    alert("click()方法");
                });
            });
        </script>
    </head>
    <body>
        <p>如果你点我,就弹框! </p>
    </body>
</html>
```
运行结果如图 11-2 所示。

图 11-2　click 事件应用 1

在下面的示例中,当单击事件在某个<p>元素上触发时,就会隐藏当前的<p>元素。
示例：
```
<!DOCTYPE html>
<html>
    <head>
        <meta charset="utf-8">
        <title>初识 jQuery</title>
        <script type="text/JavaScript" src="./js/jquery-3.4.1.js"></script>
        <script type="text/JavaScript">
            $(document).ready(function(){
```

```
            $("p").click(function(){
                $(this).hide();
            });
        });
    </script>
</head>
<body>
    <p>如果你点我，我就会消失。</p>
    <p>点我消失！</p>
    <p>点我也消失！</p>
</body>
</html>
```

运行结果如图 11-3 所示。

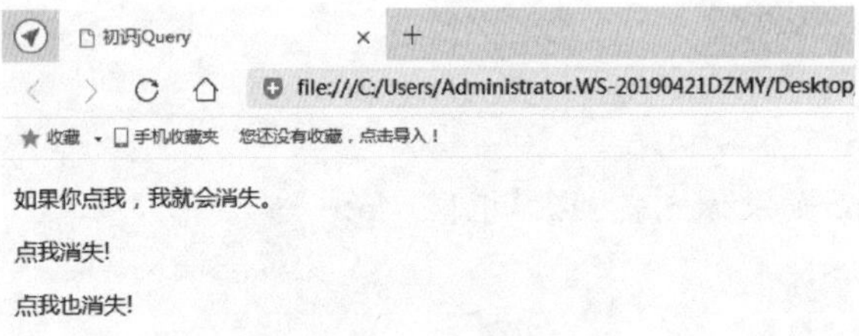

图 11-3　click 事件应用 2

11.2.2　dblclick( )

当双击元素时会发生 dblclick 事件。dblclick( )方法触发 dblclick 事件,或者规定当发生 dblclick 事件时运行的函数。当鼠标指针停留在元素上方,然后按下并松开鼠标左键时,就会发生一次 click。在很短的时间内发生两次 click,就是一次双击事件。

在下面的示例中,当双击事件在某个\<p>元素上触发时,会隐藏当前的\<p>元素。

示例:

```
<!DOCTYPE html>
<html>
    <head>
        <meta charset="utf-8">
        <title>初识 jQuery</title>
        <script type="text/JavaScript" src="./js/jquery-3.4.1.js"></script>
        <script type="text/JavaScript">
            $(document).ready(function(){
                $("p").dblclick(function(){
                    $(this).hide();
                });
```

```
        });
    </script>
</head>
<body>
    <p>双击鼠标左键时，我就消失。</p>
    <p>双击我消失！</p>
    <p>双击我也消失！</p>
</body>
</html>
```

运行结果如图 11-4 所示。

图 11-4　dblclick 事件应用

11.2.3　toggle( )

toggle( )方法用于模拟鼠标单击切换事件。当鼠标单击指定元素时,会触发指定的第一个函数;当鼠标再次单击指定元素时,会触发指定的第二个函数。

在下面的示例中,当用鼠标单击按钮一次后,文字变绿,再次单击按钮后,文字变红,此后重复这个过程。

示例:

```
<!DOCTYPE html>
<html>
    <head>
        <meta charset="utf-8">
        <title>jQuery-toggle</title>
        <script type="text/JavaScript" src="./js/jquery-3.4.1.js"></script>
    </head>
    <body>
        <p>文字</p>
        <button>切换</button>
        <script type="text/JavaScript">
            $("button").toggle(
                function(){
                    $("p").css('background','green');
```

```
                    },
                    function( ) {
                         $("p").css('background','red');
                    }
               );
          </script>
     </body>
</html>
```

运行结果如图 11-5 所示。

图 11-5 toggle 事件应用

11.2.4 mouseenter( )和 mouseleave( )

当鼠标指针穿过元素时会发生 mouseenter 事件。mouseenter( )方法触发 mouseenter 事件,或者规定当发生 mouseenter 事件时运行的函数。mouseenter 不会事件冒泡,也就是从指定元素移到其子元素时不会重复触发 mouseenter 事件。

当鼠标指针离开元素时会发生 mouseleave 事件。mouseleave ( )方法触发 mouseleave 事件,或者规定当发生 mouseleave 事件时运行的函数。mouseleave 不会事件冒泡,也就是从指定元素的子元素移出时不会重复触发 mouseleave 事件。

在下面的示例中,当鼠标指针进入粉红色 div 时,控制台打印 mouseenter;当鼠标指针离开粉红色 div 时,控制台打印 mouseleave。

示例:

```
<!DOCTYPE html>
<html>
     <head>
          <meta charset="utf-8">
          <title>初识 jQuery</title>
          <script type="text/JavaScript" src="./js/jquery-3.4.1.js"></script>
          <style type="text/css">
               #d1{
                    width: 500px;
                    height: 500px;
                    background-color: pink;
```

```
                }
                #d2{
                    width：350px；
                    height：350px；
                    background-color：lightblue；
                }
        </style>
    </head>
    <body>
        <div id="d1">
            <p>鼠标指针进入此处,控制台打印 mouseenter</p>
            <p>鼠标指针离开此处,控制台打印 mouseleave</p>
            <div id="d2">
                <p>鼠标指针进入此处,没有反应</p>
                <p>鼠标指针离开此处,没有反应</p>
            </div>
        </div>
        <script type="text/JavaScript">
            $(document).ready(function(){
                $("#d1").mouseenter(function(){
                    console.log("mouseenter");
                });
                $("#d1").mouseleave(function(){
                    console.log("mouseleave");
                });
            });
        </script>
    </body>
</html>
```

运行结果如图 11-6 所示。

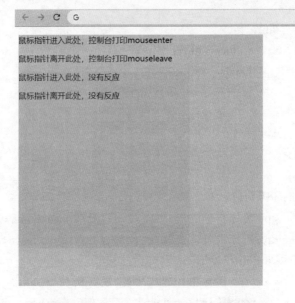

图 11-6　mouseenter 和 mouseleave **事件应用**

11.2.5　mouseover( )和 mouseout( )

当鼠标指针移动到这个元素或子元素时会发生 mouseover 事件。mouseover( )方法触发 mouseover 事件,或者规定当发生 mouseover 事件时运行的函数。mouseover 会事件冒泡,也就是从指定元素移到其子元素时会重复触发 mouseover 事件。

当鼠标指针不在这个元素或子元素上时会发生 mouseout 事件。mouseout ( )方法触发 mouseout 事件,或者规定当发生 mouseout 事件时运行的函数。mouseout 会事件冒泡,也就是从指定元素的子元素移开时会重复触发 mouseout 事件。

在下面的示例中,当鼠标指针滑过第一行\<p\>元素时,就会触发事件使第二行\<p\>元素的文字背景变色;当鼠标指针离开\<p\>元素时,就会触发弹框事件。

示例:

```
<!DOCTYPE html>
<html>
    <head>
        <meta charset = "utf-8">
        <title>初识 jQuery</title>
        <script type = "text/JavaScript" src = "./js/jquery-3.4.1.js"></script>
        <style type = "text/css">
            #d1{
                width: 500px;
                height: 500px;
                background-color: pink;
            }
```

```
            #d2 {
                width: 350px;
                height: 350px;
                background-color: lightblue;
            }
        </style>
    </head>
    <body>
        <div id="d1">
            <p>鼠标指针进入此处,控制台打印 mouseover</p>
            <p>鼠标指针离开此处,控制台打印 mouseout</p>
            <div id="d2">
                <p>鼠标指针进入此处,控制台打印 mouseover</p>
                <p>鼠标指针离开此处,控制台打印 mouseout</p>
            </div>
        </div>
        <script type="text/JavaScript">
            $(document).ready(function() {
                $("#d1").mouseover(function() {
                    console.log("mouseover");
                });
                $("#d1").mouseout(function() {
                    console.log("mouseout");
                });
            });
        </script>
    </body>
</html>
```

运行结果如图 11-7 所示。

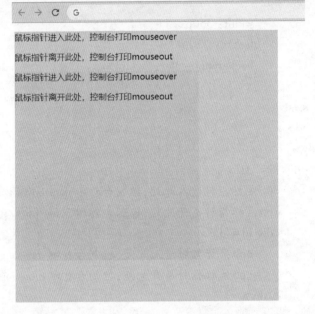

图 11-7   mouseover 和 mouseout 事件应用

11.2.6   mousedown( )和 mouseup( )

当鼠标指针移动到元素上方,并按下鼠标按键时触发 mousedown 事件。mousedown( ) 方法触发 mousedown 事件,或者规定当发生 mousedown 事件时运行的函数。

当松开鼠标按键时触发 mouseup 事件。mouseup( )方法触发 mouseup 事件,或者规定当发生 mouseup 事件时运行的函数。

在下面的示例中,将鼠标光标移动到按钮上,当按下鼠标按键时触发 mousedown 事件,文字的背景颜色变成红色;当松开鼠标按键时触发 mouseup 事件,文字的背景颜色变成灰色。

示例:

```
<!DOCTYPE html>
<html>
    <head>
        <meta charset="utf-8">
        <title>初识 jQuery</title>
        <script type="text/JavaScript" src="./js/jquery-3.4.1.js"></script>
    </head>
    <body>
        <button type="button">按下时变红,松开时变灰</button>
        <script type="text/JavaScript">
            $(document).ready(function() {
                $("button").mousedown(function() {
```

```
                $("button").css("background-color","red")
            });
            $("button").mouseup(function(){
                $("button").css("background-color","grey")
            });
        });
    </script>
</body>
</html>
```

运行结果如图 11-8 所示。

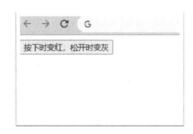

图 11-8 mousedown 和 mouseup 事件应用

11.2.7 hover( )

hover( )方法用于模拟光标悬停事件。当鼠标光标移动到元素上时,会触发指定的第一个函数(mouseenter);当鼠标光标离开这个元素时,会触发指定的第二个函数(mouseleave)。

在下面的示例中,当鼠标光标移动到<p>元素上触发 hover( )方法时,文字的背景颜色变成绿色;当鼠标光标离开<p>元素时,文字的背景颜色变成粉色。

示例:

```
<!DOCTYPE html>
<html>
    <head>
        <meta charset="utf-8">
        <title>jQuery-鼠标事件</title>
        <script type="text/JavaScript" src="./js/jquery-3.4.1.js"></script>
        <script type="text/JavaScript">
            $(document).ready(function(){
                $("#p1").hover(
                    function(){
                        $("#p1").css('background','green');
                    },
                    function(){
```

```
                    $("#p1").css('background','pink');
                }
            )
    });
</script>
</head>
<body>
    <p id="p1">这是一个段落。</p>
</body>
</html>
```

运行结果如图 11-9 所示。

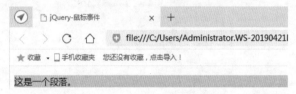

图 11-9　hover 事件应用

11.3　jQuery 键盘事件

11.3.1　keydown( )

当键盘被按下时,发生 keydown 事件。在下面的示例中,在文本框中输入名称,当键盘被按下后,文本框中的背景颜色就会变成黄色。

示例:

```
<!DOCTYPE html>
<html>
    <head>
        <meta charset="utf-8">
        <title>jQuery-鼠标事件</title>
        <script type="text/JavaScript" src="./js/jquery-3.4.1.js"></script>
        <script type="text/JavaScript">
            $(document).ready(function(){
                $("input").keydown(function(){
                    $("input").css("background-color","yellow");
                });
            });
        </script>
```

```
        </head>
        <body>
            输入你的名字：<input type="text"/>
            <p>在以上输入框中输入你的名字。在键盘按键被按下后输入框背景
                颜色改变。</p>
        </body>
    </html>
```

运行结果如图 11-10 所示。

图 11-10　keydown 事件应用

11.3.2　keyup( )

当键盘的键被松开时发生 keyup 事件。keyup( )方法触发 keyup 事件,或者规定当发生 keyup 事件时运行的函数。在下面的示例中,在文本框中输入名称,当键盘的键被松开之后,文本框中的背景会变成红色。

示例:

```
<!DOCTYPE html>
<html>
    <head>
        <meta charset="utf-8">
        <title>jQuery-鼠标事件</title>
        <script type="text/JavaScript" src="./js/jquery-3.4.1.js"></script>
        <script type="text/JavaScript">
            $(document).ready(function(){
                $("input").keyup(function(){
                    $("input").css("background-color","red");
                });
            });
        </script>
    </head>
    <body>
        输入你的名字：<input type="text">
        <p>在以上输入框中输入你的名字。在按键松开后输入框背景颜色变
            成红色。</p>
```

```
            </body>
        </html>
```

运行结果如图 11-11 所示。

keydown 和 keyup 键盘事件可以结合使用。在下面的示例中,键盘按键按下的过程触发 keydown( ),文本框变成黄色;按键松开后触发 keyup( ),文本框变成粉红色。

示例:

```html
<!DOCTYPE html>
<html>
    <head>
        <meta charset="utf-8">
        <title>jQuery-鼠标事件</title>
        <script type="text/JavaScript" src="./js/jquery-3.4.1.js"></script>
        <script type="text/JavaScript">
            $(document).ready(function(){
                $("input").keydown(function(){
                    $("input").css("background-color","yellow");
                });
                $("input").keyup(function(){
                    $("input").css("background-color","pink");
                });
            });
        </script>
    </head>
    <body>
        输入你的名字: <input type="text">
        <p>在以上输入框中输入你的名字。</p>
    </body>
</html>
```

11.3.3   keypress( )

当键盘被按下时,发生 keypress 事件。keypress( )方法触发 keypress 事件,或者规定当发生 keypress 事件时运行的函数。keypress 事件与 keydown 事件类似。当键盘被按下时,会发生 keypress 事件,发生在当前获得焦点的元素上。但是,它与 keydown 事件不同的是,每插入一个字符,就会发生 keypress 事件。需要注意的是,keypress 事件不会触发所有的键(如 Alt 键、Ctrl 键、Shift 键、Esc 键),但这些键可以被 keypress( )方法触发。在下面的示例中,文本框获得光标后输入字符,每输入一个字符,统计按键的次数就会相应增加一次。如果输入 3 个 a,那么按键的次数就变成 3。

　　示例:

```
<!DOCTYPE html>
<html>
    <head>
        <meta charset="utf-8">
        <title>jQuery-鼠标事件</title>
        <script type="text/JavaScript" src="./js/jquery-3.4.1.js"></script>
        <script type="text/JavaScript">
            i=0;
            $(document).ready(function(){
                $("input").keypress(function(){
                    $("span").text(++i);
                });
            });
        </script>
    </head>
    <body>
        输入你的名字:<input type="text">
        <p>按键的次数:<span>0</span></p>
    </body>
</html>
```

运行结果如图 11-12 所示。

图 11-12　keypress 事件应用

11.4 jQuery 表单事件

11.4.1 submit()

当提交表单时,会发生 submit 事件。该事件只适用于<form>元素。submit()方法触发 submit 事件,或者规定当发生 submit 事件时运行的函数。在下面的示例中,在表单的文本框中输入内容,单击"提交"按钮,就会触发 submit()方法,出现弹框效果。

示例:

```html
<!DOCTYPE html>
<html>
    <head>
        <meta charset="utf-8">
        <title>jQuery-表单事件</title>
        <script type="text/JavaScript" src="./js/jquery-3.4.1.js"></script>
        <script type="text/JavaScript">
            $(document).ready(function(){
                $("form").submit(function(){
                    alert("提交");
                });
            });
        </script>
    </head>
    <body>
        <form action="">
            First name：<input type="text" name="FirstName" value=""/><br/>
            Last name：<input type="text" name="LastName" value=""/><br/>
            <input type="submit" value="提交"/>
        </form>
    </body>
</html>
```

运行结果如图 11-13 所示。

图 11-13 submit 事件应用

11.4.2　change( )

当元素的值发生改变时,会发生 change 事件。该事件仅适用于文本域(text field),以及 text area 和 select 元素。当用于 select 元素时,change 事件会在选择某个选项时发生;当用于 text field 或 text area 时,该事件会在元素失去焦点时发生。在下面的示例中,在文本框中输入信息,当按下 Enter 键或单击输入框外部,失去焦点时,会触发 change( ),产生弹框。

示例:

```html
<!DOCTYPE html>
<html>
    <head>
        <meta charset="utf-8">
        <title>jQuery-表单事件</title>
        <script type="text/JavaScript" src="./js/jquery-3.4.1.js"></script>
        <script type="text/JavaScript">
            $(document).ready(function(){
                $("input").change(function(){
                    alert("文本已被修改");
                });
            });
        </script>
    </head>
    <body>
        <input type="text"/>
        <p>在输入框写一些东西,然后按下 Enter 键或单击输入框外部。</p>
    </body>
</html>
```

运行结果如图 11-14 所示。

图 11-14　change 事件应用

11.4.3　focus( )

当元素获得焦点时,触发 focus 事件。focus( )方法触发 focus 事件,或者规定当发生

focus 事件时运行的函数。在下面的示例中，当文本框获得焦点时触发 focus 事件，将文本框背景色变成灰色。

示例：

```
<!DOCTYPE html>
<html>
    <head>
        <meta charset="utf-8">
        <title>jQuery-表单事件</title>
        <script type="text/JavaScript" src="./js/jquery-3.4.1.js"></script>
        <script type="text/JavaScript">
            $(document).ready(function(){
                $("input").focus(function(){
                    $(this).css("background-color","#cccccc");
                });
            });
        </script>
    </head>
    <body>
        Name：<input type="text" name="fullname"/><br/>
        E-mail：<input type="text" name="email"/>
    </body>
</html>
```

运行结果如图 11-15 所示。

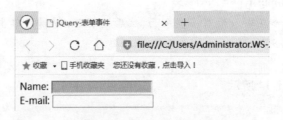

图 11-15　focus 事件应用

11.4.4　blur()

当元素失去焦点时触发 blur 事件。这个函数会调用绑定到 blur 事件的所有函数，包括浏览器的默认行为。可以通过返回 false 来避免触发浏览器的默认行为。blur 事件会在元素失去焦点时触发，既可以是鼠标行为，也可以是按 Tab 键失去的。在下面的示例中，当文本框失去焦点，也就是光标离开文本框时，文本框的背景颜色会变成黄色。

示例：

```
<!DOCTYPE html>
```

```
<html>
    <head>
        <meta charset="utf-8">
        <title>jQuery-表单事件</title>
        <script type="text/JavaScript" src="./js/jquery-3.4.1.js"></script>
        <script type="text/JavaScript">
            $(document).ready(function(){
                $("input").blur(function(){
                    $(this).css("background-color","#fff000");
                });
            });
        </script>
    </head>
    <body>
        Name：<input type="text" name="fullname"/><br/>
        E-mail：<input type="text" name="email"/>
    </body>
</html>
```

运行结果如图 11-16 所示。

图 11-16　blur 事件应用

focus 和 blur 表单事件可以结合使用。在下面的示例中,文本框获得焦点(光标)时触发 focus( ),文本框的背景色变成灰色;文本框失去焦点(光标)时触发 blur( ),文本框的背景色变成黄色。

示例:

```
<!DOCTYPE html>
<html>
    <head>
        <meta charset="utf-8">
        <title>jQuery-表单事件</title>
        <script type="text/JavaScript" src="./js/jquery-3.4.1.js"></script>
        <script type="text/JavaScript">
            $(document).ready(function(){
```

```
            $("input").focus(function(){
                $(this).css("background-color","#cccccc");
            });
            $("input").blur(function(){
                $(this).css("background-color","#fff000");
            });
        });
    </script>
</head>
<body>
    Name：<input type="text" name="fullname"/><br/>
    E-mail：<input type="text" name="email"/>
</body>
</html>
```

11.5　jQuery 窗口事件

11.5.1　scroll()

当用户滚动指定的元素时,会触发 scroll 事件。scroll 事件适用于所有可滚动的元素和 window 对象(浏览器窗口)。scroll()方法触发 scroll 事件,或者规定当发生 scroll 事件时运行的函数。在下面的示例中,滚动<div>触发 scroll 事件,下面的滚动次数就会相应增加。

示例:

```
<!DOCTYPE html>
<html>
    <head>
        <meta charset="utf-8">
        <title>jQuery-表单事件</title>
        <script type="text/JavaScript" src="./js/jquery-3.4.1.js"></script>
        <script type="text/JavaScript">
            x=0;
            $(document).ready(function(){
                $("div").scroll(function(){
                    $("span").text(x+=1);
                });
            });
        </script>
```

```
        </head>
        <body>
            <p>尝试滚动 div 中的滚动条</p>
            <div style="border：1px solid black；width：200px；height：100px；overflow：
                scroll；">
                学的不仅是技术，更是梦想！学的不仅是技术，更是梦想！
                学的不仅是技术，更是梦想！学的不仅是技术，更是梦想！
            </div>
            <p>滚动了<span>0</span>次。</p>
        </body>
    </html>
```

运行结果如图 11-17 所示。

图 11-17　scroll **事件应用**

11.5.2　resize( )

当调整浏览器窗口的大小时，会触发 resize 事件。在下面的示例中，当窗口缩小或放
大时就会触发 resize 事件，重置窗口的次数就会增加。

示例：

```
    <!DOCTYPE html>
    <html>
        <head>
            <meta charset="utf-8">
            <title>jQuery-文档窗口事件</title>
            <script type="text/JavaScript" src="./js/jquery-3.4.1.js"></script>
            <script type="text/JavaScript">
                x=0；
                $(document).ready(function( ){
                    $(window).resize(function( ){
                        $("span").text(x+=1)；
                    });
```

```
        });
        </script>
    </head>
    <body>
        <p>窗口重置了<span>0</span> 次大小。</p>
        <p>尝试重置窗口大小。</p>
    </body>
</html>
```

运行结果如图 11-18 所示。

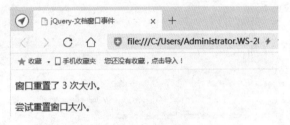

图 11-18　resize 事件应用

11.6　jQuery 事件冒泡

11.6.1　事件冒泡产生的原因

在页面上可以有多个事件,也可以有多个元素响应同一个事件。假设网页上有两个元素,其中一个元素嵌套在另一个元素中,并且都绑定了 click 事件,同时<body>元素上也绑定了 click 事件。当单击内部的<span>元素,即触发<span>元素的 click 事件时,会输出 3 条记录。这就是由事件冒泡引起的。

示例:

```
<!DOCTYPE html>
<html>
    <head>
        <meta charset="utf-8">
        <title>jQuery-事件冒泡</title>
        <script type="text/JavaScript" src="./js/jquery-3.4.1.js"></script>
        <script type="text/JavaScript">
            $(document).ready(function() {
                $("span").click(function() {
                    var txt=$("#msg").html()+"<p>内部 span 被点击</p>";
                    $("#msg").html(txt);
                });
```

```
            $("#content").click(function(){
                var txt=$("#msg").html()+"<p>外部 div 被点击</p>";
                $("#msg").html(txt);
            });
            $("body").click(function(){
                var txt=$("#msg").html()+"<p>body 被点击</p>";
                $("#msg").html(txt);
            });
        });
    </script>
</head>
<body>
    <div id="content">
        外层 div 元素
        <span>内部 span 元素</span>
        外层 div 元素
    </div>
    <div id="msg"></div>
</body>
</html>
```

运行结果如图 11-19 所示。

图 11-19　事件冒泡

在上面的示例中,点击<span>元素的同时,也点击了包含<span>元素的<div>元素和包含<div>元素的<body>,并且每一个元素都会按照特定的顺序响应 click 事件。元素的 click 事件会按照以下顺序冒泡:<span>、<div>、<body>。

之所以称为冒泡,是因为事件会按照 DOM 的层次结构像水泡一样不断向上直至顶端。

11.6.2　事件冒泡引发的问题

事件冒泡可能会引起预料之外的效果。上例中,本来只想触发<span>元素的 click 事件,但<div>元素和<body>元素的 click 事件也同时被触发。因此,有必要对事件的作用范围进行限制来达到以下效果：当单击<span>元素时，只触发<span>元素的 click 事件，而不触发<div>元素和<body>元素的 click 事件；当单击<div>元素时，只触发<div>元素的 click 事件，而不触发<body>元素的 click 事件。下面来介绍如何解决这些问题。

1. 事件对象

IE-DOM 和标准 DOM 实现事件对象的方法各不相同，因此在不同浏览器中获取事件对象比较困难。针对这个问题，jQuery 进行了必要的扩展和封装，从而能够在任何浏览器中都能很轻松地获取事件对象及事件对象的一些属性。在程序中使用事件对象非常简单，只需要为函数添加一个参数（event）。当单击"element"元素时，事件对象就被创建了。这个事件对象只有事件对象处理函数能访问到。事件对象处理函数执行完毕，事件对象就被销毁。

示例：

```
$("element").click(function(event){             //event：事件对象
    //……
});
```

2. 停止事件冒泡

停止事件冒泡可以阻止事件中其他对象的事件处理函数被执行。在 jQuery 中，stopPropagation()可以停止事件冒泡。在下面的示例中，当单击<span>元素时，只会触发<span>元素上的 click 事件，而不会触发<div>元素和<body>元素的 click 事件；当单击<div>元素时，只触发<div>元素的 click 事件，而不触发<body>元素的 click 事件。

示例：

```
<!DOCTYPE html>
<html>
<head>
    <meta charset="utf-8">
    <title>jQuery-事件冒泡</title>
    <script type="text/JavaScript" src="./js/jquery-3.4.1.js"></script>
    <script type="text/JavaScript">
        $(document).ready(function(){
            $("span").click(function(event){
                var txt=$("#msg").html()+"<p>内部 span 被点击</p>";
                $("#msg").html(txt);
                event.stopPropagation();            //停止事件冒泡
            });
            $("#content").click(function(event){
                var txt=$("#msg").html()+"<p>外部 div 被点击</p>";
                $("#msg").html(txt);
                event.stopPropagation();            //停止事件冒泡
            });
```

```
        $("body").click(function(event){
            var txt = $("#msg").html()+"<p>body 被点击</p>";
            $("#msg").html(txt);
            event.stopPropagation();                    //停止事件冒泡
        });
    });
</script>
</head>
<body>
    <div id="content">
        外层 div 元素
        <span>内部 span 元素</span>
        外层 div 元素
    </div>
    <div id="msg"></div>
</body>
</html>
```

运行结果如图 11-20 所示。

图 11-20　利用 stopPropagation( )方法停止事件冒泡

3. 阻止默认行为

网页中的元素有自己默认的行为,如点击超链接后会跳转、单击"提交"按钮后表单会提交等,有时需要阻止元素的默认行为。

在 jQuery 中,preventDefault( )可阻止元素的默认行为。例如,在项目中,在单击"提交"按钮时,经常需要验证表单内容,如某元素是否是必填字段、某元素是否够 6 位等,当表单不符合提交条件时,要阻止表单的提交。在下面的示例中,当用户名为空时,单击"提交"按钮,会出现"文本框值不能为空"的提示,并且表单不能提交。只有在用户名中输入内容后,才能提交表单。可见,preventDefault( )能阻止表单的提交行为。

示例:

```
<!DOCTYPE html>
<html>
<head>
    <meta charset="utf-8">
```

```
<title>jQuery-事件冒泡</title>
<script type="text/JavaScript" src="./js/jquery-3.4.1.js"></script>
<script type="text/JavaScript">
    $(document).ready(function(){
        $("#sub").click(function(event){
            var username=$("#username").val();
            if(username==""){
                $("#msg").html("<p>文本框值不能为空</p>");
                event.preventDefault();
            }
        });
    });
</script>
</head>
<body>
<form action="test.html">
    用户名：<input type="text" id="username" />
    <input type="submit" value="提交" id="sub"/>
</form>
<div id="msg"></div>
</body>
</html>
```

运行结果如图 11-21 所示。

图 11-21　利用 preventDefault( )方法阻止默认行为

如果想同时对事件对象停止冒泡和默认行为,可以在事件处理函数中返回 false。这是对事件对象同时调用 stopPrapagation( )和 preventDefault( )的一种简写方式。

例如,可以将表单例子中的"event.preventDefault( );"改写成"return false;",也可以将事件冒泡例子中的"event.stopPropagation( );"改写成"return false;"。

11.7　jQuery 事件解除

在绑定事件的过程中,不仅可以为同一个元素绑定多个事件,还可以为多个元素绑定同一个事件。在下面的示例中，<button>元素绑定了多个相同事件，当单击按钮时，会出现所有的绑定事件。

示例:

```
<!DOCTYPE html>
<html>
    <head>
        <meta charset="utf-8">
        <title>jQuery-事件解除</title>
        <script type="text/JavaScript" src="./js/jquery-3.4.1.js"></script>
        <script type="text/JavaScript">
            $(document).ready(function(){
                $("#btn").bind("click",function(){
                    $("#test").append("<p>我的绑定函数 1</p>");
                }).bind("click",function(){
                    $("#test").append("<p>我的绑定函数 2</p>");
                }).bind("click",function(){
                    $("#test").append("<p>我的绑定函数 3</p>");
                });
            });
        </script>
    </head>
    <body>
        <button id="btn">单击我</button>
        <div id="test"></div>
    </body>
</html>
```

运行结果如图 11-22 所示。

图 11-22　绑定多个事件

下面是事件解绑函数 unbind() 的语法结构:

```
unbind(type,[data]);
```

其中,type 为事件类型,data 为将要解除的函数。

具体说明如下:

- 如果没有参数,则删除所有绑定的事件。
- 如果提供了事件类型作为参数,那么只删除该类型的绑定事件。
- 如果将绑定时传递的处理函数作为第二个参数,那么只有这个特定的事件处理函数会被删除。

11.7.1 解除按钮元素上以前注册的事件

首先,在网页上添加一个解除事件的按钮:

```
<button id="delAll">删除所有事件</button>
```

其次,为按钮绑定一个事件:

```
$("#delAll").click(function(){
    //处理函数
});
```

最后,为该事件编写处理函数用于删除元素的所有 click 事件:

```
$("#delAll").click(function(){
        $("btn").unbind("click");
});
```

在下面的示例中,单击"单击我"按钮会触发 3 个绑定事件,如果再单击该按钮会再次触发这 3 个绑定事件,但是当单击"删除所有事件"按钮后,再单击"单击我"按钮时就不会再触发任何绑定事件了,说明事件已经解绑。

示例:

```
<!DOCTYPE html>
<html>
    <head>
        <meta charset="utf-8">
        <title>jQuery-事件解除</title>
        <script type="text/JavaScript" src="./js/jquery-3.4.1.js"></script>
        <script type="text/JavaScript">
            $(document).ready(function(){
                $("#btn").bind("click",function(){
                    $("#test").append("<p>我的绑定函数 1</p>");
                }).bind("click",function(){
                    $("#test").append("<p>我的绑定函数 2</p>");
                }).bind("click",function(){
                    $("#test").append("<p>我的绑定函数 3</p>");
                });
                //事件解绑
```

```
        $("#delAll").click(function(){
            $("#btn").unbind("click");
        });
    });
    </script>
</head>
<body>
    <button id="btn">单击我</button>
    <button id="delAll">删除所有事件</button>
    <div id="test"></div>
</body>
</html>
```

运行结果如图 11-23 所示。

图 11-23　解绑元素的所有事件

11.7.2　解除<button>元素的其中一个事件

首先需要为这些匿名处理函数指定一个变量，然后就可以单独删除某一个事件。在下面的示例中，将 3 个绑定事件中的函数分别命名为 myFun1、myFun2、myFun3，然后删除第二个绑定事件。

示例：

```
<!DOCTYPE html>
<html>
    <head>
        <meta charset="utf-8">
        <title>jQuery-事件解除</title>
        <script type="text/JavaScript" src="./js/jquery-3.4.1.js"></script>
        <script type="text/JavaScript">
            $(document).ready(function(){
```

```
            $("#btn").bind("click",myFun1 = function(){
                $("#test").append("<p>我的绑定函数1</p>");
            }).bind("click",myFun2 = function(){
                $("#test").append("<p>我的绑定函数2</p>");
            }).bind("click",myFun3 = function(){
                $("#test").append("<p>我的绑定函数3</p>");
            });
            //第二个事件解除
            $("#delTwo").click(function(){
                $("#btn").unbind("click",myFun2);
            });
        });
    </script>
</head>
<body>
    <button id="btn">单击我</button>
    <button id="delTwo">删除第二个事件</button>
    <div id="test"></div>
</body>
</html>
```

运行结果如图 11-24 所示。

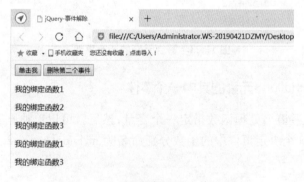

图 11-24　解绑元素的某一个事件

另外,对只需要触发一个,随后就要立即解除绑定的情况,jQuery 提供了一种简写方法——one( )。one( )可以为元素绑定处理函数。处理函数触发一次后立即被删除,也就是说,在每个对象上,事件处理函数只会被执行一次。one( )在结构上和 bind( )类似,使用方法也和 bind( )相同。在下面的示例中,当单击"单击我"按钮后,绑定的 3 个事件被触发,处理函数触发一次之后就会被删除,处理函数只能执行一次,所以再单击"单击我"按钮,不会再触发处理函数。

示例：

```
<!DOCTYPE html>
<html>
    <head>
        <meta charset="utf-8">
        <title>jQuery-事件解除 one( ) 函数</title>
        <script type="text/JavaScript" src="./js/jquery-3.4.1.js"></script>
        <script type="text/JavaScript">
            $(document).ready(function( ){
                $("#btn").one("click",function( ){
                    $("#test").append("<p>我的绑定函数1</p>");
                }).one("click",function( ){
                    $("#test").append("<p>我的绑定函数2</p>");
                }).one("click",function( ){
                    $("#test").append("<p>我的绑定函数3</p>");
                });
            });
        </script>
    </head>
    <body>
        <button id="btn">单击我</button>
        <div id="test"></div>
    </body>
</html>
```

运行结果如图 11-25 所示。

图 11-25 利用 one( ) 方法解绑事件

11.8 本章小结

本章主要介绍了 jQuery 事件，描述了 jQuery 的事件绑定，介绍了 jQuery 鼠标事件、jQuery 键盘事件、jQuery 表单事件、jQuery 窗口事件、jQuery 事件冒泡和 jQuery 事件解除。

jQuery 的事件处理可以大大简化原生 JavaScript 编码。

11.9　本章练习

1. 在 jQuery 中属于鼠标事件方法的是(　　　)。

A. onclick( )　　　　　　B. mouseover( )　　　　　C. onmouseout( )　　　　D. blur( )

2. 下列选项不属于键盘事件的是(　　　)。

A. keydown( )　　　　　B. keyup( )　　　　　　　C. keypress( )　　　　　D. ready( )

3. 利用 jQuery 事件制作用户调查表单,效果如图 11-26 所示。要求:当用户单击"提交"按钮时,弹窗提示用户所选择的编程语言,当用户选中"全选 全不选"复选框时可以在自动选择所有语言、自动取消选择所有语言中进行切换。

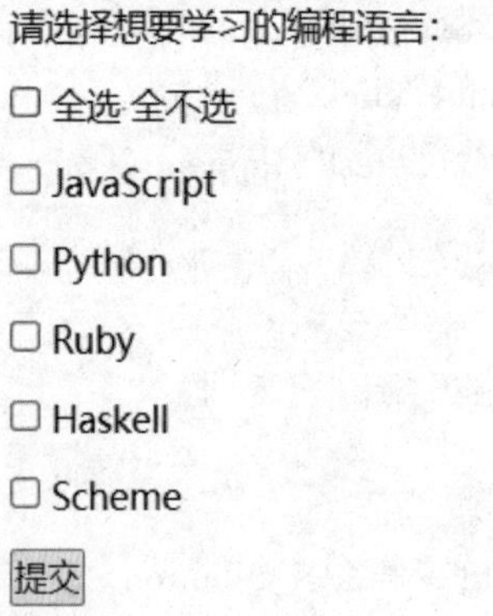

请选择想要学习的编程语言:

☐ 全选 全不选

☐ JavaScript

☐ Python

☐ Ruby

☐ Haskell

☐ Scheme

提交

图 11-26　用户调查表单效果

第 12 章

jQuery 网页元素基本操作

jQuery 能够对网页中的元素进行一些常见的操作,比如设置元素样式、读取或设置元素的值、获取元素的大小和位置等。本章主要学习 jQuery 中操作网页元素样式、内容、属性、大小及位置的常用方法,然后利用这些方法完成综合案例。

 学习内容

➢ 网页元素样式操作。
➢ 网页元素内容操作。
➢ 网页元素属性操作。
➢ 网页元素及浏览器窗口大小操作。
➢ 网页元素及鼠标位置操作。
➢ 综合案例。

 思维导图

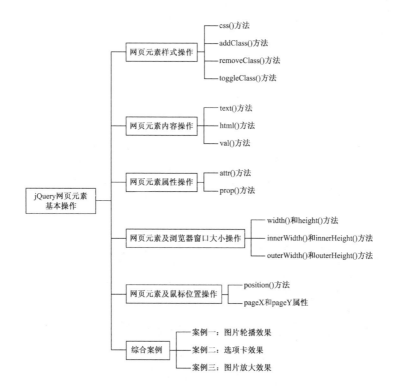

12.1　网页元素样式操作

jQuery 中主要使用 css( )方法来设置或获取网页元素的 CSS 样式值,格式如下:

　　　css(属性[,值]);

若要返回元素指定的 CSS 属性的值,可以使用 css(属性名称),比如通过 css("background-color")来获得背景颜色。

若要设置元素指定的 CSS 属性,则可以使用 css("属性名称",属性值)来进行设置,比如通过 css("background-color","red")来设置背景颜色为红色,通过 css("width","200px")来设置宽度为 200px。对于数值型的属性值,单位也可以省略,jQuery 会自动添加单位 px,如设置宽度为 200px,也可以写成 css("width",200)。

若要同时设置多个 CSS 属性,则需要将参数写成 JSON 的形式,比如通过 css({"width": 200,"height": 100})来同时设置宽度和高度。

另外,也可以使用"+=""-="前缀符号,它们表示在当前属性值的基础上进行增减,如 css("width","+=100")表示宽度在原来的基础上增加 100px。

例如,在页面中放置一个 div,通过操作样式来改变 div 的大小,具体代码如下:

```
<!DOCTYPE html>
<html>
    <head>
        <meta charset="utf-8">
        <title>网页元素样式操作</title>
        <style>
            div{
                width: 400px;
                height: 200px;
                border: 1px solid;
            }
            p{
                text-align: center;
            }
        </style>
        <script src="./js/jquery-3.4.1.min.js"></script>
    </head>
    <body>
        <div>
            <p>利用 css( )方法获取和设置元素大小</p>
            <p><button id="btn1">获取 div 的大小</button></p>
            <p><button id="btn2">改变 div 的宽度为 600px</button></p>
```

```
            <p><button id="btn3">改变div的宽度为500px、高度为300px
                </button></p>
        </div>
    </body>
    <script>
        $("#btn1").click(function(){
            alert("div的大小为：宽"+$("div").css("width")+",高"+$("div").
                css("height"));
        });
        $("#btn2").click(function(){
            $("div").css("width","600px");
        });
        $("#btn3").click(function(){
            $("div").css({"width":"500px","height":"300px"});
        });
    </script>
</html>
```

运行结果如图 12-1 所示。

图 12-1　利用 css( ) 方法获取和设置元素大小

当单击"获取 div 的大小"按钮时,通过 css("width")和 css("height")方法来获得 div 的宽度和高度,如图 12-2 所示。

图 12-2　获取 div 的大小

当单击"改变 div 的宽度为 600px"按钮时,通过 css("width","600px")方法来设置 div 的宽度为 600px,也可以写成 css("width",600)或 css("width","+=200"),结果如图 12-3 所示。当单击"改变 div 的宽度为 500px、高度为 300px"按钮时,通过 css({"width":"500px","height":"300px"})方法来设置 div 的宽度和高度,结果如图 12-4 所示。

图 12-3　改变 div **的宽度为** 600px

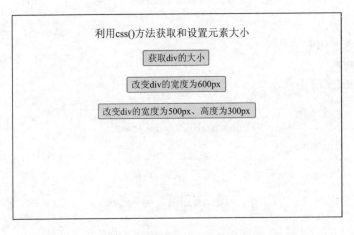

图 12-4　改变 div **的宽度为** 500px、**高度为** 300px

除了通过 css( )方法来直接设置元素样式属性外,jQuery 中还可以通过操作样式类别来修改 CSS 样式,主要的方法如下:

- addClass(类别名称):增加类别样式。
- removeClass(类别名称):删除类别样式。
- toggleClass(类别名称):交替使用类别样式,有这个样式类别就删除,没有就增加。

例如,在页面中添加一个 div,通过操作样式类别来设置 div 的字体颜色、边框和背景,具体代码如下:

```
<!DOCTYPE html>
<html>
    <head>
        <meta charset="utf-8">
        <title>元素样式类别操作</title>
```

```html
<script src="./js/jquery-3.4.1.min.js"></script>
<style>
    div{
        width: 200px;
        height: 200px;
        border: 1px solid;
    }
    p{
        text-align: center;
    }
    .add{
        color: blue;
        background-color: yellow;
        border: 2px dashed;
    }
</style>
</head>
<body>
    <div>
        <p>元素样式类别操作</p>
        <p><button id="btn1">增加样式类别</button></p>
        <p><button id="btn2">删除样式类别</button></p>
        <p><button id="btn3">交替使用样式类别</button></p>
    </div>
</body>
<script>
    $("#btn1").click(function(){
        $("div").addClass("add");
    });
    $("#btn2").click(function(){
        $("div").removeClass("add");
    });
    $("#btn3").click(function(){
        $("div").toggleClass("add");
    });
</script>
</html>
```

运行结果如图 12-5 所示。

图 12-5　元素样式类别操作　　　图 12-6　增加样式类别

当单击"增加样式类别"按钮时,执行 addClass("add"),为 div 增加 add 样式。在 add 样式中定义了字体颜色、背景颜色及边框,结果如图 12-6 所示;当单击"删除样式类别"按钮时,执行 removeClass("add"),删除 add 样式;当单击"交替使用样式类别"按钮时,执行 toggleClass("add"),在增加和删除样式之间进行切换操作。

在增加样式类别时,如果在不同的样式类别中设置了同一个样式属性,那么后者覆盖前者,比如上面的例子中在 add 样式中定义的 border 属性会覆盖 div 标签中定义的 border 属性。如果要同时删除标签元素的所有样式类别,可以直接使用不带参数的 removeClass() 方法。

12.2　网页元素内容操作

jQuery 提供了三种方法来操作 html 网页元素中的内容,具体如下:

- text([值]):设置或返回所选元素的文本内容。
- html([值]):设置或返回所选元素的内容(包括 html 标记)。
- val([值]):设置或返回表单元素的值。

html() 方法和 text() 方法的区别:html() 方法会解析字符串中的标签,将这些标签转换为 DOM 元素;而 text() 方法不解析字符串中的标签,直接把它们当作字符串处理。

例如,分别利用 text() 方法和 html() 方法获取页面中唐诗的标题,并修改唐诗的作者,具体代码如下:

```
<!DOCTYPE html>
<html>
    <head>
        <meta charset="utf-8">
        <title>获取和设置网页元素的内容</title>
        <style>
            div{
                height：250px；
                width：250px；
                border：1px solid；
```

```
                    text-align: center;
                    padding: 10px;
                    float: left;
                }
        </style>
        <script type="text/JavaScript" src="./js/jquery-3.4.1.min.js"></script>
    </head>
    <body>
        <div>
            <p id="title"><b>静夜思</b></p>
            <p id="author"><i>李白</i></p>
            <p>床前明月光,</p>
            <p>疑是地上霜。</p>
            <p>举头望明月,</p>
            <p>低头思故乡。</p>
        </div>
        <div>
            <p><button id="btn1">利用 text()方法获取诗的标题</button></p>
            <p><button id="btn2">利用 html()方法获取诗的标题</button></p>
            <p><button id="btn3">利用 text()方法修改诗的作者</button></p>
            <p><button id="btn4">利用 html()方法修改诗的作者</button></p>
        </div>
    </body>
    <script>
        $("#btn1").click(function() {
            alert($("#title").text());
        });
        $("#btn2").click(function() {
            alert($("#title").html());
        });
        $("#btn3").click(function() {
            $("#author").text("唐·李白");
        });
        $("#btn4").click(function(){
            $("#author").html("<b>唐·李白</b>");
        });
    </script>
</html>
```

运行结果如图 12-7 所示。

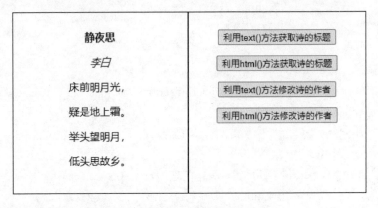

图 12-7　获取和设置网页元素内容

在如图 12-7 所示的页面中,左侧显示了一首唐诗,右侧放置了几个按钮用于对唐诗进行操作。

① 当单击"利用 text( )方法获取诗的标题"按钮时,忽略 $("#title")对象中嵌套的子元素标签,只显示普通文本内容,如图 12-8 所示。

② 当单击"利用 html( )方法获取诗的标题"按钮时,将 $("#title")对象中嵌套的子元素标签当作普通文本处理,一同显示,如图 12-9 所示。

图 12-8　利用 text( )方法获取诗的标题　　图 12-9　利用 html( )方法获取诗的标题

③ 当单击"利用 text( )方法修改诗的作者"按钮时,执行 $("#author").text("唐·李白"),将唐诗作者改为"唐·李白",如图 12-10 所示。

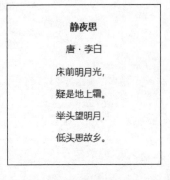

图 12-10　利用 text( )方法修改诗的作者　　图 12-11　利用 html( )方法修改诗的作者

④ 当单击"利用 html( )方法修改诗的作者"按钮时,执行 $("#author").html("<b>

唐·李白</b>")，并加粗显示，如图 12-11 所示。

网页中的元素除了常见的文本、图片以外，还有一类比较常用的元素，就是表单元素。在网页中收集用户信息时常常需要使用表单元素，比如用户注册或登录。

例如，对用户注册页面中的用户名和密码进行验证：用户名要求"输入 6 到 10 位的由字母、数字或下划线组成的字符串"，密码要求"输入 6 到 20 位的非空白字符"，且两次输入的密码一致。具体代码如下：

```html
<!DOCTYPE html>
<html>
    <head>
        <meta charset="utf-8">
        <title>表单元素值操作</title>
        <script src="./js/jquery-3.4.1.min.js"></script>
        <style>
            div{
                width：700px；
                height：300px；
                border：1px solid；
            }
            div p span：first-child{
                width：100px；
                text-align：right；
                display：inline-block；
            }
            div p input{
                margin-right：20px；
            }
        </style>
    </head>
    <body>
        <form>
            <div>
                <h1 align="center">用户注册</h1>
                <p><span>用户名：</span><input id="username" type="text"/>
                    <span id="msg_username">请输入 6 到 10 位的由字母、数字
                    或下划线组成的字符串。</span></p>
                <p><span>密　码：</span><input id="pass" type="password"/>
                    <span id="msg_password">请输入 6 到 20 位的非空白字符。
                    </span></p>
```

```
            <p><span>确认密码: </span><input id="confirmpass" type=
                "password"/><span id="msg_confirm">请再次输入密码。
                </span></p><br/>
            <p align="center"><input id="regist" type="button" value=
                "注册" style="width: 100px;"/></p>
        </div>
    </form>
</body>
<script>
    var usernameValidated=false;
    var passValidated=false;
    var confirmpassValidated=false;
    $("#username").blur(function(){
        var username=$(this).val();
        var reg=/^[a-zA-Z_0-9]{6,10}$/;
        if(reg.test(username)){
            $("#msg_username").css("color", "green");
            $("#msg_username").text("用户名合法!");
            usernameValidated=true;
        }
        else{
            $("#msg_username").css("color", "red");
            $("#msg_username").text("用户名格式错误!");
            usernameValidated=false;
        }
    });
    $("#pass").blur(function(){
        var pass=$(this).val();
        var reg=/^\S{6,20}$/;
        if(reg.test(pass)){
            $("#msg_password").css("color", "green");
            $("#msg_password").text("密码格式正确!");
            passValidated=true;
        }
        else{
            $("#msg_password").css("color", "red");
            $("#msg_password").text("密码格式错误!");
            passValidated=false;
```

```
                }
            });
        $("#confirmpass").blur(function() {
            var pass = $("#pass").val();
            var confirmpass = $(this).val();
            if(pass == confirmpass) {
                $("#msg_confirm").css("color", "green");
                $("#msg_confirm").text("两次输入的密码一致!");
                confirmpassValidated = true;
            }
            else {
                $("#msg_confirm").css("color", "red");
                $("#msg_confirm").text("两次输入的密码不一致!");
                confirmpassValidated = false;
            }
        });
        $("#regist").click(function() {
            if(usernameValidated&&passValidated&&confirmpassValidated) {
                alert("注册成功!");
            }
            else {
                alert("注册失败,请重新输入!")
            }
        });
    </script>
</html>
```

运行结果如图 12-12 所示。

图 12-12　用户注册页面

在如图 12-12 所示页面中的文本框和密码框中输入注册信息后,使用 blur() 方法来触发失去焦点事件,通过 val( )方法来获取表单元素的值,利用正则表达式来验证表单元素的值。若验证通过,则以绿色显示相应提示消息,如图 12-13 所示;若验证不通过,则以红色显示相应提示消息,如图 12-14 所示。

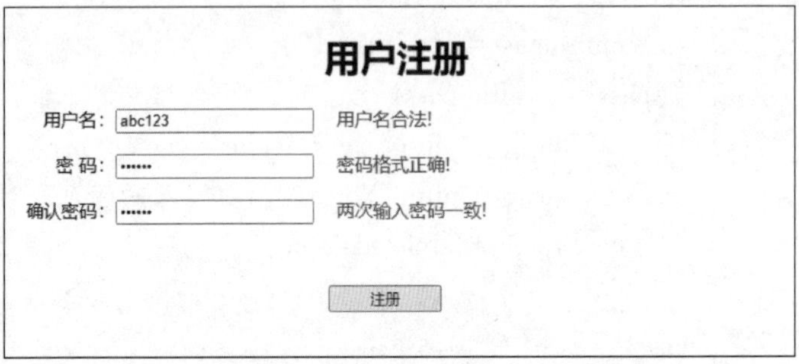

图 12-13　用户注册信息输入成功页面

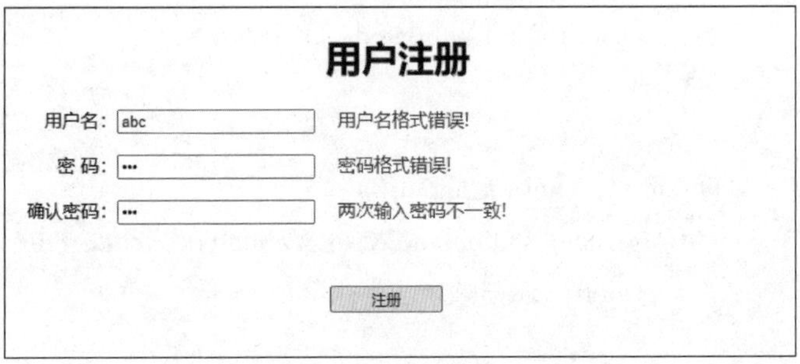

图 12-14　用户注册信息输入失败页面

12.3　网页元素属性操作

jQuery 可以利用 attr( )方法和 prop( )方法来操作网页元素的属性。

- attr(属性名[,值]):设置或返回所选元素的属性。该方法从页面搜索获得元素值,页面必须明确定义元素才能获取值,所以相对来说速度较慢。
- prop(属性名[,值]):设置或返回所选元素的属性。该方法从属性对象中取值,属性对象中有多少属性,就能获取多少值,不需要在页面中显式定义。

这两种方法的作用非常类似,那么该如何选择呢? 对于 HTML 元素本身的固有属性,建议使用 prop( )方法,它更为快速和准确;对于 HTML 元素自定义的 DOM 属性,在处理时,只能使用 attr( ) 方法来获取。另外,attr( ) 方法获取的是初始化值,除非通过 attr("属性名","值")改变,否则值不变;prop( )方法获取的属性值是动态的,比如 checkbox,选中后,checked 的值变为 true,prop 的值也会发生改变。

例如,在网页中显示一幅图片,要求:当鼠标经过时变换为另一幅图片,当鼠标离开时变换为原始图片,图片变换的同时修改图片的标题。具体代码如下:

```
<!DOCTYPE html>
```

```html
<html>
    <head>
        <meta charset="utf-8">
        <title>网页元素属性操作</title>
        <style>
            div{
                text-align：center；
                width：400px；
                height：300px；
            }
            img{
                width：400px；
                height：300px；
            }
        </style>
        <script src="./js/jquery-3.4.1.min.js"></script>
    </head>
    <body>
        <div>
            <img id="animal" src="./images/小鸟.jpg">
            <p id="name">小鸟</p>
        </div>
    </body>
    <script>
        $("#animal").mouseover(function(){
            $(this).prop("src", "./images/熊猫.jpg")；
            animal_name = $(this).attr("src").replace(/.*\/([^\/]+)\..+/,
                '$1')；
            $("#name").text(animal_name)；
        }).mouseout(function(){
            $(this).prop("src", "./images/小鸟.jpg")；
            animal_name = $(this).attr("src").replace(/.*\/([^\/]+)\..+/,
                '$1')；
            $("#name").text(animal_name)；
        });
    </script>
</html>
```

运行结果如图 12-15 和图 12-16 所示。

图 12-15　鼠标离开时显示的图片　　图 12-16　鼠标经过时显示的图片

以上程序利用了 mouseover( ) 和 mouseout( ) 方法触发鼠标悬停和离开事件,当鼠标经过或离开图片时,执行 prop("src", "图片路径") 方法改变图片内容,然后借助正则表达式执行 attr("src"). replace (/.*\/([^\/]+)\..+/, '$1') 方法获取图片标题,并利用 text("图片标题") 显示图片标题。

12.4　网页元素及浏览器窗口大小操作

如果要获取网页元素的大小,也就是宽度和高度,可以使用之前的 css( ) 方法。此外,jQuery 还提供了以下几种方法:

- width( ) 和 height( ):返回标签元素内容的宽度和高度。
- innerWidth( ) 和 innerHeight( ):返回标签元素内容的宽度和高度加上内边距(padding)的宽度和高度。
- outerWidth( ) 和 outerHeight( ):返回标签元素内容的宽度和高度加上内边距(padding)的宽度和高度及边框(border)。

如图 12-17 所示,元素的宽度和高度分别是 500px 和 300px,内边距是 30px,边框是 20px,外边距是 30px。那么 width( ) 返回的值是内容的宽度,为 500px;innerWidth( ) 返回的值需要加上左右内边距,为 500px+30px+30px=560px;outerWidth( ) 返回的值需要再加上左右边框的宽度,为 560px+20px+20px=600px。

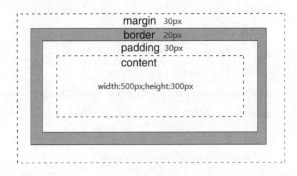

图 12-17　元素大小、内边距、边框及外边距

如果要获取浏览器窗口的大小,可以采用 $(window).width( ) 和 $(window).height( ) 来分别获得浏览器窗口的宽度和高度。

例如,在页面中添加一个 div,并在 div 中显示该 div 元素的大小及浏览器窗口的大小,具体代码如下:

```html
<!DOCTYPE html>
<html>
    <head>
        <meta charset="utf-8">
        <title>获取元素及浏览器窗口的大小</title>
        <script src="./js/jquery-3.4.1.min.js"></script>
        <style>
            div{
                width：300px;
                height：250px;
                padding：20px;
                margin：30px;
                border：2px solid;
            }
        </style>
    </head>
    <body>
        <div></div>
    </body>
    <script>
        $(function(){
            var width=$("div").width();
            var height=$("div").height();
            var innerWidth=$("div").innerWidth();
            var innerHeight=$("div").innerHeight();
            var outerWidth=$("div").outerWidth();
            var outerHeight=$("div").outerHeight();
            var windowWidth=$(window).width();
            var windowHeight=$(window).height();
            $("div").append("<p>div 的大小为：</p>")
            $("div").append("<p>width："+width+"px,height："+height+"px");
            $("div").append("<p>innerWidth："+innerWidth+"px,innerHeight："+
                innerHeight+"px");
            $("div").append("<p>outerWidth："+outerWidth+"px,outerHeight："+
                outerHeight+"px");
            $("div").append("<p>浏览器窗口的大小为：</p>");
```

```
    $("div").append("<p id='windowsize'>宽度为："+windowWidth+
        "px,高度为："+windowHeight+"px");
});
$(window).resize(function(){
    windowWidth=$(window).width();
    windowHeight=$(window).height();
    $("#windowsize").text("宽度为："+windowWidth+"px,高度为："+
        windowHeight+"px");
});
    </script>
</html>
```

运行结果如图 12-18 所示。

图 12-18　获取 div 元素及浏览器窗口的大小

当改变浏览器窗口的大小时,会触发 resize()事件,浏览器窗口大小显示的值会跟随一同改变。

12.5　网页元素及鼠标位置操作

jQuery 中,position()方法可用来获取网页元素的位置。该方法返回带有两个属性的对象,其中 left 属性代表横坐标,top 属性代表纵坐标,坐标系的参照物是其父元素。

若要获取鼠标在浏览器窗口中的位置,需要借助鼠标事件方法,如 mouseenter()、mouseleave()、mouseup()、mousedown()、mousemove()等。通过事件对象的 pageX 和 pageY 属性来分别获得鼠标的横坐标和纵坐标的值。

例如,在页面中显示 div 标签所在位置,当鼠标在窗口上移动时,显示鼠标所在位置,具体代码如下:

```
<!DOCTYPE html>
<html>
    <head>
        <meta charset="utf-8">
        <title>获取元素及鼠标位置</title>
        <script src="./js/jquery-3.4.1.js"></script>
        <style>
            #div1{
                width: 400px;
                height: 300px;
                background: #AACCFF;
                position: absolute;
                padding: 20px;
                left: 20px;
                top: 30px;
            }
            #div2{
                width: 300px;
                height: 200px;
                border: 1px solid;
                position: absolute;
                left: 50px;
                top: 100px;
            }
        </style>
    </head>
    <body>
        <div id="div1">
            当前 div 的位置坐标为:<span id="div1Position"></span><br/><br/>
            当前鼠标的位置坐标为:<span id="mousePosition"></span>
            <div id="div2">
                当前 div 相对父元素的位置坐标为:<span id="div2Position">
                    </span><br/><br/>
                当前 div 相对浏览器的位置坐标为:<span id="div2Position2">
                    </span>
            </div>
```

```
            </div>
        <body>
        <script>
            $(function(){
                $("#div1Position").text("X: "+ $("#div1").position().left+", Y: "+
                    $("#div1").position().top);
                $("#div2Position").text("X: "+ $("#div2").position().left+", Y: "+
                    $("#div2").position().top);
                var left=$("#div1").position().left+ $("#div2").position().left;
                var top=$("#div1").position().top+ $("#div2").position().top;
                $("#div2Position2").text("X: "+left+", Y: "+top);
            });
            $(document).mousemove(function(e){
                $("#mousePosition").text("X: "+e.pageX+", Y: "+e.pageY);
            });
        </script>
    </html>
```

运行结果如图 12-19 所示。

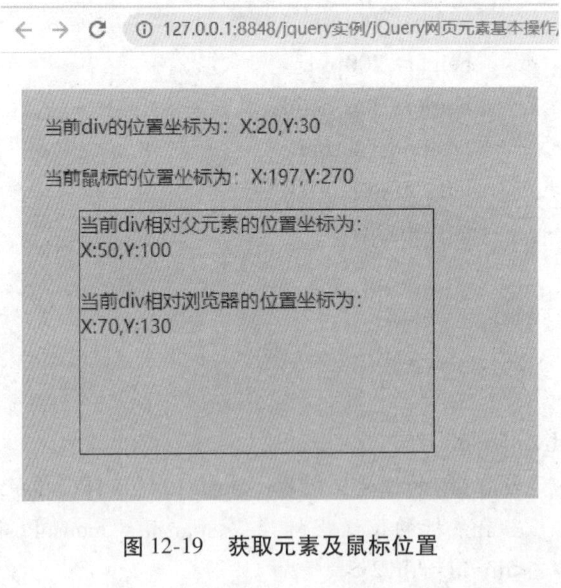

图 12-19　获取元素及鼠标位置

　　div1 的父元素是浏览器窗口,并且采用的是绝对定位,所以其坐标就是所设置的 left 和 top 的值。需要注意的是,如果采用相对定位的话,需要考虑到浏览器窗口的内边距,body 标签默认的内边距是 8,此时 div1 距离浏览器窗口左端和右端的距离需要再加上内边距,坐标值变为 X: 28, Y: 28。div2 的父元素是 div1,无论是采用绝对定位还是采用相对定位,其相对父元素的位置坐标都是所设置的 left 和 top 的值,相对于浏览器的位置坐标还需要加上父元素的 left 和 top 的值。当鼠标在浏览器窗口上移动时,触发鼠标移动 mousemove(e)事件,通过事件对象 e.pageX 和 e.pageY 来获得鼠标所在位置的横坐标和纵坐标的值。

12.6　综合案例

12.6.1　案例一: 图片轮播效果

案例描述: 图片轮播是网页设计和制作时经常使用的一种效果,就是在页面中每隔一段时间图片自动切换。在本案例中,页面中共有三张图片,每隔 1s 自动切换显示下一张图片,并对图片序号进行特殊标识,当鼠标进入图片区域时暂停图片的轮播,当鼠标离开图片区域时继续图片的轮播,当点击图片序号时显示对应的图片。运行结果如图 12-20 所示。

图 12-20　图片轮播效果

实现步骤:

① 创建静态页面,并设置图片及图片序号的样式,默认显示第一张图片。

```html
<html>
    <head>
        <meta charset="utf-8">
        <title>图片轮播效果</title>
        <script src="./js/jquery-3.4.1.min.js"></script>
        <style>
            #div1{
                width: 380px;
                border: 5px solid orange;
                position: relative;
```

```
                        cursor: pointer;
                    }
                    #div1 img{
                        display: block;
                    }
                    #div1 div{
                        position: absolute;
                        background: #f3f3f3;
                        border: 1px solid orange;
                        padding: 1px 5px;
                        bottom: 8px;
                        font-weight: bold;
                    }
                </style>
            </head>
            <body>
                <div id="div1">
                    <img src="./images/1.jpg" width="380px">
                    <div style="right: 60px;background: orange;">1</div>
                    <div style="right: 35px;">2</div>
                    <div style="right: 10px;">3</div>
                </div>
            <body>
        </html>
```

② 定义一个图片数组用于存储轮播的图片,一个变量用于存储图片的索引号,另一个变量用于控制轮播的暂停和继续。

```
        var images=["./images/1.jpg", "./images/2.jpg", "./images/3.jpg"];
        var index=0;
        var time;
```

③ 定义一个方法用于切换显示的图片。在该方法中通过 attr( )方法来设置图片的 src 属性,通过 css( )方法来设置图片序号的样式。

```
        function changeImage(){
            index++;
            if(index>2){
                index=0;
            }
            $("#div1 img").attr("src", images[index]);
            /*获取显示图片对应的序号并设置背景,同时删除其兄弟元素(其他图片序
```

号)的背景*/

```
$("#div1 div:eq(" + index + ")").css("background", "orange").siblings().
    css("background","");
time = setTimeout(changeImage, 1000);
}
```

④ 在载入页面时,启动计时器并调用 changeImage( ) 方法,当鼠标进入图片区域时停止计时器,当鼠标离开图片区域时重新启动计时器。

```
$(function() {
    time = setTimeout(changeImage, 1000);
    $("#div1").mouseenter(function() {
        clearTimeout(time);
    }).mouseleave(function() {
        time = setTimeout(changeImage, 1000);
    });
});
```

⑤ 当点击图片序号时,获取点击图片的索引,显示序号所对应的图片。

```
$("#div1>div").click(function() {
    index = $(this).index() - 1;
    $("#div1 img").attr("src", images[index]);
    $("#div1 div:eq(" + index + ")").css("background", "orange").siblings().
        css("background","");
});
```

12.6.2　案例二: 选项卡效果

案例描述: 选项卡效果也是一种十分常见的网页布局特效,将多个文档面板整合到一个界面中,从而可以在有限的空间内容纳更多的内容,通过选项标签来进行文档页面的切换显示。在本案例中,一共有 4 个选项卡,默认显示第一个选项卡,且当前显示的选项卡以特殊样式高亮显示,用鼠标单击选项卡进行选项内容的切换。运行结果如图 12-21 所示。

图 12-21　选项卡切换效果

实现步骤:

① 创建选项卡的静态页面,给"选项卡一"添加样式属性,将其设置为默认显示选项卡。

```
<!DOCTYPE html>
    <html>
        <head>
```

```
<meta charset="utf-8">
<title>选项卡效果</title>
<style type="text/css">
    * {
        margin: 0px;
        padding: 0px;
    }
    .tabbox {
        margin: 20px;
    }
    .tabbox ul {
        list-style: none;
        display: table;
    }
    .tabbox ul li {
        float: left;
        width: 100px;
        line-height: 30px;
        padding-left: 8px;
        border: 1px solid #aaccff;
        margin-right: -1px;
        cursor: pointer;
    }
    .tabbox ul li.active {
        background-color: #e73839;
        color: white;
        font-weight: bold;
    }
    .tabbox .content {
        width: 415px;
        border: 1px solid #aaccff;
        padding: 10px;
    }
    .tabbox .content>div {
        display: none;
    }
    .tabbox .content>div.active {
        display: block;
```

```
            }
        </style>
        <script src="./js/jquery-3.4.1.min.js"></script>
    </head>
    <body>
        <div class="tabbox">
            <ul>
                <li class="active">选项卡一</li>
                <li>选项卡二</li>
                <li>选项卡三</li>
                <li>选项卡四</li>
            </ul>
            <div class="content">
                <div class="active">This is tab 1.</div>
                <div>This is tab 2.</div>
                <div>This is tab 3.</div>
                <div>This is tab 4.</div>
            </div>
        </div>
    </body>
</html>
```

② 给选项卡添加单击事件,当单击选项卡时,通过 addClass( )方法给当前选项卡添加样式使其高亮显示,并通过 removeClass( )方法删除其他选项卡的样式。

```
<script>
    $(function(){
        $(".tabbox li").click(function(){
            //获取单击的元素并给其添加样式,将其兄弟元素的样式移除
            $(this).addClass("active").siblings().removeClass("active");
            var index = $(this).index();
            $(this).parent().siblings().children().eq(index).addClass("active").
                siblings().removeClass("active");
        });
    });
</script>
```

12.6.3　案例三：图片放大效果

案例描述：图片放大效果类似于放大镜的效果,在购物网站经常会遇到,在网站上会显示商品的缩略图,当鼠标移动到缩略图上时就会显示图片的局部放大效果,方便查看商

品的细节。运行结果如图 12-22 所示。

图 12-22　图片放大效果

实现步骤：

① 创建静态页面，放置两个 div：左侧 div 用于显示缩略图，右侧 div 用于显示放大图，并在左侧 div 上放置一个用于移动的遮罩层。右侧 div 同样是利用样式 overflow：hidden 将放大图超出显示区域的部分隐藏起来。

```html
<!DOCTYPE html>
<html>
    <head>
        <meta charset="utf-8">
        <title>图片放大效果</title>
        <style>
            #mediumImgContainer{
                position：relative；
                float：left；
            }
            #mediumImgContainer img{
                width：250px；
                height：375px；
            }
            #mediumImgContainer #mask{
                background：#ffa；
                opacity：0.5；
                position：absolute；
                display：none；
```

```
            }
            #mediumImgContainer #maskTop{
                display: block;
                position: absolute;
                width: 100%;
                height: 100%;
                left: 0;
                top: 0;
                cursor: move;
                opacity: 0;
            }
            #largeImgContainer{
                width: 250px;
                height: 375px;
                overflow: hidden;
                position: relative;
                left: 20px;
                float: left;
            }
            #largeImgContainer #largeImg{
                position: absolute;
                display: none;
            }
        </style>
        <script src="./js/jquery-3.4.1.min.js"></script>
    </head>
    <body>
        <div id="mediumImgContainer">
            <img id="mediumImg" src="./images/big.jpg">
            <span id="mask"></span>
            <span id="maskTop"></span>
        </div>
        <div id="largeImgContainer">
            <img id="largeImg" src="./images/big.jpg">
        </div>
    </body>
</html>
```

② 根据缩略图和放大图大小的比例关系,计算遮罩层的大小,并利用 width() 和

height()方法进行设置。

```
            var mediumImgWidth;
            var mediumImgHeight;
            var largeImgWidth;
            var largeImgHeight;
            var maskWidth;
            var maskHeight;
            //计算并设置遮罩层的大小
            $(function(){
                //获取缩略图的大小
                mediumImgWidth = $("#mediumImg").width();
                mediumImgHeight = $("#mediumImg").height();
                //获取放大图的大小
                largeImgWidth = $("#largeImg").width();
                largeImgHeight = $("#largeImg").height();
                //计算遮罩层的大小
                maskWidth = mediumImgWidth/largeImgWidth * mediumImgWidth;
                maskHeight = mediumImgHeight/largeImgHeight * mediumImgHeight;
                //设置遮罩层的大小
                $("#mask").width(maskWidth);
                $("#mask").height(maskHeight);
            });
```

③ 当鼠标进入左侧缩略图时显示遮罩层,遮罩层跟随鼠标一起在缩略图上移动,根据鼠标的位置分别计算遮罩层和放大图的位置,并利用 css()方法进行设置,实现图片局部放大的效果。

```
            $("#maskTop").hover(function(){
                $("#mask").show();
                $("#largeImg").show();
            },function(){
                $("#mask").hide();
                $("#largeImg").hide();
            });
            $("#maskTop").mousemove(function(event){
                //计算鼠标在 maskTop 中的位置
                var mouseLeft = event.offsetX;
                var mouseTop = event.offsetY;
                //计算遮罩层的位置
                var maskLeft = mouseLeft-maskWidth/2;
```

```
        var maskTop＝mouseTop－maskHeight/2;
        //控制遮罩层的边界
        if( maskLeft<0 ){
            maskLeft＝0;
        }
        if( maskLeft>mediumImgWidth-maskWidth ){
            maskLeft＝mediumImgWidth-maskWidth;
        }
        if( maskTop<0 ){
            maskTop＝0;
        }
        if( maskTop>mediumImgHeight-maskHeight ){
            maskTop＝mediumImgHeight-maskHeight;
        }
        //设置遮罩层的位置
        $("#mask").css({
            left: maskLeft,
            top: maskTop
        });
        //计算放大图的位置
        var largeImgLeft＝largeImgWidth ∗ maskLeft/mediumImgWidth;
        var largeImgTop＝largeImgHeight ∗ maskTop/mediumImgHeight;
        //设置放大图的位置
        $("#largeImg").css({
            left: −largeImgLeft,
            top: −largeImgTop
        });
    });
});
```

12.7　本章小结

　　本章主要介绍了如何利用 jQuery 对网页中的元素进行一些常见的操作,包括操作网页元素的样式、内容、属性,以及大小和位置等,并灵活运用这些方法完成了图片轮播、选项卡等效果,加深同学们对所学内容的理解和掌握。本章内容是 jQuery 中比较基础但非常重要的内容,在实际的项目开发中使用得也较多,同学们需要通过不断地实践和练习来进行学习和巩固。

12.8 本章练习

1. 在 jQuery 中,如果要获取当前窗口的宽度值,可以使用(　　)。

　　A. width( )　　　　B. width(val)　　　　C. outerWidth( )　　　　D. innerWidth( )

2. 在 jQuery 中,能够操作 HTML 代码及其文本的方法是(　　)。

　　A. attr( )　　　　B. text( )　　　　C. html( )　　　　D. val( )

3. 在 jQuery 中,可以用来操作网页元素属性的方法是(　　)。

　　A. attr( )　　　　B. text( )　　　　C. html( )　　　　D. prop( )

4. 在 jQuery 中,可以用来获得表单元素值的方法是(　　)。

　　A. value( )　　　　B. text( )　　　　C. html( )　　　　D. val( )

5. 在 jQuery 中,关于 css( )方法,以下说法正确的是(　　)。

　　A. css( )方法会去除原有样式而设置新样式

　　B. css("属性","值")用于设置样式属性值

　　C. css( )方法不会去除原有样式

　　D. css("属性")用于返回样式属性值

6. 在 jQuery 中,获取元素宽度包含 padding 的方法是(　　)。

　　A. width( )　　　　B. innerHeight( )　　　　C. outerWidth( )　　　　D. innerWidth( )

7. 编写代码,利用 jQuery 完成购物网站中常见的使用五星进行购物评价的功能,效果如图 12-23 所示。要求:当鼠标经过星星时点亮星星,同时右侧文字根据点亮星星的数量发生变化,点亮星星的数量从少到多分别对应的文字为"非常差""较差""一般""较好""非常好"。

图 12-23　五星评价效果

8. 编写代码,利用 jQuery 完成网站首页中常见的手风琴效果,如图 12-24 所示。要求:当鼠标经过图片时,图片的样式发生改变;当鼠标离开图片时,图片的样式恢复原样。

图 12-24　手风琴效果

第 13 章

jQuery 动画

在原生 JavaScript 中实现动画需要使用 setInterval( ) 或 setTimeout( ) 函数,使用起来不太方便,主要体现在需要我们自己计算动画的步长、定时器帧频等数值,而 jQuery 对这些细节进行了封装,只需要设置元素的运动终点和动画时间等参数,就可以轻松地制作各种动画效果。本章我们主要学习如何使用 jQuery 中常见的内置动画效果,以及使用 animate( ) 方法制作自定义动画。

 学习内容

> ➤ 隐藏和显示动画效果。
> ➤ 淡入和淡出动画效果。
> ➤ 上滑和下滑动画效果。
> ➤ 自定义动画效果。
> ➤ 综合案例。

 思维导图

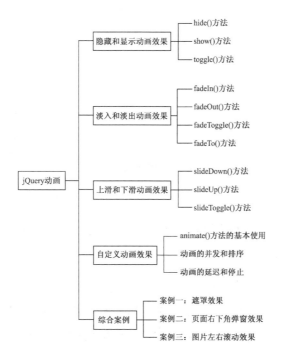

13.1 隐藏和显示动画效果

隐藏和显示是指 HTML 元素的隐藏和显示。jQuery 提供了三种方法来操作 HTML 元素的隐藏和显示,分别为 hide( )、show( )和 toggle( ),其中 hide( )方法用于隐藏,show( )方法用于显示,toggle( )方法用于隐藏和显示之间的切换。语法格式如下:

$(selector).hide|show|toggle(duration,callback);

各参数的含义如下:

• selector:选择器,表示被选择的 HTML 元素。

• duration:可选参数,表示隐藏或显示所持续的时间,时间以毫秒为单位,时间越长,动画越慢。该参数有三个常量值:"normal"是缺省值,代表 400ms;"fast"代表 200ms;"slow"代表 600ms,也可以采用自定义数值,如 2000 代表 2s。

• callback:可选参数,表示隐藏或显示完成后所执行的回调函数。

例如,在页面中放置一个 div,利用 hide( )、show( )和 toggle( )方法分别实现 div 的慢速隐藏、快速显示,以及隐藏和显示的切换效果。

示例:

```
<!DOCTYPE html>
<html>
    <head>
        <meta charset="utf-8">
        <title>隐藏和显示</title>
        <style>
            p{
                width: 300px;
                text-align: center;
            }
            div{
                width: 300px;
                height: 300px;
                background: orange;
            }
        </style>
        <script src="./js/jquery-3.4.1.min.js"></script>
    </head>
    <body>
        <p>
            <button id="slow_hide">慢速隐藏</button>
            <button id="fast_show">快速显示</button>
```

```
                    <button id="toggle">隐藏/显示切换</button>
            </p>
            <div></div>
        </body>
        <script>
            $("#slow_hide").click(function(){
                $("div").hide("slow");
            });
            $("#fast_show").click(function(){
                $("div").show("fast");
            });
            $("#toggle").click(function(){
                $("div").toggle(2000);
            });
        </script>
    </html>
```

　　运行结果如图 13-1 所示。该示例中,在 div 的
上方放置了三个按钮用于触发事件,分别实现三种
隐藏和显示的动画效果:当单击"慢速隐藏"按钮
时,执行 hide("slow")方法,div 在 600ms 之内隐藏;
当单击"快速显示"按钮时,执行 show("fast")方法,
div 在 200ms 之内显示;当单击"隐藏/显示切换"按
钮时,执行 toggle(2000)方法,div 在 2s 之内进行隐
藏和显示的切换。

图 13-1　隐藏和显示动画效果

13.2　淡入和淡出动画效果

　　淡入和淡出是指改变 HTML 元素的透明度。jQuery 提供了四种方法来操作 HTML 元
素的透明度,分别为 fadeIn()、fadeOut()、fadeToggle()和 fadeTo()。fadeIn()用于淡入已
隐藏的元素,fedeOut()用于淡出可见元素,fadeToggle()用于淡入和淡出之间的切换,
fadeTo()允许渐变为给定的透明度。语法格式如下:
　　　　$(selector).fadeIn|fadeOut|fadeToggle(duration,callback);
　　　　$(selector).fadeTo(duration,opacity,callback);
　　opacity 参数表示透明度,取值范围为 0 到 1:0 表示完全透明,1 表示完全不透明。其
他参数的含义请参照隐藏和显示动画效果中的参数,在此不再赘述。
　　例如,在页面中放置一个 div,利用 fadeIn()、fadeOut()、fadeToggle()和 fadeTo()方法
分别实现 div 的慢速淡出、快速淡入、淡出/淡入切换及不透明度渐变等动画效果。

示例：

```
<!DOCTYPE html>
<html>
    <head>
        <meta charset="utf-8">
        <title>淡入和淡出</title>
        <style>
            p{
                width: 400px;
                text-align: center;
            }
            div{
                width: 400px;
                height: 400px;
                background: orange;
            }
        </style>
        <script src="./js/jquery-3.4.1.js"></script>
    </head>
    <body>
        <p>
            <button id="slow_fade">慢速淡出</button>
            <button id="fast_fade">快速淡入</button>
            <button id="toggle">淡出/淡入切换</button>
            <button id="opacity_fade">不透明度渐变</button>
        </p>
        <div></div>
    </body>
    <script>
        $("#slow_fade").click(function(){
            $("div").fadeOut("slow");
        });
        $("#fast_fade").click(function(){
            $("div").fadeIn("fast");
        });
        $("#toggle").click(function(){
            $("div").fadeToggle(2000);
        });
```

```
        $("#opacity_fade").click(function(){
            $("div").fadeTo(2000,0.5,function(){
                $("div").text("透明度渐变为0.5");
            });
        });
    </script>
</html>
```

运行结果如图 13-2 所示。该示例中,在 div 的上方放置了四个按钮用于触发事件,分别实现四种淡入和淡出的动画效果:当单击"慢速淡出"按钮时,执行 fadeOut("slow")方法,div 在 600ms 之内透明度变为 0,即隐藏;当单击"快速淡入"按钮时,执行 fadeIn("fast")方法,div 在 200ms 之内透明度变为 1,即显示;当单击"淡出/淡入切换"按钮时,执行 fadeToggle(2000),div 在 2s 之内进行淡出和淡入的切换;当单击"不透明度渐变"按钮时,执行 fadeTo(2000,0.5,function(){ $("div").text("透明度渐变为0.5");}),首先div 在 2s 之内透明度渐变为 0.5,其次执行回调函数,在 div 中显示文本内容"透明度渐变为 0.5",如图 13-3 所示。

图 13-2　淡入和淡出动画效果　　　　　图 13-3　不透明度渐变效果

13.3　上滑和下滑动画效果

上滑和下滑是以滑动的方式来对元素进行隐藏和显示,其中上滑表示隐藏,下滑表示显示。jQuery 提供了三种方法来对元素进行滑动,分别为 slideDown( )、slideUp( )和 slideToggle( ),其中 slideDown( )方法用于下滑显示,slideUp( )方法用于上滑隐藏,

slideToggle()方法用于上滑隐藏和下滑显示之间的切换。语法格式如下：

$(selector).slideDown|slideUp|slideToggle(duration,callback);

各参数的含义与隐藏和显示动画效果中的参数含义一样，在此不再赘述。

例如，利用上滑和下滑效果来制作网站页面导航菜单。要求：当鼠标经过时，下滑显示子菜单；当鼠标离开时，上滑隐藏子菜单。

示例：

```html
<!DOCTYPE html>
<html>
    <head>
        <meta charset="utf-8">
        <title>上滑和下滑</title>
        <style>
            ul,li{
                margin: 0;
                padding: 0;
                list-style: none;
            }
            li{
                float: left;
                width: 100px;
                height: 35px;
                line-height: 35px;
                text-align: center;
                background: #00AA7F;
                margin-right: 1px;
            }
            li>ul{
                display: none;
            }
            li>ul>li{
                background: #aaaa00;
            }
            a{
                text-decoration: none;
                color: white;
            }
        </style>
        <script src="./js/jquery-3.4.1.js"></script>
```

```
        </head>
        <body>
            <ul id="menu">
                <li><a href="">新闻</a>
                    <ul>
                        <li><a href="">国内新闻</a></li>
                        <li><a href="">国际新闻</a></li>
                    </ul>
                </li>
                <li><a href="">资讯</a>
                    <ul>
                        <li><a href="">体育资讯</a></li>
                        <li><a href="">娱乐资讯</a></li>
                    </ul>
                </li>
            </ul>
        </body>
        <script>
            $("#menu>li").hover(function(){
                $(this).children("ul").slideDown();
            },function(){
                $(this).children("ul").slideUp();
            });
            $("#menu>li>ul>li").hover(function(){
                $(this).css("background","#ff0000");
            },function(){
                $(this).css("background","#aaaa00");
            });
        </script>
    </html>
```

运行结果如图13-4所示。

① 当鼠标经过或离开"新闻"和"资讯"一级
菜单时,触发 hover 事件。当鼠标经过时执行代码
$(this).children("ul").slideDown(),下滑显示二
级子菜单;当鼠标离开时执行代码 $(this).
children("ul").slideUp(),上滑隐藏二级子菜单。

② 当鼠标经过二级子菜单的菜单项时,执行
代码 $(this).css("background","#ff0000"),子菜单

图13-4　上滑和下滑动画效果

项背景颜色变为#ff0000；当鼠标离开二级子菜单的菜单项时，执行代码 $(this).css("background","#aaaa00")，子菜单颜色恢复为原先的颜色#aaaa00。

13.4　自定义动画效果

13.4.1　animate()方法的基本使用

jQuery 虽然提供了一些内置的动画效果，但这远远不能满足我们的需要，很多时候我们需要根据需求来自定义动画效果。jQuery 提供了一个功能强大且简单易用的 animate() 方法，该方法通过改变元素的样式来实现自定义动画效果，我们只需要设置元素的运动终点样式及动画时间等参数。

语法格式如下：

　　　　$(selector).animate(params,duration,callback);

params 参数是一个 JSON 对象，包含了样式属性及属性值的映射；duration 是动画持续时间；callback 是动画完成后执行的回调函数。

下面通过一个简单的例子来演示 animate()方法的基本用法。

示例：

```html
<!DOCTYPE html>
<html>
    <head>
        <meta charset="utf-8">
        <title>自定义动画方法 animate()</title>
        <style>
            .box {
                width: 200px;
                height: 200px;
                background-color: orange;
                position: relative;
            }
        </style>
        <script src="./js/jquery-3.4.1.js"></script>
    </head>
    <body>
        <div class="box"></div>
        <script>
            $(".box").click(function() {
                $(this).animate({
                    left: "600px",
```

```
                    top："300px"，
                    width："100px"，
                    height："100px"，
                    borderRadius："50%"
                }，3000，function( ) {
                    $(".box").css("background-color"，"green")；
                });
            });
        </script>
    </body>
</html>
```

该示例中,在页面中放置了一个大小为 200px×200px、背景颜色为橙色的 div,单击该 div 后,执行 animate( )方法,首先在 3s 之内,div 的位置向右移动 600px,向下移动 300px, 大小变为 100px×100px,形状从方形变为圆形,然后执行回调函数,div 的背景颜色变为绿色。动画运动过程如图 13-5 所示。

图 13-5　使用 animate( )方法实现自定义动画效果

在使用 animate( )方法时,有以下几点需要注意:

① 并不是所有的 CSS 属性都可以参与动画。常见的可以参与 animate( )动画的属性一般与位置、大小和透明度有关,主要有 width、height、left、top、right、bottom、opacity 等。而关于背景的属性不能参与动画,如 background-color、background-position 等。CSS3 的

transform 属性也不能参与动画,如 rotate、skew、scale 等。

② animate( )方法中样式的属性命名必须采用驼峰形式,比如用 borderRadius 代替 border-radius,用 marginLeft 代替 margin-left。

③ 使用 animate( )方法时,必须设置元素的定位属性 position 为 relative 或 absolute,只有这样元素才能动起来。

13.4.2 动画的并发和排序

在页面上可能会有多个元素同时产生动画,一个元素也可能会包含多个动画命令。在 jQuery 中,不同元素的动画会同时进行,称之为动画的并发;同一元素的多个动画会按照顺序依次进行,称之为动画的排序。下面通过一个例子来说明。

示例:

```html
<!DOCTYPE html>
<html>
    <head>
        <meta charset="utf-8">
        <title>动画的并发和排序</title>
        <style>
            #box1{
                width: 80px;
                height: 80px;
                position: relative;
                background-color: red;
                margin-top: 200px;
                margin-bottom: 10px;
            }
            #box2{
                width: 80px;
                height: 80px;
                position: relative;
                background-color: green;
                border: 3px dashed;
            }
        </style>
        <script src="./js/jquery-3.4.1.js"></script>
    </head>
    <body>
        <div id="box1"></div>
        <div id="box2"></div>
```

```
<script>
    $("#box1").animate({left: "500px"},3000);
    $("#box1").animate({top: "100px"},2000);
    $("#box2").animate({left: "500px"},3000);
    $("#box2").animate({bottom: "100px"},2000);
</script>
</body>
</html>
```

该示例中,页面上放置了两个 div,分别为这两个 div 添加了两个自定义的动画效果。两个 div 的动画同时进行,首先两个 div 同时向右移动 500px,然后按照顺序执行第二个动画,两个 div 的位置进行交换。动画运动过程如图 13-6 所示。

图 13-6　动画的并发和排序

13.4.3　动画的延迟和停止

如果不想让动画立即执行,可以利用 jQuery 中的 delay( )方法让动画延迟指定毫秒数之后再执行。若想让动画停止运行,则可以调用 stop( )方法。下面通过一个例子来演示 delay( )方法和 stop( )方法的用法。

示例:
```
<!DOCTYPE html>
<html>
    <head>
        <meta charset="utf-8">
```

```
        <title>动画的延迟和停止</title>
        <style>
            .box {
                width：80px；
                height：80px；
                position：relative；
                background-color：red；
            }
        </style>
        <script src ="./js/jquery-3.4.1.js"></script>
    </head>
    <body>
        <div class="box"></div>
        <script>
            $(".box").delay(2000).animate({
                left："150px",top："150px"
            }, 3000).delay(2000).animate({
                width："160px",
                height："160px"
            }, 1000);
            $(".box").click(function() {
                $(this).stop(true);
            });
        </script>
    </body>
</html>
```

　　该例子中,页面上放置了一个大小为 80px×80px 的 div。首先执行 delay(2000)延迟2s 开始执行第一个动画,在 3s 内 div 向右下移动到距离页面左边 150px 上边 150px 的位置;然后再延迟 2s 执行第二个动画,在 1s 内 div 的大小变为 160px×160px。当单击 div后,执行 stop(true),动画会停止运行。如果动画不停止,其运动过程如图 13-7 所示。

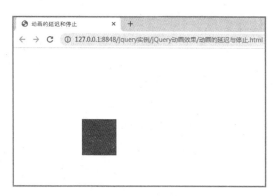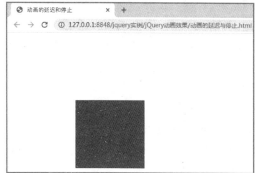

图 13-7　动画的延迟和停止

stop( )的用法根据参数的不同分为以下四种情况：

① stop(true,false)：第二个参数 false 可省略，等同于 stop(true)，无论元素包含多少个动画，该元素的所有动画全部停止执行。

② stop(true,true)：立即完成当前剩余动画,并清空后续动画序列。

③ stop(false,true)：立即完成当前剩余动画,并继续完成后续动画。

④ stop(false,false)：两个参数都可省略,等同于 stop( )，立即停止当前动画,并继续完成后续动画。

请自行修改上面例子中的 stop( )，在动画执行的过程中,观看停止动画时不同的效果。

利用 stop(true)还可以防止动画积累。当一个正处于动画状态的元素再次调用 animate( )时,会造成动画积累：元素不会立即响应新的动画命令,而是要等之前的动画执行完毕后再执行。如果希望运动的元素能够立即响应新的动画,那么可以在调用 animate( )之前调用 stop(true)，可以写成 $(".box").stop(true).animate( )。

13.5　综合案例

13.5.1　案例一：遮罩效果

案例描述：当在页面上单击一个链接或按钮后，出现一个覆盖在整个页面上的 div，使得页面变得不可操作，这个 div 就是遮罩层。本案例中，在一个登录页面输入用户名和密码，若输入正确，则弹出"欢迎登录"对话框；若输入错误，就会出现一个遮罩层，遮罩层给出错误提示，并显示倒计时，10s 后遮罩层消失，可以重新输入。运行结果如图 13-8 所示。

实现步骤：

① 创建静态页面，包括用于登录的表单和用于遮罩的 div 及给出错误提示信息的 div，并设置其样式。

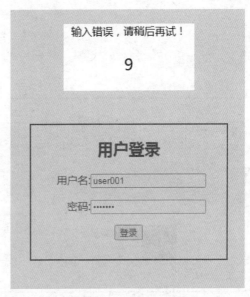

图 13-8　遮罩效果

```html
<!DOCTYPE html>
<html>
    <head>
        <meta charset="utf-8">
        <title>遮罩效果</title>
        <script src="./js/jquery-3.4.1.js"></script>
        <style>
            #login{
                width：300px；
                height：200px；
                border：2px solid；
                text-align：center；
                position：absolute；
                left：50%；
                top：50%；
                transform：translate(-50%,-50%)；
            }
            #login span{
                width：60px；
                text-align：right；
```

```
            display：inline-block；
        }
    #overlay{
            background：#AACCFF；
            opacity：0.5；
            display：none；
        }
    #message{
            width：200px；
            height：100px；
            color：#00007f；
            background：white；
            position：absolute；
            left：50%；
            top：20%；
            transform：translate(-50%,-50%)；
            text-align：center；
            display：none；
        }
    </style>
</head>
<body>
    <div id="login">
        <h2>用户登录</h2>
        <p><span>用户名：</span><input id="username" type="text"/></p>
        <p><span>密码：</span><input id="password" type="password"/></p>
        <p><button id="btn_login">登录</button></p>
    </div>
    <div id="overlay">
    </div>
    <div id="message">
        输入错误,请稍后再试！
        <p id="time" style="font-size：24px；"></p>
    </div>
</body>
</html>
```

② 设置遮罩层的大小与页面大小一致。

```
function setOverlaySize() {
```

```
        $("#overlay").width($(document).width());
        $("#overlay").height($(document).height());
    }
    $(function(){
        setOverlaySize();
    });
    $(window).resize(function(){
        setOverlaySize();
    });
```

③ 单击"登录"按钮后,判断用户名和密码是否正确,若正确,则弹出"欢迎登录"对话框;若错误,则利用 show( )方法显示遮罩层。

```
    $("#btn_login").click(function(){
        if($("#username").val()=="user001" && $("#password").val()=="123456"){
            alert("欢迎登录!");
        }
        else{
            $("#overlay").show();
            $("#message").show();
            countdown();
        }
    });
```

④ 利用 setTimeout( )计时器和 hide( )隐藏方法,实现遮罩层 10s 后自动消失。

```
    var time;
    var second=10;
    function countdown(){
        if(second>0){
            $("#time").text(second);
                second--;
                time=setTimeout(countdown, 1000);
        }
        else{
            $("#overlay").hide();
            $("#message").hide();
            clearTimeout(time);
            second=10;
            $("#username").select();
            $("#username").focus();
```

```
                $("#password").val("");
            }
    }
```

13.5.2　案例二：页面右下角弹窗效果

图 13-9　页面右下角弹窗效果

案例描述：在打开网页时，经常会遇到在页面的右下角弹出一个浮层窗口，一般显示广告或提示信息等，这个弹窗在几秒钟之后会自动收回，这就是页面右下角弹窗效果。在本案例中，打开的网页在 1s 之内弹出右下角浮层，然后 3s 之后自动消失。运行结果如图 13-9 所示。

实现步骤：

① 创建一个静态网页，在页面中放置一个 div，并设置其样式，让其位于页面的右下角。

```
<!DOCTYPE html>
<html>
    <head>
        <meta charset="utf-8">
        <title>右下角弹窗效果</title>
        <style type="text/css">
            div{
                position: absolute;
                right: 3px;
                bottom: 3px;
                width: 200px;
                height: 150px;
                border: 1px solid #AAAA00;
                background: #AACCFF;
                display: none;
            }
        </style>
        <script src="./js/jquery-3.4.1.js"></script>
    </head>
    <body>
        <div>这是右下角弹窗。</div>
    </body>
</html>
```

② 利用下滑 slideDown( ) 和上滑 slideUp( ) 动画效果来实现右下角浮层的弹出和收回，并利用定时器 setTimeout( ) 来实现让弹窗保持 3s 后再消失。

```
<script>
    $(function( ) {
        $("div").slideDown(1000, function( ) {
            setTimeout(function( ) {
                $("div").slideUp(1000);
            }, 3000)
        });
    });
</script>
```

13.5.3　案例三：图片左右滚动效果

案例描述：当图片数量较多，无法在一行全部显示时，可以利用左右滚动的方法来实现图片的浏览。本案例中，共有 6 张图片，而图片显示区域只能显示 3 张图片，当单击左侧的箭头时，图片向左滚动一张，当单击右侧的箭头时，图片向右滚动一张，这就是图片的左右滚动效果。运行结果如图 13-10 所示。

图 13-10　图片左右滚动效果

实现步骤：

① 创建静态页面，在页面上放置 6 张图片，但只显示 3 张图片，其余图片被隐藏，并在图片左右两侧分别放置了用于点击的箭头。图片的隐藏利用了两个 div 的嵌套来实现：外层 div 的宽度为 3 张图片的宽度，内层 div 的宽度为 6 张图片的宽度，给外层 div 设置了样式 overflow：hidden，溢出部分被隐藏，所以只能看到 3 张图片。

```
<!DOCTYPE html>
<html>
    <head>
        <meta charset="utf-8">
        <title>图片左右滚动效果</title>
        <style>
            .content {
                width：666px;
                height：150px;
                margin：50px;
                border：5px solid orange;
```

```
        position: absolute;
        left: 50%;
        top: 20%;
        transform: translate(-50%, -50%);
    }
    .scroll {
        width: 30px;
        height: 150px;
        background: black;
        color: white;
        line-height: 150px;
        font-size: 18px;
        float: left;
        cursor: pointer;
        position: relative;
        z-index: 2;
    }
    #imgContent {
        width: 606px;
        height: 150px;
        float: left;
        overflow: hidden;
        position: relative;
        z-index: 1;
    }
    #images {
        width: 1212px;
        position: absolute;
    }
    #images img {
        width: 200px;
        height: 150px;
        border-right: 2px solid pink;
        float: left;
    }
</style>
<script src="./js/jquery-3.4.1.min.js"></script>
</head>
```

```
<body>
    <div class="content">
        <div id="left" class="scroll">&lt;&lt;</div>
        <div id="imgContent">
            <div id="images">
                <img src="./images/1.jpg">
                <img src="./images/2.jpg">
                <img src="./images/3.jpg">
                <img src="./images/4.jpg">
                <img src="./images/5.jpg">
                <img src="./images/6.jpg">
            </div>
        </div>
        <div id="right" class="scroll">&gt;&gt;</div>
    </div>
</body>
</html>
```

② 给左右两个箭头绑定单击事件。当到达 6 张图片的左右边界时,将对应箭头的背景颜色由黑色变为灰色,表示不可单击;离开边界时,箭头的背景色再由灰色变为黑色,表示可以单击。

```
$(function(){
    bindClick();
})
function bindClick(){
    $("#left").bind("click",moveLeft);
    $("#right").bind("click",moveRight);
    //获取图片位置,用于判断是否到达左右边界
    var left=parseInt($("#images").css("left"));
    if(left<=-606){
        $("#left").css("background","#ccc");
    }
    if(left>=0){
        $("#right").css("background","#ccc");
    }
    if(left>-606&&left<0){
        $("#left").css("background","#000");
        $("#right").css("background","#000");
    }
}
```

③ 实现图片的左右移动。利用 animate( )自定义动画改变图片的位置：当单击左侧按钮向左移动时,left 的值减少一张图片的宽度,当单击右侧按钮向右移动时,left 的值增加一张图片的宽度。需要注意的是,这里的宽度要加上边框的值,即图片的宽度 200 加上边框的宽度 2,值为 202。

```
function unbindClick( ) {
    $("#left").unbind("click",moveLeft);
    $("#right").unbind("click",moveRight);
}
function move( distance ) {
    distance += "px";
    unbindClick( );
    $("#images").animate( {
        left: distance
    }, 1000,bindClick );
}
function moveLeft( ) {
    var left = parseInt( $("#images").css("left") );
    left-=202;
    if( left >= -606) {
        move( left );
    }
}
function moveRight( ) {
    var left = parseInt( $("#images").css("left") );
    left+=202;
    if( left <= 0) {
        move( left );
    }
}
```

13.6　本章小结

本章主要介绍了 jQuery 中常见的动画效果,包括隐藏和显示、淡入和淡出、上滑和下滑等,利用这些动画方法可以在网页中实现一些常见的动画效果。另外,还介绍了自定义动画效果,通过自定义动画方法,可以灵活方便地制作出我们想要的各类动画效果。

13.7 本章练习

1. 下列关于 jQuery 中的淡入/淡出动画效果的描述错误的是(　　　)。

　　A. fadeOut( )方法是通过不透明度的变化来实现所匹配元素的淡出效果

　　B. fadeOut( )、fadeIn( )、fadeToggle( )中表示动画时长的参数只能为毫秒数

　　C. fadeToggle( )通过不透明度的变化来实现所有匹配元素的淡入和淡出效果

　　D. fadeOut( )、fadeIn( )可常用于制作淡入/淡出的幻灯片效果

2. 在 jQuery 中,下列关于停止动画的方法 stop( )的说法错误的是(　　　)。

　　A. stop( )停止当前动画,后续动画继续执行

　　B. stop(true)停止当前动画,后续动画不执行

　　C. stop(true,true)停止当前动画,直接跳到当前动画的最终状态,后续动画不执行

　　D. stop(true,true)停止当前动画,直接跳到当前动画的最终状态,后续动画继续
　　　执行

3. 在使用 animate( )方法实现自定义动画时,下列不能参与动画效果的属性是(　　　)

　　A. width　　　　　B. height　　　　　C. background　　　　　D. left

4. 利用 jQuery 动画制作手风琴菜单,如图 13-11 所示。要求:当单击一级菜单时,下滑显示二级菜单,再次单击时,上滑隐藏二级菜单。

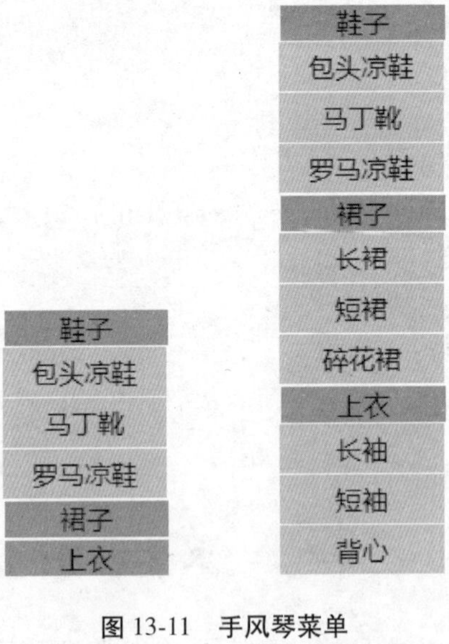

图 13-11　手风琴菜单

第 14 章

jQuery 实现 AJAX

AJAX 是网站开发中经常使用的一种重要的技术,利用该技术能够提高页面的加载速度,节省网络带宽,缩短用户等待时间,改善用户体验,等等。本章主要学习 AJAX 简介与工作原理、PHP 开发环境配置、原生 JavaScript 实现 AJAX、jQuery 实现 AJAX 及 JSONP 跨域等知识。

 学习内容

- ➢ AJAX 简介与工作原理。
- ➢ PHP 开发环境配置。
- ➢ 原生 JavaScript 实现 AJAX。
- ➢ jQuery 实现 AJAX。
- ➢ JSONP 跨域。
- ➢ 综合案例。

 思维导图

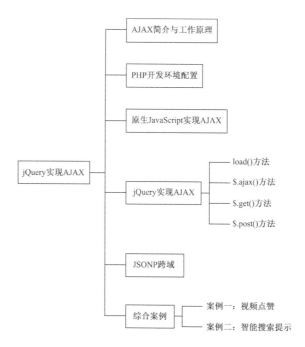

14.1 AJAX 简介与工作原理

AJAX 的全称是 Asynchronous JavaScript and XML,译为异步 JavaScript 和 XML,也称为网页的异步通信,是一种基于 JavaScript 实现网页和服务器数据交换的技术。它通过 JavaScript 发送 HTTP 请求到后台服务器与服务器进行少量的信息交换,从而实现网页的局部刷新,提升网页性能,改善用户体验。它有以下几个主要的优点:

① 无刷新更新数据。这是 AJAX 的最大优点,就是能在不刷新整个页面的前提下与服务器进行数据交互。这使得网站服务器更为迅捷地响应用户交互,减少用户等待时间,给用户带来非常好的体验。

② 异步通信。AJAX 使用异步方式与服务器通信,不需要打断用户的操作,优化了客户端和服务器端的沟通,减少了不必要的数据传输,从而减少了网络数据流量。

③ 前端和后端负载均衡。AJAX 可以把以前一些服务器负担的工作转移到客户端,利用客户端闲置的能力来处理这些工作,减轻服务器和网络带宽的负担,从而提升网站性能。

AJAX 虽然有许多优点,但同时也会带来一些问题。首先会造成网络延迟,即用户做出请求到服务器做出响应之间的间隔,如果时间过长,用户会感到延迟,这种情况一般可以使用一个可视化的组件来告诉用户系统正在进行后台操作并且正在读取数据和内容。另外,AJAX 技术也会给网站的安全带来新的威胁,开发者在不经意间会暴露比以前更多的数据,也难以避免跨站点脚步攻击、SQL 注入攻击和基于 Credentials 的安全漏洞等。

如今几乎所有的网站都会用到 AJAX 技术。比如,网站常用的用户注册功能,当我们注册新用户时,用户名不允许重复,如果不使用 AJAX 技术,那么服务器在返回检测结果时会刷新整个网页,导致网页表单中的数据全部丢失,AJAX 技术则可以解决这个问题。下面举一个例子来说明。

进入网易,注册网易邮箱,系统会自动验证邮箱名是否已经被占用,如果已经被占用,网页会给出提示,提醒我们进行更换,而不需要等我们单击"下一步"之后再告诉我们结果,如图 14-1 所示。

为什么在单击"注册"按钮之前,网页就知道邮箱名被占用了呢? 原因很简单,当输入邮箱名之后,光标离开时触发事件,处理事件时通过 AJAX 技术向服务器发送一个查询请求,服务器经过查询之后将结果返回给客户端。

图 14-1　注册网易邮箱

那么 AJAX 是如何工作的呢? 通常情况下,如果要向服务器发送数据,必须通过输入新的网址或单击超链接使页面跳转,或者需要提交一个表单。但是通过 AJAX 技术给服务器发送请求,服务器返回的数据会先给 AJAX 引擎进行处理,处理完之后再返回浏览器,从而在不刷新整个页面的情况下局部改变网页内容。AJAX 的工作原理如图 14-2 所示。

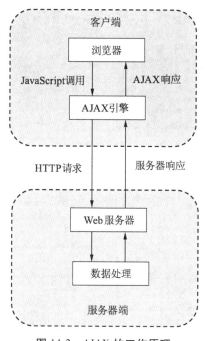

图 14-2　AJAX 的工作原理

14.2　PHP 开发环境配置

由于 AJAX 需要与服务器进行数据交互,所以我们首先得有一个网站服务器。网站服务器的开发环境主要有 PHP、JSP、ASP.NET 等。由于 PHP 比较简单,且是免费开源的,本书就以 PHP 技术为例来介绍如何搭建网站服务器的环境。

PHP 的开发环境搭建非常简单,市面上有很多免费的集成开发环境,如 PHPstudy、PHPnow、WampServer、Xampp、PHPwamp、EasyPHP 等。本书以目前比较流行和常用的 PHPstudy 为例来进行介绍。

PHPstudy 是一个 PHP 调试环境的程序集成包。该程序包集成了最新的 Apache+PHP+MySQL+phpMyAdmin,只需要一次性安装,无须配置即可使用,是非常方便好用的 PHP 开发环境。

我们可以通过访问 PHPstudy 官网来下载程序安装包,网址是 https://www.xp.cn,下载时请注意选择对应的系统及版本,如图 14-3 所示。下载完毕之后直接解压安装。安装过程比较简单,选择安装路径,单击"立即安装"按钮即可,如图 14-4 所示。

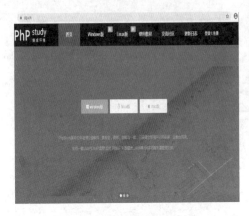

图 14-3　PHPStudy **下载**

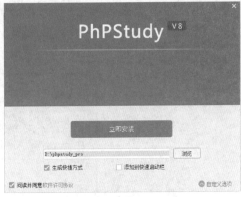

图 14-4　PHPStudy **安装**

安装完毕之后,打开 PHPstudy 应用程序,启动 Apache 服务,如图 14-5 所示。然后打开浏览器,在地址栏中输入"127.0.0.1",如果显示如图 14-6 所示的内容,就表示 PHP 环境配置成功。

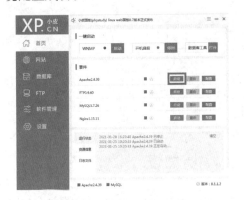

图 14-5　**启动** Apache **服务**

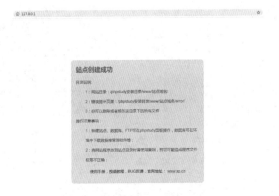

图 14-6　PHP **环境配置成功**

下面我们来编写一个最简单的 PHP 程序。在 PHPstudy 安装目录的 WWW 文件夹下新建一个 helloworld.php 文件,在文件中编写以下代码:

```
<!DOCTYPE html>
<html>
    <head>
        <meta charset="utf-8">
        <title>PHP 示例程序</title>
    </head>
    <body>
        <h1>PHP 示例</h1>
        <? php echo "Hello World"?>
    </body>
</html>
```

打开浏览器,访问网站 http://127.0.0.1/
helloworld.php,运行结果如图 14-7 所示。

php 文件中可以包含正常的 HTML、CSS 和
JavaScript 的代码,所有的 php 代码必须写在
<?php ?>标记之中,只有这样服务器才能够正确识
别并解析。echo 是 php 中表示向网页中输出的语
句,php 的基础语法本书不做介绍,有兴趣的读者
可以自行参考其他有关 php 的学习资料。本书用
到的 php 知识较少,使用时会对相应代码做出解释和说明。

PHP示例

Hello World

图 14-7 PHP 示例程序

14.3 原生 JavaScript 实现 AJAX

在使用 jQuery 实现 AJAX 之前,我们先来看看原生 JavaScript 是如何实现 AJAX 的。
通过原生 JavaScript,我们可以更好地理解 AJAX 实现的原理和过程。

AJAX 的核心是 XMLHttpRequest 对象,它是 AJAX 实现的关键,发送异步请求、接受
响应和执行回调都是通过它来完成的。XMLHttpRequest 对象能够指定传值的地址、传递
的数据及数据传递的方式。实现的过程一般包括以下几个步骤:

① 实例化 XMLHttpRequest 对象。格式如下:

  var xhr=new XMLHttpRequest();

② 配置 HTTP 请求,指定 HTTP 请求的方法和处理请求的地址。发送请求可以使用
get 方式或 post 方式,url 表示处理请求的地址,true 表示异步读取,可以省略,默认表示异
步,否则就失去 AJAX 的意义了。格式如下:

  xhr.open("get|post",? url,true);

如果采用 post 方式发送请求,那么还需要设置传输文件的报文头信息。格式如下:

  xhr.setRequestHeader("Content-Type","application/x-www-form-urlencoded");

这里"application/x-www-form-urlencoded"是表单数据标准的编码格式,表示数据被编
码为键值对格式。

③ 发送请求。指定发送的数据。data 是要发送的数据,数据的一般格式为"名称 1=
值 1& 名称 2=值 2&……"。如果使用 get 方式发送,data 可以为空,不写或用 null 表示都
可以。格式如下:

  xhr.send(data);

④ 监听请求状态。由于原生 JavaScript 没有提供回调函数供我们使用,为了得知服
务器是否已经成功返回数据,必须要监听一个事件,即 onreadystatechange 就绪状态改变事
件。当请求状态改变时,检查 readyState 的值和 HTTP 状态码:readyState 值为 4 表示请求
加载完成,status 的值为 200 表示成功响应,这时就可以处理响应的内容,responseText 表
示返回的响应数据。格式如下:

  xhr.onreadystatechange=function(){

    if(xhr.readyState==4 && xhr.status==200){

```
                    var result = xhr.responseText;
                }
            }
```

　　下面来看一个具体的实例：利用 get 方式发送 AJAX 请求，从服务器获取数据并显示在表单中，利用 post 方式发送 AJAX 请求，将表单数据提交至服务器，在服务器端将数据写入文本文件，并显示服务器返回的结果。

　　首先，新建一个客户端文件 js_ajax.html，代码如下：

```
<!DOCTYPE html>
<html>
    <head>
        <meta charset="utf-8">
        <title>原生 JavaScript 实现 AJAX</title>
    </head>
    <body>
        <form>
            <p>姓名：<input type="text" id="name"/></p>
            <p>年龄：<input type="text" id="age"/></p>
            <p>
                <input type="button" value="get 请求" id="get"/>
                <input type="button" value="post 请求" id="post"/>
            </p>
        </form>
    </body>
</html>
```

　　客户端运行界面如图 14-8 所示。

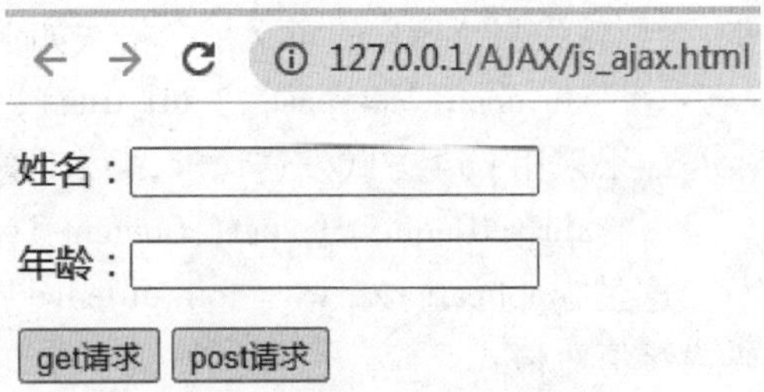

　　当单击"get 请求"按钮时，利用 AJAX 发送 get 请求到服务器，并从服务器返回数据显示到表单中。给"get 请求"按钮添加单击事件，在事件中通过 get 方式发送 AJAX 请求，代码如下：

图 14-8　客户端运行界面

```
var get_button = document.getElementById("get");
get_button.onclick = function() {
    var xhr = new XMLHttpRequest();
    xhr.open("get", "do_get.php", true);
    xhr.send(null);
    xhr.onreadystatechange = function() {
        if(xhr.status == 200 && xhr.readyState == 4) {
            var data = xhr.responseText;
```

```
        data = JSON.parse(data);
        document.getElementById("name").value = data.name;
        document.getElementById("age").value = data.age;
      }
    }
  }
```

服务器端处理 get 请求的文件是 do_get.php,该文件的代码如下:

```
<?php
    echo '{"name": "张晓明","age": 20}';
?>
```

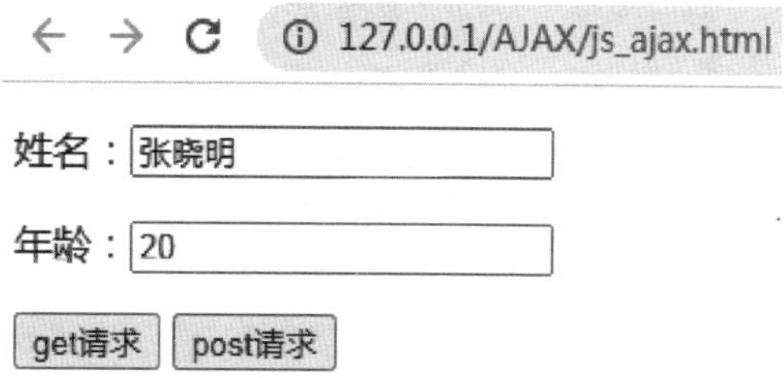

在 do_get.php 文件中输出了一个 JSON
格式类型的数据,客户端接收到数据之后通
过 JSON.parse() 方法进行数据解析,然后显
示在表单中,如图 14-9 所示。

当单击"post 请求"按钮时,利用 AJAX
发送 post 请求到服务器,发送请求时须将表
单中的数据一同发送。给"post 请求"按钮
添加单击事件,在事件中通过 AJAX 方式发送 post 请求,代码如下:

姓名: 张晓明
年龄: 20
get请求　post请求

图 14-9　通过 get 请求获取服务器端数据

```
var post_button = document.getElementById("post");
post_button.onclick = function() {
    var xhr = new XMLHttpRequest();
    xhr.open("post","do_post.php",true);
    xhr.setRequestHeader("Content-Type","application/x-www-form-urlencoded");
    var name = document.getElementById("name").value;
    var age = document.getElementById("age").value;
    var data = "name = "+name+"&age = "+age;
    xhr.send(data);
    xhr.onreadystatechange = function() {
        if(xhr.status == 200 && xhr.readyState == 4) {
            var data = xhr.responseText;
            alert(data);
        }
    }
}
```

服务器端处理 post 请求的文件是 do_post.php,该文件的代码如下:

```
<?php
    //获取客户端数据
    $name = $_POST["name"];
```

```
$age = $_POST["age"];
$data = "姓名：". $name.",年龄：". $age."\r\n";
//打开文本文件 result.txt
$myfile = fopen("result.txt","a");
//将数据写入文件
fwrite($myfile, $data);
//关闭文件
fclose($myfile);
//返回结果给客户端
echo "成功写入数据!";
?>
```

在 do_post.php 文件中,首先通过 $_POST 方法获取客户端传递的数据,然后将数据写入文本文件 result.txt 中,并返回一个结果给客户端,在客户端显示服务器端返回的结果,如图 14-10 所示。

图 14-10　通过 post 请求将数据发送给服务器并返回结果给客户端

14.4　jQuery 实现 AJAX

jQuery 对 AJAX 操作更为方便,提供了多种方法,主要有 load( )、$.ajax( )、$.get( )、$.post( )等,其中 $.ajax( )属于最底层的方法,load( )、$.get( )、$.post( )属于高层方法。下面就来介绍这几种方法的使用。

1. load( )方法

load( )方法是最简单的一种方法,能从服务器异步加载 HTML 文件代码,并放入 DOM 的被选元素中。该方法主要有以下几个参数:

① url：被加载的 HTML 文件地址。

② data：可选参数,发送至服务器的键值对数据。

③ callback：可选参数,回调函数,无论是否加载成功都会执行。

例如,通过 load( )方法加载远程服务器文件 file.html 中的 HTML 代码到当前网页 ajax_load.html 中。

file.html 文件内容如下:

```
<h2>jQuery AJAX</h2>
<p id="p1">这是服务器文件中的内容。</p>
```

当前网页 ajax_load.html 文件内容如下：

```html
<!DOCTYPE html>
<html>
    <head>
        <meta charset="utf-8">
        <title></title>
        <script src="./js/jquery-3.4.1.min.js"></script>
    </head>
    <body>
        <div id="div1"><h2>使用 jQuery AJAX 的 load( )方法从服务器加载数
            据</h2></div>
        <button>获取服务器文件内容</button>
        <script>
            $("button").click(function( ){
                $("#div1").load("file.html",function(responseTxt,statusTxt,xhr){
                    if(statusTxt=="success"){
                        alert("服务器数据加载成功!");
                    }
                    else if(statusTxt=="error"){
                        alert("服务器数据加载失败："+xhr.status+"："+xhr.
                            statusText);
                    }
                });
            });
        </script>
    </body>
</html>
```

运行结果如图 14-11 所示。

← → C 　① 127.0.0.1/AJAX/ajax_load.html

使用jQuery AJAX的load()方法从服务器加载数据

获取服务器文件内容

图 14-11　客户端界面

当单击"获取服务器文件内容"按钮时，执行 load( )方法载入文件 file.html 至 div1
中，结果如图 14-12 所示。

这里执行了回调函数，用来判断是否成功加载，并给出相应的提示信息。回调函数
包含三个参数：第一个参数 responseTxt 表示调用成功时的结果内容，第二个参数

statusTxt 表示调用的状态,第三个参数 xhr 表示 XMLHttpRequest 对象。

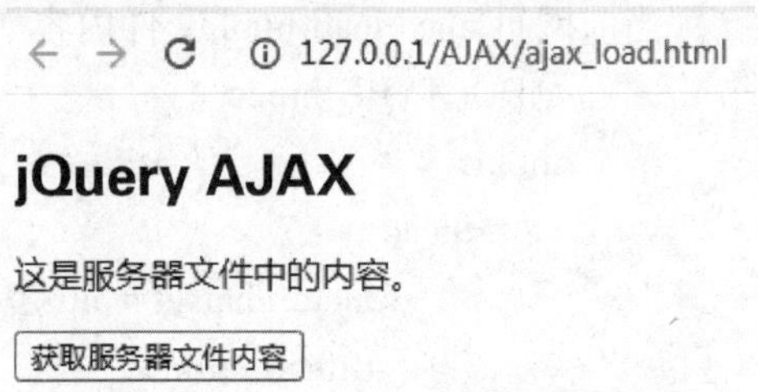

2. $.ajax( ) 方法

能够使用 get 和 post 方式从远程服务器上请求 text、html、xml、json 等多种类型的数据。其语法格式如下:

$.ajax([settings]);

settings 表示 ajax 配置参数,是一个键值对的集合,所有参数为可选参数,主要包含以下几个参数:

① url: 请求地址。

② type: 请求类型,get 或 post,默认为 get。

③ data: 发送到服务器的数据,以键值对表示。

④ dataType: 预期服务器返回的数据类型,一般有 text、html、xml、json、script 等。

⑤ success: 请求成功时执行的回调函数。

⑥ error: 请求失败时执行的回调函数。

例如,通过 $.ajax( )方法远程加载 province.xml 文件中的数据并将其绑定到当前网页 ajax_ $.ajax.html 的下拉列表中。

province.xml 文件中的内容如下:

```
<? xml version ="1.0" encoding ="utf-8" ?>
<list>
        <province name ="江苏" />
        <province name ="浙江" />
        <province name ="安徽" />
        <province name ="福建" />
        <province name ="山东" />
        <province name ="广东" />
        <province name ="湖南" />
        <province name ="河北" />
</list>
```

ajax_ $.ajax.html 文件内容如下:

```
<html>
    <head>
        <meta charset ="utf-8">
        <title> $.ajax( )方法的使用</title>
        <script src ="./js/jquery-3.4.1.min.js"></script>
    </head>
    <body>
        <h2>远程加载 xml 文件中的数据</h2>
```

右上角图示:

← → C ① 127.0.0.1/AJAX/ajax_load.html

jQuery AJAX

这是服务器文件中的内容。

获取服务器文件内容

图 14-12　通过 load( )方法获取服务器端内容并在客户端显示

```
<select id="province"></select>
<script>
    $(function() {
        $.ajax({
            url: "province.xml",
            dataType: "xml",
            success: function(xmldata) {
                $(xmldata).find("province").each(function() {
                    var pname = $(this).attr("name");
                    $("#province").append("<option>" + pname +
                        "</option>");
                });
            },
            error: function() {
                alert("error");
            }
        });
    });
</script>
</body>
</html>
```

请求成功时,回调函数中的 xmldata 参数就是返回的 xml 数据,然后可以通过 DOM 方法来读取 xml 文件数据内容。程序运行结果如图 14-13 所示。

远程加载xml文件中的数据

图 14-13　通过 $.ajax( )方法远程加载 xml 文件

3. $.get( )方法和 $.post( )方法

这两种方法对底层方法 $.ajax( )做了进一步的封装,分别用于通过 get 方式和 post 方式发送请求至服务器。主要包含以下几个参数:

① url:请求地址。

② data:发送到服务器的键值对数据。

③ callback：请求成功时的回调函数。

④ dataType：预期服务器返回数据的格式。

下面利用这两种方法来改写我们上一节中利用原生 JavaScript 实现 AJAX 的案例。

处理 get 请求的代码可以改写为：

```
$("#get").click(function(){
    $.get("do_get.php",function(data){
        data=JSON.parse(data);
        $("#name").val(data.name);
        $("#age").val(data.age);
    });
});
```

处理 post 请求的代码可以改写为：

```
$("#post").click(function(){
    $.post("do_post.php",{
        "name":$("#name").val(),
        "age":$("#age").val()
    },function(data){
        alert(data);
    });
});
```

改写过的代码比原生 JavaScript 代码显得更简洁。其他内容无须做任何修改，运行结果与之前一样。

14.5   JSONP 跨域

跨域中的域是指域名。跨域是指 A 域名下的文件通过 AJAX 访问 B 域名下的文件。由于浏览器的安全限制，这种访问形式是不被允许的。

例如，新建一个文件 jsonp.html，代码如下：

```
<!DOCTYPE html>
<html>
    <head>
        <meta charset="utf-8">
        <title></title>
        <script src="./js/jquery-3.4.1.min.js"></script>
    </head>
    <body>
        <form>
            <p>姓名：<input type="text" id="name"/></p>
```

```
        <p>年龄：<input type="text" id="age"/></p>
        <p>
            <input type="button" value="跨域请求数据" id="get"/>
        </p>
    </form>
    <script>
        $("#get").click(function() {
            $.ajax({
                url："http://127.0.0.2/AJAX/jsonp.php",
                type："get",
                success：function(data){
                    data=JSON.parse(data);
                    $("#name").val(data.name);
                    $("#age").val(data.age);
                }
            });
        });
    </script>
</body>
</html>
```

当单击"跨域请求数据"按钮时，通过 AJAX 请求 127.0.0.2 服务器上的 jsonp.php 文件。jsonp.php 文件内容如下：

```
<?php
    echo '{"name"："张晓明","age"：20}';
?>
```

jsonp.html 位于 127.0.0.1 服务器上，而 jsonp.php 位于 127.0.0.2 服务器上，由于 AJAX 不允许跨域访问，所以程序运行后会报错，结果如图 14-14 所示。

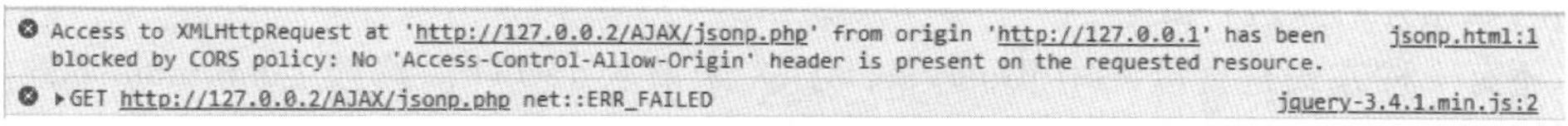

```
⊗ Access to XMLHttpRequest at 'http://127.0.0.2/AJAX/jsonp.php' from origin 'http://127.0.0.1' has been      jsonp.html:1
   blocked by CORS policy: No 'Access-Control-Allow-Origin' header is present on the requested resource.
⊗ ▶GET http://127.0.0.2/AJAX/jsonp.php net::ERR_FAILED                                                      jquery-3.4.1.min.js:2
```

图 14-14　跨域访问报错信息

那么该如何解决这个问题呢？有一种简单的解决方案：设置 HTTP 的 Access-Control-Allow-Origin 参数，允许被指定的服务器访问。修改 jsonp.php 文件内容如下：

```
<?php
    header("Access-Control-Allow-Origin：http://127.0.0.1");
    echo '{"name"："张晓明","age"：20}';
?>
```

这种解决方案需要被访问的文件主动开放跨域的访问权限，因此从网站的安全性考虑,一般不推荐使用。

还有一种解决方案,就是使用 JSONP 来实现。什么是 JSONP 呢?

当在网页上调用 js 文件时是不受跨域影响的,也就是可以通过<script>标签引入任何网址的 js 文件,无论这个文件是否跨域。这就为我们提供了一种思路,即在服务器上设法把数据装进 js 格式的文件里,供客户端调用。由于 json 格式的数据可以简洁地描述复杂数据,且还被 js 所支持,所以一般使用 json 格式来封装数据,然后客户端调用成功后就获得了想要的数据,这就是 JSONP 的工作原理。简而言之,JSONP 就是一段包含 json 格式参数的 js 代码。需要注意的是,JSONP 远程获取数据的方式看起来非常像 AJAX,但其实两者并不一样,因为它并没有使用 XMLHttpRequest 对象。

我们可以有两种方式来实现 JSONP。一种是将含有 json 格式数据的 php 文件以 js 文件形式进行加载。分别修改 jsonp.php 文件和 jsonp.html 文件内容如下:

jsonp.php 文件:

```php
<? php
    echo 'setData({"name":"张晓明","age": 20})';
?>
```

jsonp.html 文件:

```javascript
<script>
    $("#get").click(function(){
        $.getScript("http://127.0.0.2/AJAX/jsonp.php");
    });
    function setData(data){
        $("#name").val(data.name);
        $("#age").val(data.age);
    }
</script>
```

这里使用了 $.getScript() 方法远程加载 jsonp.php 文件,jsonp.php 文件中输出了一段 js 代码给客户端,客户端就会执行这段代码,也就是会执行 setData() 方法,从而获得服务器端的数据并对其进行处理。

还有一种方式是直接使用 jQuery 的 AJAX 来请求 JSONP。修改 jsonp.html 文件内容如下:

```javascript
$("#get").click(function(){
    $.ajax({
        url: "http://127.0.0.2/AJAX/jsonp.php",
        dataType: "jsonp",
        jsonpCallback: "setData",
        success: function(data){
            $("#name").val(data.name);
            $("#age").val(data.age);
```

```
        }
    });
});
```

　　$.ajax( )方法中,需要设置参数 dataType 的值为 jsonp,且 jsonCallback 设置的回调方法名必须与 jsonp 中的一致。

　　以上几种方法都可以实现跨域访问文件,程序最终的运行结果如图 14-15 所示。

　　注意: jsonp. php 文件前面的域名是 127. 0. 0. 2,这是故意营造的一个跨域的测试环境,之前我们安装的 PHP 集成环境 PHPstudy 已经自动开放了 127. 0. 0. 2 端口,所以这里可以直接访问。 jsonp. html 文件前面的域名是 127. 0. 0. 1,当单击"跨域请求数据"按钮时,能够成功请求到域名 127. 0. 0. 2 上文件中的数据,并显示在表单中。

← → C ① 127.0.0.2/AJAX/jsonp.php

setData({"name":"张晓明","age":20})

← → C ① 127.0.0.1/AJAX/jsonp.html

姓名: 张晓明

年龄: 20

跨域请求数据

图 14-15　利用 jsonp 实现跨域访问

14.6　综合案例

14.6.1　案例一: 视频点赞

　　案例描述: 视频网站提供了一个视频点赞功能来与用户进行交互,通过它用户可以看到当前观看视频的点赞数量,也可以通过单击"点赞"按钮来给视频进行点赞。运行结果如图 14-16 所示。由于视频的点赞数量存放在服务器,所以客户端必须发送请求给服务器。如果使用传统的方式发送请求,服务器响应后会刷新客户端页面,正在播放的视频也会刷新重头播放,这会导致用户体验极差,而用 ajax 方式发送请求就不会存在这个问题。

图 14-16　视频点赞

实现步骤：

① 创建客户端静态页面 video_like.html，在页面中插入视频及点赞图片。

```html
<!DOCTYPE html>
<html>
    <head>
        <meta charset="utf-8">
        <title>视频点赞</title>
        <style>
            img{
                width: 50px;
                height: 50px;
                cursor: pointer;
            }
        </style>
        <script src="./js/jquery-3.4.1.min.js"></script>
    </head>
    <body>
        <div align="center">
            <video src="./img/bunny.mp4" autoplay="autoplay" controls=
                "controls"></video>
            <br/><img src="./img/like.jpg" id="like"><br/><span id=
                "likeNum"></span>
        </div>
    </body>
</html>
```

② 当载入页面时，发送 ajax 请求从服务器获取视频的点赞数量。

```javascript
$(function(){
    $.get("like.php",function(data){
        $("#likeNum").text(data);
    });
});
```

服务器端处理请求的文件 like.php 的内容如下：

```php
<?php
    //读取文件
    $file_arr=file("like_number.txt");
    //返回数据给客户端
    echo $file_arr[0];
?>
```

在服务器端有一个文本文件 like_number.txt,存放了视频的点赞数量,从该文件中读取数据并返回给客户端,客户端得到数据后进行显示。

③ 单击"点赞"按钮,当前视频的点赞数量加 1,并将更新后的点赞数量发送给服务器,在服务器端同步进行数据的更新。

```
$("#like").click(function(){
    var likeNum = Number($("#likeNum").text()) + 1;
    $("#likeNum").text(likeNum);
    $.post("add_like.php",{
        "likeNum": likeNum
    },function(data){});
});
```

服务器端处理请求的文件 add_like.php 的内容如下:

```php
<?php
    //获取客户端数据
    $likeNum = $_POST["likeNum"];
    //参数 w 表示以覆盖写入的方式打开文件
    $myfile = fopen("like_number.txt","w");
    //更新文件
    fwrite($myfile, $likeNum);
    //关闭文件
    fclose($myfile);
?>
```

14.6.2　案例二:智能搜索提示

案例描述:当我们在使用搜索引擎(比如百度搜索)进行搜索时,搜索引擎会根据正在输入的关键字给出智能提示,帮助用户进行搜索操作,提升用户体验。运行结果如图 14-17 所示。

实现步骤:

① 创建客户端静态页面 search.html,添加搜索文本框和用于显示智能提示的 div。

```html
<html>
    <head>
        <meta charset="utf-8">
        <title>智能搜索提示</title>
        <script src="./js/jquery-3.4.1.min.js"></script>
    </head>
    <body>
```

图 14-17　智能搜索提示

请输入搜索内容：<input type="text" id="search_text"/>

<div id="hint" style="width：200px；position：relative；left：120px；">

</div>

　　　</body>

　</html>

② 当在搜索框中输入内容时，实时监控内容的改变，并将内容发送给服务器。服务器根据请求的数据查找文件，将匹配成功的数据返回给客户端，客户端接收到数据后进行处理并显示，鼠标经过提示文本时高亮显示，单击提示文本后将提示文本显示到搜索框中。

```javascript
<script>
    //判断 json 格式数据是否合法
    function isJSON(data){
        try{
            JSON.parse(data);
            return true;
        }
        catch(e){
            return false;
        }
    }
    //实时监控搜索框中值的改变
    $("#search_text").keyup(function(){
        var search_text = $("#search_text").val();
        /*利用 post 方式发送 ajax 请求，将搜索框中的数据一同发送给服务器
            的 search.php 文件进行处理，并获取服务器返回的数据，得到数据
            后对数据进行相关处理并显示*/
        $.post("search.php",{
            "search_text": search_text
        },function(data){
            if(isJSON(data)){
                data = JSON.parse(data);
                $("#hint").empty();
                for(i in data){
                    $("#hint").append("<p onmouseover='highlighted(this)'
                        onmouseout='normal(this)' onclick='show(this)'>"+
                        data[i] + "</p>");
                }
            }
```

```
                else{
                    $("#hint").empty();
                }
            });
        });
        //在搜索框中显示选中的值
        function show(sel){
            $("#search_text").val(sel.innerText);
            $("#hint").empty();
        }
        //高亮显示
        function highlighted(sel){
            sel.style.background = "grey";
            sel.style.cursor="pointer";
        }
        //取消高亮显示
        function normal(sel){
            sel.style.background="white";
        }
    </script>
```

服务器端处理请求的文件 search.php 的内容如下：

```php
<?php
    //获取客户端发送的数据
    $search_text=$_POST["search_text"];
    //读取文件
    $file_arr=file("search.txt");
    //存储返回给客户端的数据
    $return_arr=array();
    //遍历文件,将匹配成功的数据(以特定字符串开头)添加到 $return_arr 数组中
    foreach($file_arr as $value){
        if(strpos($value, $search_text)==0){
            $return_arr[]=$value;
        }
    }
    //转换为 json 格式,并返回给客户端
    echo json_encode($return_arr);
?>
```

14.7 本章小结

本章主要介绍了 AJAX 技术及其工作原理,如何利用原生 JavaScript 和 jQuery 来实现 AJAX,以及如何解决 AJAX 跨域问题,重点介绍了 AJAX 中常用的方法 load( )、ajax( )、get( )、post( )等的使用方法。

14.8 本章练习

1. 在 jQuery 中能够通过 HTTP get 请求实现载入信息功能的是(　　　)。

    A. $.ajax( )　　　　　B. $.post( )　　　　　C. load( )　　　　　D. $.get( )

2. jQuery AJAX 中都支持(　　　)返回类型。

    A. xml　　　　　　　B. html　　　　　　　C. jsonp　　　　　　D. json

3. 利用 AJAX 技术自动检测用户注册表单中的用户名,如果已被使用,给出提示信息,如图 14-18 所示。

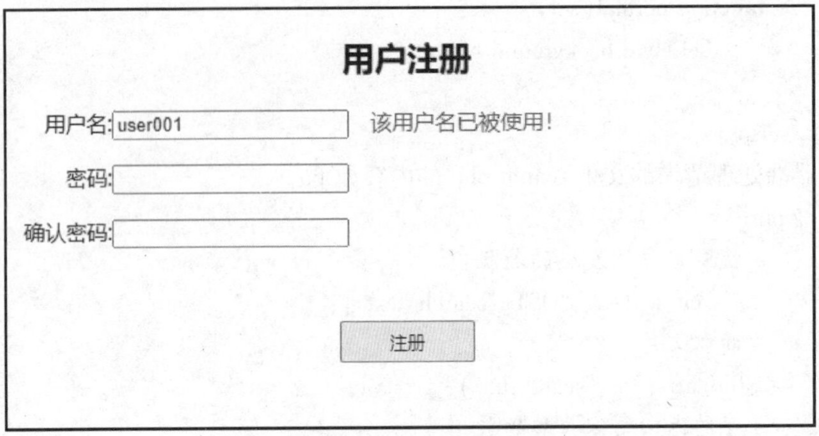

用户注册

用户名:user001　　　　该用户名已被使用!

密码:

确认密码:

注册

图 14-18　效果图